U0286425

全国高职高专教育土建类专业教学指导委员会规划推荐教材

建筑供配电与照明技术

（楼宇智能化工程技术专业适用）

主　编　刘昌明
主　审　谢社初

中国建筑工业出版社

图书在版编目（CIP）数据

建筑供配电与照明技术/刘昌明主编. —北京：中国建筑工业出版社，2013.5（2024.11重印）
全国高职高专教育土建类专业教学指导委员会规划推荐教材（楼宇智能化工程技术专业适用）
ISBN 978-7-112-15473-9

Ⅰ.①建… Ⅱ.①刘… Ⅲ.①房屋建筑设备-供电系统-高等职业教育-教材②房屋建筑设备-配电系统-高等职业教育-教材③房屋建筑设备-电气照明-高等职业教育-教材 Ⅳ.①TU852②TU113.8

中国版本图书馆CIP数据核字（2013）第111135号

本书以国家标准、规范为指导，并结合新技术、新材料、新工艺和新设备的应用，系统地介绍了建筑供配电系统和电气照明系统。从系统理论的讲解，到实际工程图例的介绍，理论与实践相结合，使读者方便、快捷、直观地了解和掌握建筑供配电与照明技术。

本书共分11章，主要内容包括：电力系统及其电压等级，电力负荷的分级，中性点运行方式及低压配电系统接地的型式，电能的质量及其标准，负荷计算与无功功率补偿，短路电流的计算，建筑供配电系统设备及线缆的选择，建筑供配电系统的组成，建筑物防雷、接地与安全用电，电气照明基础知识，照明器及布置，照明的方式、种类及照明的质量、照度标准，照明计算，应急照明及建筑电气工程施工图实例等。

本书不仅可作为楼宇智能化、建筑电气、建筑设备、工程造价、房地产、物业管理、建筑工程等专业的教材，也可作为以上相关专业人员的参考书。

责任编辑联系邮箱为：524633479@qq. com.

为了更好地支持相应课程的教学，我们向采用本书作为教材的教师提供课件，有需要者可与出版社联系。

建工书院：http：//edu. cabplink. com

邮箱：jckj@cabp. com. cn　电话：（010）58337285

责任编辑：张　健　朱首明　齐庆梅
责任设计：张　虹
责任校对：张　颖　陈晶晶

全国高职高专教育土建类专业教学指导委员会规划推荐教材

建筑供配电与照明技术

（楼宇智能化工程技术专业适用）

主　编　刘昌明

主　审　谢社初

*

中国建筑工业出版社出版、发行（北京海淀三里河路9号）

各地新华书店、建筑书店经销

北京红光制版公司制版

建工社（河北）印刷有限公司印刷

*

开本：787×1092毫米　1/16　印张：13½　字数：335千字

2013年11月第一版　2024年11月第九次印刷

定价：**35.00**元（赠教师课件）

ISBN 978-7-112-15473-9

（40429）

教材编审委员会名单

序　言

高职高专教育土建类专业教学指导委员会建筑设备类分指导委员会，在住房城乡建设部、教育部和土建类专业教学指导委员会的领导下，围绕建筑设备类各专业教学文件的制定、专业教材的编审、实践教学的指导、校企合作等方面，做了大量的研究工作，并取得了多项成果，对全国各高职学院建筑设备类专业的建设，起到了很好的推动作用。

“楼宇智能化工程技术”专业在教育部普通高职高专专业目录中，分属土建大类下建筑设备类的二级目录。随着我国改革开放步伐的加快，国民经济迅猛发展，工业化水平快速提高，信息化技术及产业规模接近发达国家水平，建筑规模及智能化需求与日俱增。在这样的背景之下，各高职院校开设的“楼宇智能化工程技术”专业，成为近些年发展速度最快的专业之一。截止到2012年底，开设该专业的院校已达202所。

建筑设备类分指导委员会共负责专业目录内7个专业的教学研究和专业建设工作，在新一轮的教学改革中，“楼宇智能化工程技术”专业是我们首批启动重点研究的两个专业之一。按照教育部的要求，我们用两年多的时间，在充分调研的基础上，经过多次的研讨、论证、修改，《楼宇智能化工程技术专业教学基本要求》的教学文件，已于2012年12月由中国建筑工业出版社正式出版发行。这份教学文件，在教育部统一要求的专业教学基本要求内容之外，增加了“校内实训及校内实训基地建设导则”，这对规范专业建设，保证教学质量，将起到很好的推动作用。

“楼宇智能化工程技术”专业发展速度快，专业布点广，教材建设也出现多样性。有的教材在编写过程中，由于没有以教学文件为依据，教学内容、教学时数、实践教学等都与教学基本要求相差较大，教材之间也出现内容重复或相互不衔接的现象。为解决这一问题，我们在研究专业教学基本要求的同时，就启动了本轮专业教材的编写工作。按照《楼宇智能化工程技术专业教学基本要求》，组织本专业富有教学和实践经验的教师，共编写了8本专业教材，近期将由中国建筑工业出版社陆续出版发行。本次出版发行的8本教材，基本覆盖本专业所有的专业课程，以教学基本要求为主线，与“校内实训及校内实训基地建设导则”相衔接，突出了“工程技术”的特点，强调本专业教材的系统性和整体性。本套教材除了可以保证开设本专业学校的教学用书，也可以作为从事现场工程技术人员的参考资料和自学者的参考书。

本套教材在编写的过程中，除了建筑设备类分指导委员会和编审人员的努力之外，还得到各相关学校、合作企业和中国建筑工业出版社的大力支持，在此我们一并表示感谢！

全国高职高专教育土建类专业教学指导委员会
建筑设备类分指导委员会

前　言

本书是全国高职高专教育土建类专业教学指导委员会建设设备类专业分委员会组织编写的楼宇智能化工程技术专业系列用书。“建筑供配电与照明技术”不仅是建筑电气、楼宇智能化、建筑设备专业的专业核心课程，也是工程造价、房地产、物业管理、建筑工程等专业学生需要了解和掌握的专业知识。本书以国家标准、规范为指导，并结合新技术、新材料、新工艺和新设备的应用，系统地介绍了建筑供配电系统和电气照明系统。

本书从系统理论的讲解，到实际工程图例的介绍，理论与实践相结合，使读者方便、快捷、直观地了解和掌握建筑供配电与照明技术。

本书的主要特点是系统地介绍了应急照明的分类，应急照明的光源、供电电源及其特点和选用原则，应急照明的照度要求、持续工作时间、转换时间和转换方式，应急照明的装设场所与要求，应急照明的控制方式等，以及附录给出了一套完整的建筑电气施工图。

本书共分 11 章，主要内容包括：电力系统及其电压等级，电力负荷的分级，中性点运行方式及低压配电系统接地的型式，电能的质量及其标准，负荷计算与无功功率补偿，短路电流的计算，建筑供配电系统设备及线缆的选择，建筑供配电系统的组成，建筑物防雷、接地与安全用电，电气照明基础知识，照明器及布置，照明的方式、种类及照明的质量、照度标准，照明计算，应急照明及建筑电气工程施工图实例等。

本书由四川建筑职业技术学院的刘昌明任主编，负责全书的构思、编写组织和统稿工作。具体分工如下：第 1 章、第 2 章由河南建筑职业技术学院的王艳丽编写，第 3 章、第 4 章由河南建筑职业技术学院的任伟编写，第 5 章、第 6 章由湖北城市建设职业技术学院的徐群丽编写，第 7 章、第 8 章、第 9 章、第 10 章、第 11 章及附录由四川建筑职业技术学院的刘昌明编写。本书由湖南城建职业技术学院谢社初主审。

由于编者水平有限，书中的不妥与错误之处，恳请本书的读者和同行批评指正。

目　录

第1章　绪　论

【本章重点】 了解电力系统的构成、运行特点及发展趋势；熟悉电力系统的标称电压和中性点接地方式、低压配电系统接地型式；理解电力系统中发电机和变压器额定电压的有关规定、电力系统各种中性点接地方式的运行特点。

1.1　电力系统及其电压等级

1.1.1　电能的特点

电能是国民经济和人民生活的重要能源之一，进入21世纪以后随着社会现代文明程度，特别是计算机和楼宇自动化系统应用程度的不断提高，对电能的需求量和依赖程度也就越来越大。电能是一种使用方便、清洁、易于与其他形式的能源相互转化，又易于转换为其他形式的能量以供使用；输配简单经济；可以精确控制、调节和测量。因此，电能已广泛应用到社会生产的各个领域和社会生活的各个方面。

1.1.2　电力系统的基本概念及组成

电力系统是由发电厂、电力网及电力用户组成的统一整体。典型电力系统示意图如图1-1所示。

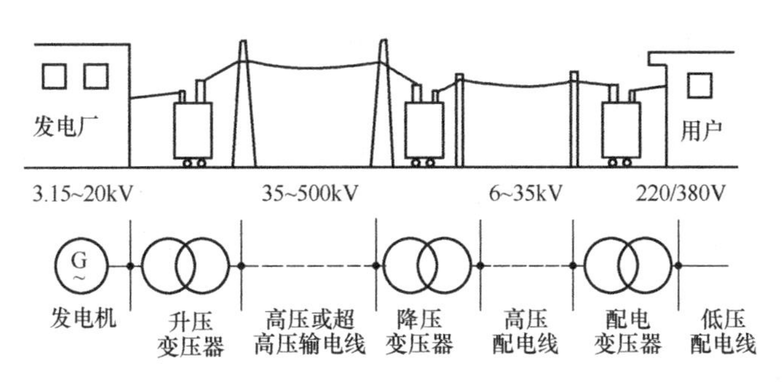

图1-1　电力系统示意图

1. 发电厂

发电厂是由建筑物、能量转换设备和全部必要的辅助设备组成的生产电能的场所。发电就是将一次能源（如水力、火力、风力、原子能、太阳能等）转换成二次能源（电能）的过程。根据发电厂所取用一次能源的不同，主要有火力发电、水力发电、核能发电等发电形式，此外还有潮汐发电、地热发电、太阳能发电、风力发电等。

火力发电厂是以煤、石油、天然气为燃料获得热能的热力发电厂。其发电过程为：燃料充分燃烧后，使锅炉内的水变成高温高压的蒸汽，推动汽轮机转动，带动与之联轴的发电机旋转发电。一般火力发电厂的热效率不高，只有30%～40%。火力发电至今仍然是世界上最主要的电能生产方式，当今我国火力发电设备的装机容量在电能生产中占总装机容量的70%以上。

水电站是将水流能量转变为电能的电站。其发电过程：有落差的水流推动水轮机旋转，带动与水轮机同轴的发电机运转发出电能。水力发电的生产效率高，一般大、中型水电站的发电效率可达80%～90%，小型水电站的发电效率也可达60%～70%。水力发电利用的是可再生能源，发电成本较低，而且水力发电不产生污染。据统计，目前我国的水力资源开发量还不足10%，在电力供应日趋紧张的今天，大力开发水力资源十分必要。

核电站是由核反应获得热能的热力发电站。核能发电的生产过程与火力发电基本相同，只是其热能不是由燃料的化学能产生的，而是由反应堆（又称原子锅炉）中的核燃料发生核裂变时释放出的能量而获得的。核能发电可以节省大量的煤、石油、天然气等自然资源，1kg铀裂变所产生的热量相当于2.7×10^6kg标准煤所产生的热量。

除上述三种主要的电能生产方式外，还有以地热、风力、潮汐、太阳能等为一次能源生产电能的方式，正得到不断地研究、开发和应用，具有广阔的应用前景，其中太阳能电站和风力电站在我国已初具规模。

2. 电力网

电力网是电力系统的一部分，由输电、配电的各种装置和设备、变电站、电力线路组成，简称电网。

电力线路是电力系统两点间用于输配电的导线、绝缘材料和附件组成的设施。电力线路可为架空线路、地下线路等。

变电站是接收电能、变换电压和分配电能的场所，由输电或配电线路开关设备的终端和建筑物，也包括变压器，通常还包括电力系统安全和控制所需的设施（如保护设施）等组成。按变压的性质和作用又可分为升压变电站和降压变电站。对仅装有受电、配电设备而没有变压器的称为配电所。根据其在电力系统中的地位和作用，变电站可以分为枢纽变电站、区域变电站、用户变电站。

输配电网是进行电能输送的通道，它分为输电线路和配电线路两种。输电线路是将发电厂发出的电能经升压后送到邻近负荷中心的枢纽变电站，或连接相邻的枢纽变电站，由枢纽变电站将电能送到地区变电站，其电压等级一般在220kV以上；配电线路则是将电能从地区变电站经降压后输送到电能用户的线路，其电压等级一般为110kV及以下。

3. 电力用户

电力用户也称电力负荷。在电力系统中，一切消费电能的用电设备均称为电力用户。电力用户按其性质不同可分为工业用户、商业用户、农业用户、城镇居民用户等。电力用户按其用途可分为动力用电设备、工艺用电设备、电热用电设备、照明用电设备等，它们分别将电能转换为机械能、热能和光能等不同形式，适应生产和生活的需要。

1.1.3 电力系统运行的特点与要求

1. 电力系统运行的特点

（1）电力系统发电与用电之间的动态平衡。由于电能不能被大容量存储，导致电能的生产和使用是同步进行的。因此，为避免造成系统运行的不稳定，电力系统必须保持电能的生产、输送、分配和使用处于一种动态平衡的状态。

（2）电力系统的暂态过程十分迅速。由于电能的传输具有极高的速度，电力系统中发电机、变压器、电力线路、电动机等元件的投入和退出，电网的短路等暂态过渡过程的持续时间十分短暂。因此，在设计电力系统的自动化控制、测量和保护装置时，应充分考虑其灵敏性。

（3）电力系统的影响重大。随着社会的进步和电气化程度的提高，电能对国民经济和人民生活具有重要影响，任何原因引起的供电中断或供电不足都有可能给国民经济和人民生活造成重大损失。

2. 电力系统运行的要求

（1）安全。在电能的生产、输送、分配和使用中，应确保人身和设备安全。供配电的安全是对系统的最基本要求。供配电系统如果发生故障或遇到异常情况，将影响整个电力系统的正常运行，造成对用户供电的中断，甚至造成重大或无法挽回的损失。

（2）可靠。可靠性指标一般以全部平均供电时间占全年时间的百分比来表示。从某种意义上讲，绝对可靠的电力供配电系统是不存在的。电力系统应具备在规定的条件下和规定的时间内完成其供电功能的能力，避免发生不必要的供电中断，满足用户对供电可靠性的要求。

（3）优质。电压和频率是衡量供电质量的重要指标，电压和频率的过高或过低都会影响电力系统的稳定性，对用电设备造成危害。因此，电力系统的供电技术参数不应低于国家规定指标，以满足用户对供电质量的要求。

（4）经济。在保证安全可靠和优质的前提下，应加强电力系统预测管理，实现电网在供电成本率低或发电能源消耗率及网损率最小的条件下运行。

1.1.4 电力系统的电压

1. 电力系统的标称电压

电力系统的标称电压是用以标志或识别系统电压的给定值，由国家统一制定和颁布。根据《标准电压》GB 156—2007，我国电力系统的标称电压见表 1-1。

我国电力系统的标称电压 **表 1-1**

分类	系统标称电压	设备最高电压	备注
标称电压在 220～1000V 的交流三相四线或三相三线系统	220/380 380/660 1000（1140）		1. 表中数值为相电压/线电压，单位为 V 2. 1140V 仅用于某些行业内部系统使用
标称电压在 1～35kV 的交流三相系统	3（3.3） 6 10 20 35	3.6 7.2 12 24 40.5	1. 表中数值为线电压，单位为 kV 2. 括号中的数值为用户有要求时使用 3. 表中前两组数值不得用于公共配电系统
标称电压在 35～220kV 的交流三相系统	66 110 220	72.5 126（123） 252（245）	1. 表中数值为线电压，单位为 kV 2. 括号中的数值为用户有要求时使用
标称电压在 220～1000kV 的交流三相系统	330 500 750 1000	363 550 800 1100	表中数值为线电压，单位为 kV
高压直流输电系统	±500 ±800		单位为 kV

2. 电气设备的额定电压

电气设备的额定电压通常由制造厂家确定，用以规定元件、器件或设备的额定工作条件的电压。其电压等级应与电力系统的标称电压等级相对应。根据电气设备在系统中的作用和位置，电气设备的额定电压分为以下几种。

(1) 用电设备的额定电压

用电设备的额定电压与所连接系统的标准电压一致。用电设备运行时，电力线路上有负荷电流通过，因而在电力线路上引起电压损耗，造成电力线路上各点电压略有不同。为了保证用电设备的良好运行，国家对各级电力系统标准电压的偏差有严格的规定。所以用电设备的额定电压与同级电力线路的额定电压相等。

(2) 发电机的额定电压

用电设备的电压一般允许在额定电压的±5%以内变化，而电网的电压损失一般控制在10%以内。因此，为保证用电设备在电网上各处都能正常运行，应使电网首端电压比电力系统的标准电压 U_n 高 5%，而末端电压则允许比 U_n 低 5%。由于发电机处于电网的首端，所以发电机的额定电压 $U_{r.G}$ 规定为比所连电网的系统标准电压 U_n 高 5%。

(3) 电力变压器的额定电压

1) 电力变压器连接于线路上时，其一次绕组的额定电压应与配电网的额定电压相同，高于供电电网额定电压 5%；

2) 电力变压器的二次绕组额定电压是指变压器的一次绕组加额定电压，二次绕组开路时的空载电压。考虑到变压器在满载运行时，二次绕组内约有 5%的电压降，另外二次侧供电线路较长等原因，变压器的二次绕组端电压应高于供电电网电压 10%，其中 5%用来补偿变压器负载时内部的电压损失，另外的 5%用来补偿变压器二次绕组连接的配电线路的电压损耗。

3. 电力系统中各级标准电压的使用范围

供配电电压的高低，对电能质量及降低电能损耗均有重大的影响。在输送功率一定的情况下，若提高电力线路的输电电压，则通过输电线路的电流会减小，进而线路有功损耗和电压损失降低，线路导体截面积可以减少，能有效地节省有色金属消耗量和线路本身的投资。因此，线路传输功率越大，传输距离越远，则所选择的电压等级也越高。

在我国目前的电路系统中，330～1000kV 电压等级主要用于长距离输电网，110～220kV 电压等级主要用于区域配电网，10～110kV 电压等级为一般电力用户的高压供电电压。具体电压等级要根据用户用电容量、用电设备特性、供电距离、供电线路的回路数、当地公共电网现状及其发展规划等因素，经过技术经济比较来确定。

工矿企业用户的供配电电压有高压和低压两种，高压供电通常指 6～10kV 及以上的电压等级。中、小型企业通常采用 6～10kV 的电压等级，当 6kV 用电设备的总容量较大，选用 6kV 就比较经济合理。大型工厂宜采用 35～110kV 电压等级，以节约电能和投资。低压供配电是指采用 1kV 及以下的电压等级。大多数低压用户采用 380/220V 的电压等级，在某些特殊场合，例如矿井下，因用电负荷往往离变配电所较远，为保证远端负荷的电压水平，要采用 660V 电压等级。

1.2　电力负荷的分级

电力负荷根据供电可靠性及中断供电在政治、经济上所造成的损失或影响的程度，分为一级负荷、二级负荷和三级负荷。

1. 一级负荷

指中断供电将造成人身伤亡，造成重大政治影响和经济损失，或造成公共场所秩序严重混乱的电力负荷，属于一级负荷。如国家级的大会堂、国际候机厅、医院手术室、省级以上体育场（馆）等建筑的电力负荷。对于某些特殊、重要建筑，如重要的交通枢纽、重要的通信枢纽、国宾馆、国家级及承担重大国事活动的会堂、国家级大型体育中心，以及经常用于重要国际活动的大量人员集中的公共场所等的一级负荷，为特别重要负荷。一级负荷应由两个电源供电，当一个电源发生故障时，另一个电源应不致同时受到损坏。一级负荷中的特别重要负荷，除上述两个电源外，还必须增设应急电源。为保证对特别重要负荷的供电，禁止将其他负荷接入应急供电系统。

常用的应急电源可有以下几种：独立于正常电源的发电机组、供电网络中有效地独立于正常电源的专门馈电线路、蓄电池。

2. 二级负荷

当中断供电将造成较大政治影响、较大经济损失或将造成公共场所秩序混乱的电力负荷，属于二级负荷。如省部级的办公楼、甲等电影院、市级体育场馆、高层普通住宅、高层宿舍等建筑的照明负荷。对于二级负荷，宜由两回线路供电。在负荷较小或地区供电条件困难时，二级负荷可由一路 6kV 及以上的专用架空线供电。当采用架空线时，可为一回路架空线供电；当采用电缆线路时，应采用两根电缆组成的线路供电，其每根电缆应承受 100%的二级负荷。

3. 三级负荷

不属于一级和二级负荷的一般电力负荷，均属于三级负荷。三级负荷对供电电源无特殊要求，一般为一路电源供电即可，但在可能的情况下，也应提高其供电的可靠性。

1.3　中性点运行方式及低压配电系统接地的型式

在电力系统中，作为供电电源的三相发电机或变压器的绕组为星形连接时的中性点称为电力系统的中性点。电力系统的中性点与地的连接方式称为中性点接地方式。电力系统的中性点接地方式是一个综合的技术问题，它与系统的供电可靠性、人身安全、设备安全、过电压保护、继电保护、通信干扰及接地装置等问题有密切的关系。

电力系统中性点工作方式有中性点不接地、中性点经消弧线圈接地、中性点直接接地 3 种。

1.3.1　中性点不接地系统

1. 中性点不接地系统的正常运行

中性点不接地系统如图 1-2 所示，三相导线之间及各相导体对地都有电容分布，这些电容在电压作用下将有附加的电容电流通过。为了便于分析，可认为三相系统是对称的，

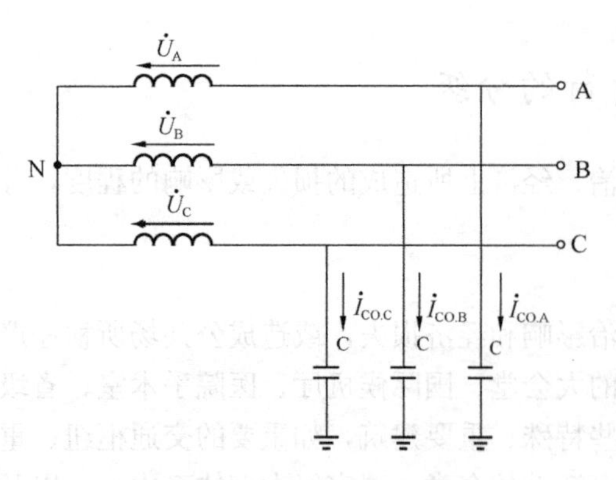

图 1-2 中性点不接地系统

对地电容电流可集中于线路中间的电容来替代，相间电容可忽略不计。

系统正常运行时，各相电源电压 $\dot{U}_A$、$\dot{U}_B$、$\dot{U}_C$ 以及对地电容都是对称的，各相对地电压即为相电压。各相对地电容电流 $\dot{I}_{CO.A}$、$\dot{I}_{CO.B}$、$\dot{I}_{CO.C}$ 也是三相对称的，即地中没有电容电流通过，此时电源中性点与地等电位。

2. 中性点不接地系统的单相接地

中性点不接地系统由于绝缘损坏而导致接地短路时，该相的对地电容被短接，如图 1-3 所示，此时 C 相对地电压为零。

中性点 N 对地电压为：$\dot{U}_N=-\dot{U}_C$

B 相对地电压为：$\dot{U}'_B=\dot{U}_B-\dot{U}_C$

A 相对地电压为：$\dot{U}'_A=\dot{U}_A-\dot{U}_C$

显然，中性点不接地系统发生单相接地故障时，线电压不变而非故障相对地电压升高到原来相电压的$\sqrt{3}$倍，即上升为线电压数值。因此，非故障相对地电压的升高，又造成对地电容电流相应增大，各相对地电容电流分别上升为 $\dot{I}'_{CO.A}$、$\dot{I}'_{CO.B}$、$\dot{I}'_{CO.C}$，C 相在 K 点的对地短路电流为 $\dot{I}_K$，而 $\dot{I}'_{CO.C}=0$，则

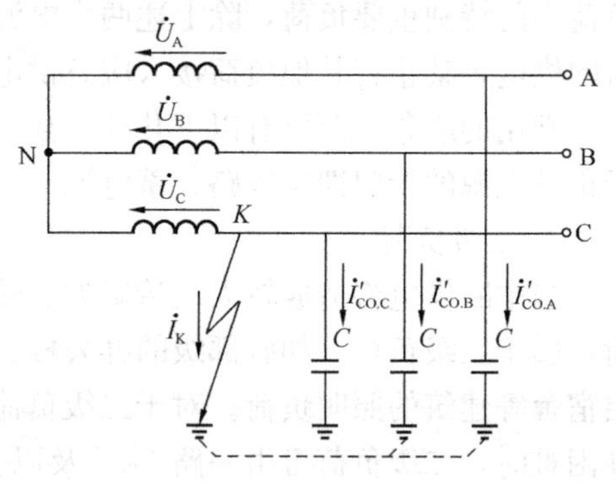

图 1-3 中性点不接地系统单相接地

$$\dot{I}_K=-(\dot{I}'_{CO.A}+\dot{I}'_{CO.B})$$

$$\dot{I}'_{CO.A}=\frac{U'_A}{X_C}=\frac{\sqrt{3}U_A}{X_C}=\sqrt{3}\,\dot{I}_{CO.A}$$

$$\dot{I}_K=\sqrt{3}\dot{I}'_{CO.A}=3\,\dot{I}_{CO.A}$$

以上分析表明，单相接地时接地点的短路电流是正常运行的单相对地电容电流的 3 倍。

3. 中性点不接地系统的使用范围

中性点不接地系统发生单相接地故障时，由于系统线电压未发生变化，所有三相负载仍能正常工作，因而该接地型式在我国被广泛应用于 3～10kV 的系统中。中性点不接地系统由于故障时接地电流很小，瞬时故障一般可自动熄弧，非故障相电压升高不大，不会破坏系统的对称性，故可带故障连续供电 2h，为排除故障赢得了时间，相对提高了供电的可靠性。另外，中性点不接地系统不需要任何附加设备，投资小，只要装绝缘监视装置，以便发现单相接地故障后能迅速处理，避免单相故障长期存在，以致发展为相间短路或多点接地事故。

目前，我国中性点不接地系统的适用范围如下：

（1）电压等级在500V以下的三相三线制系统。

（2）3kV～10kV系统接地电流小于或等于30A时。

（3）20kV～35kV系统接地电流小于或等于10A时。

1.3.2 中性点经消弧线圈接地方式

在中性点不接地三相系统中，为了防止单相接地时产生间歇电弧，应采用减小接地电流的措施。为此通常在中性点与地之间接入消弧线圈，如图1-4所示。

当系统发生单相接地（设C相）短路故障时，C相对地的短路电流为 $\dot{I}_{K}$，流过消弧线圈的电流为 $\dot{I}_{L}$，且

$$\dot{I}_{K}+\dot{I}'_{CO.A}+\dot{I}'_{CO.B}-\dot{I}_{L}=0$$

因此，$\dot{I}_{K}=\dot{I}_{L}-(\dot{I}'_{CO.A}+\dot{I}'_{CO.B})$。由此可知，单相接地短路电流为电感电流与其他两相对地电容电流之差，选择适当大小消弧线圈电感 L，可使 $\dot{I}_{K}$ 值减小。

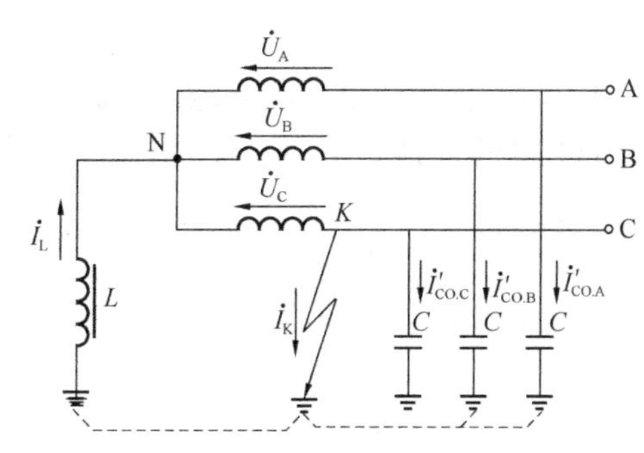

图1-4 中性点经消弧线圈接地系统单相接地

中性点采用经消弧线圈接地方式，就是在系统发生单相接地故障时，消弧线圈产生的电感电流补偿单相接地电容电流，以使通过接地点电流减少，能自动灭弧。消弧线圈接地方式在技术上不仅拥有了中性点不接地系统的所有优点，而且还避免了单相故障可能发展为两相或多相故障、产生过电压损坏电气设备绝缘和烧毁电压互感器等危险。

在各级电压网络中，当单相接地故障时，通过故障点的总的电容电流超过下列数值时，必须安装消弧线圈：

（1）对3kV～6kV电网，故障点总电容电流超过30A；

（2）对10kV电网，故障点总电容电流超过20A；

（3）对22kV～66kV电网，故障点总电容电流超过10A。

变压器中性点经消弧线圈接地的电网发生单相接地故障时，故障电流也很小，所以它也属于小接地电流系统。在这种系统中，消弧线圈的作用就是用电感电流来补偿流经接地点的电容电流。

1.3.3 中性点直接接地

中性点直接接地方式是指把电源中性点直接与“地”相接。在正常工作条件下，中性点直接接地系统三相电源和各相线路对地电容电流均为对称，因而流经中性点接地线的电流为零。

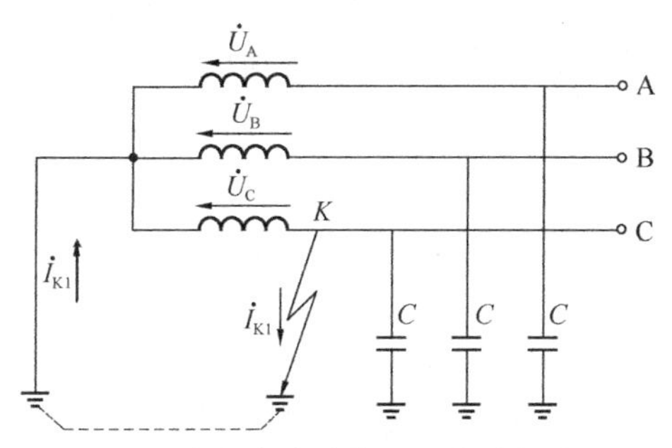

图1-5 中性点直接接地系统单相接地

中性点直接接地系统发生单相接地故障后，故障相电源经大地、接地中性线形成短路回路，其电路原理图如图1-5所示。单相短路电流 $\dot{I}_{K1}$ 的值很大（故中性点直接接地系统又称为大接地电流系统），将使线路上的断路器、熔断器或继电保护装置动作，从而切除短路

故障。

中性点直接接地系统由于发生单相接地故障时，非故障相的对地电压保持不变，仍为相电压，因而系统中各线路和电气设备的绝缘等级只需按相电压设计。绝缘等级的降低，可以降低电网和电气设备的造价。在我国，110kV及以上的高压系统采用电源中性点直接接地的运行方式。1kV以下的低压配电系统一般也采用电源中性点直接接地的运行方式，是为了满足低压电网中额定电压为相电压的单相设备的正常工作要求，便于低压电气设备的保护接地。

1.3.4　低压配电系统接地的型式

低压配电系统是电力系统的末端，分布广泛，几乎遍及建筑的每一个角落，平常使用最多的是380/220V的低压配电系统。从安全用电等方面考虑，低压配电系统有三种接地型式：IT系统、TT系统、TN系统。

1. TN系统

TN系统即电源中性点直接接地，设备外壳等可导电部分与电源中性点有直接电气连接的系统。它有三种型式：

（1）TN—S系统

TN—S系统如图1-6所示，电源中性点接地，而用电设备外壳等可导电部分通过专门设置的保护线PE连接到电源中性点上。在这种系统中，中性线N和保护线PE是分开的，N相断线不会影响PE线的保护作用，常用于安全可靠性要求较高的场所。TN—S系统是我国现在应用最为广泛的一种系统（又称三相五线制）。

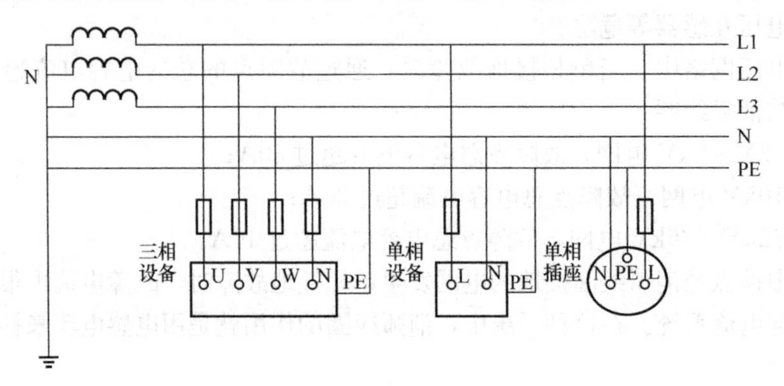

图1-6　TN—S系统

（2）TN—C系统

TN—C系统如图1-7所示，它由一根保护中性线PEN将PE线和N线的功能综合起来，同时承担保护和中性线两者的功能。在用电设备处，PEN线既连接到负荷中性点上，又连接到设备外壳等可导电部分。此时注意相线（L）与中性线（N）要接正确，否则外壳要带电。

TN—C现在已很少采用，尤其是在民用配电中不允许采用TN—C系统。

（3）TN—C—S系统

TN—C—S系统是TN—C系统和TN—S系统的结合型式，如图1-8所示。TN—C—S系统中，从电源出来的那一段采用TN—C系统，只起电能的传输作用，在靠近用电负荷附近某一点处，将PEN线分开成单独的N线和PE线，从这一点开始，系统相当于

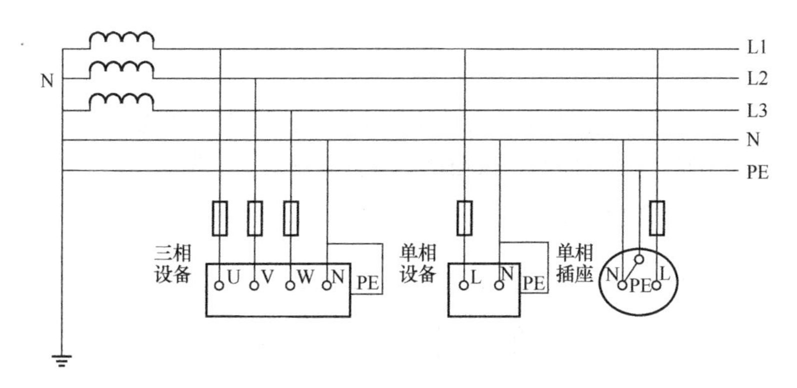

图 1-7　TN—C 系统

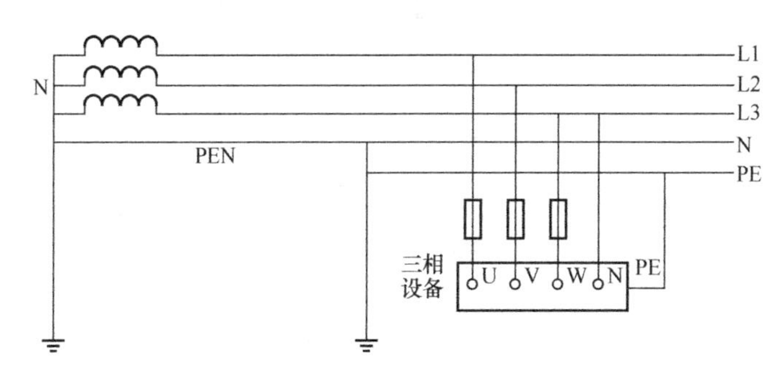

图 1-8　TN—C—S 系统

TN—S 系统，分开后 N 线和 PE 线不得再有连接。TN—C—S 系统也是现在应用比较广泛的一种系统。

2. TT 系统

TT 系统就是电源中性点直接接地、用电设备外壳也直接接地的系统，如图 1-9 所示。通常将电源中性点的接地叫作工作接地，而设备外壳接地叫作保护接地。TT 系统中，这两个接地必须是相互独立的。设备接地可以是每一设备都有各自独立的接地装置，也可以若干设备共用一个接地装置，图中单相设备和单相插座就是共用接地装置的。

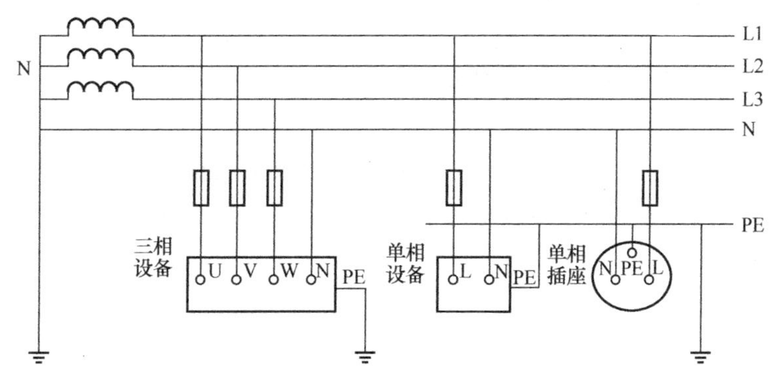

图 1-9　TT 系统

TT 制式系统适用于以低压供电、远离变电所的建筑物，或要求防火防爆的场所，以及对接地要求高的精密电子设备和数据处理设备等。如我国低压公用电，推荐采用 TT 接地制式。

3. IT系统

IT系统就是电源中性点不接地、用电设备外壳直接接地的系统，如图1-10所示。IT系统中，连接设备外壳可导电部分和接地体的导线，就是PE线。

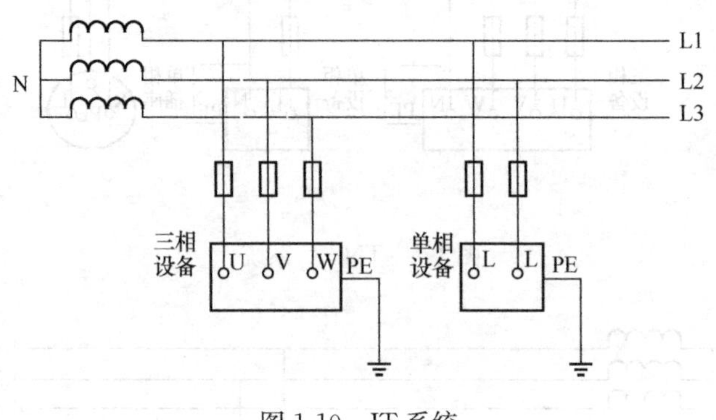

图1-10　IT系统

IT制式系统由于中性点不接地，设备漏电时单相对地漏电流小，不会破坏电源电压的平衡，因此适用于供电距离较短，对供电可靠性要求较高的大医院手术室、地下矿井等不停电场所。

当供电距离较长时，供电系统对地分布电容则不可忽视。输电线路越长，分布电容越大，若对地电容电流一旦和电源发生联系时，保护设备不一定动作，这非常危险！因此，这种系统只用在供电距离较短时才比较安全。

1.4　电能的质量及其标准

供电质量是以频率、电压和波形来衡量的。供电质量直接影响工农业等各方面电能用户的工作质量，同时也影响电力系统自身设备的效率和安全。因此，了解和熟悉供电质量对电能用户的影响是很有必要的。

1.4.1　供电质量的基本要求

保证供电质量，对促进工农业生产，降低产品成本，实现生产自动化和工业现代化等方面有十分重要的意义。用户对电能质量的评估有以下几个方面。

1. 安全性

安全性是指电能供应、分配和使用过程中，不能发生人身事故和设备事故。

供配电的安全是对系统的最基本要求。供配电系统如果发生故障或遇到异常情况，将影响整个电力系统的正常运行，造成对用户供电的中断，甚至造成重大或无法挽回的损失。

2. 可靠性

可靠性一般是以全部平均供电时间占全年时间的百分比来表示。例如全年时间为8760h，用户平均停电时间为8.76h，则停电时间占全年时间的0.1%，供电可靠性为99.9%。

从某种意义上讲，绝对可靠的电力供电系统是不存在的。但应能借助保护装置把故障隔离，使事故不再扩大，尽快恢复配电，维持较高的供电可靠性。

3. 优质性

电压和频率是衡量供电质量的重要指标，电压和频率的过高或过低都会影响电力系统的稳定性，对用电设备造成危害。因此，我国规定电力系统中用户电压的变动范围为：35kV 以上供电及对电压质量有特殊要求的用户为±5%～±10%；10kV 以下高压供电和低压电力用户为±7%；低压照明用户为±5%～±10%。

4. 经济性

供电的经济性主要体现在发电成本和网络的电能损耗上。为了保证电能的经济合理性，供配电系统要做到技术合理、投资少、运行费用低，尽可能节约电能和有色金属消耗量。

1.4.2 供配电电能质量

电能质量是指供配电装置正常情况下不中断和不干扰用户使用电能的指标，电能质量表征了供配电系统工作的优劣。

1. 频率的允许偏差

频率偏差是指供电的实际频率与电网的额定频率的差值。

我国电网的标准频率为 50Hz，又叫工频。频率偏差一般不超过±0.25Hz，当电网容量大于 3000MW 时，频率偏差不超过±0.2Hz。

频率的调整主要依靠发电厂调节发电机的转速来实现，在实际供配电系统中频率是不可调的，只能通过提高电压质量来提高供配电系统的电能质量。

2. 电压质量

供配电系统提高电能质量就是提高供配电电压的质量。电压质量可分为幅值与波形两个方面。通常以电压偏差、电压波动与闪变、电压正弦波畸变率来衡量。

(1) 电压偏差

供配电系统改变运行方式和负荷缓慢地变化会使供配电系统各点的电压也随之变化，这时各点电压实际值与额定值之差对额定电压的百分值 $\Delta U\%$ 称为电压偏差。即：

$$\Delta U\% = \frac{U - U_{\mathrm{N}}}{U_{\mathrm{N}}} \times 100\% \tag{1-1}$$

式中，U 是检测点的电压实际值；U_{N} 是检测点电网电压的额定值。

在电路系统正常情况下，供电电压允许偏差：35kV 及以上电压供配电，电压正、负偏差的绝对值之和不应超过额定值的 10%；10kV 及以下三相供配电，为额定值的±7%；220V 单相供配电为额定值的+7%、−10%。在供配电系统非正常情况下，用户受电端的电压最大允许偏差不应超过额定值的±10%。具体设计时一般应满足规范要求。

(2) 电压波动与闪变

电压在某一段时间内急剧变化而偏离额定值的现象，称为电压波动。周期性电压急剧变化引起电源光通量急剧波动而造成人的视觉感官不舒适的现象，称为闪变。电压波动和电压闪变是由电弧炉、轧机、电弧焊机等波动负荷引起的。

(3) 电压正弦波畸变率

由于电力系统中存在大量的非线性供用电设备，使得电压波形偏离正弦波，这种现象称为电压正弦波畸变。电压波形的畸变程度用电压正弦波畸变率来衡量，也称为电压谐波畸变率。

本章小结

1. 电力系统是由发电厂、电力网及电力用户组成的统一整体。

2. 电力网是电力系统的一部分，由输电、配电的各种装置和设备、变电站、电力线路组成，简称电网。

3. 电力系统运行的特点与要求。

4. 电气设备的额定电压，用电设备的额定电压与所连接系统的标准电压一致；电机的额定电压$U_{r.G}$规定为比所连电网的系统标准电压U_n高5%；电力变压器连接于线路上时，其一次绕组的额定电压应与配电网的额定电压相同，高于供电电网额定电压5%；考虑二次侧供电线路较长等原因，变压器的二次绕组端电压应高于供电电网电压10%，其中5%用来补偿变压器负载时内部的电压损失，另外的5%用来补偿变压器二次绕组连接的配电线路的电压损耗。

5. 电力负荷根据供电可靠性及中断供电在政治、经济上所造成的损失或影响的程度，分为一级负荷、二级负荷和三级负荷。

6. 电力系统的中性点与地的连接方式称为中性点接地方式。电力系统中性点工作方式有中性点不接地、中性点经消弧线圈接地、中性点直接接地3种。

7. 低压配电系统有三种接地型式，IT系统、TT系统、TN系统。

8. 供电质量是以频率、电压和波形来衡量的。

习题与思考题

1. 电力系统由哪几部分组成？各部分有何作用？电力系统的运行有哪些特点与要求？

2. 中性点不接地系统若发生单相接地故障时，其故障相对地电压等于多少？此时接地点的短路电流是正常运行的单相对地电容电流的多少倍？

3. 电力系统中性点接地方式有哪几种？采用中性点不接地系统有何优缺点？

4. 供配电系统的负荷如何划分的？

5. 衡量电能质量的两个重要指标是什么？

6. 用户电能的频率是通过什么环节进行调整的？在供配电系统中频率可调吗？

第 2 章　负荷计算与无功功率补偿

【本章重点】了解单相用电设备组计算负荷的确定方法；理解用电设备工作制，确定计算负荷的系数，变压器的经济运行；掌握三相用电设备组计算负荷的确定方法、无功功率补偿容量的确定与无功功率补偿装置的选择方法。

2.1　负荷计算的目的及相关物理量

2.1.1　负荷计算

电力系统中的各种用电设备由供配电系统汲取的功率（电流）视为电力负荷。实际负荷通常是随机变动的。我们选取一个假想的持续性的负荷，在一定时间间隔和特定效应上与实际负荷相等。这一计算过程就是负荷计算。这一假想的持续性的负荷就称为计算负荷。

导体通过恒定电流达到稳定温升的时间大约为 3～4 τ（τ 为发热时间常数），如果取 τ ＝10min，载流导体大约经 30min 后可达到稳定的温升值。因此，通常取“半小时最大负荷”作为计算负荷。

负荷计算的目的是确定供电系统、选择变压器容量、电气设备、导线截面和仪表量程的依据，也是合理地进行无功功率补偿的重要依据。计算负荷确定得是否正确合理，直接影响到电气设备和导线电缆的选择是否经济合理。如计算负荷确定过大，将使电器和导线电缆选得过大，造成投资和有色金属的浪费。如计算负荷确定过小，又将使电气设备和导线电缆处于过负荷下运行，增加电能损耗，产生过热，导致绝缘过早老化甚至烧毁，同样要造成损失。由此可见，正确确定计算负荷意义重大。在进行负荷计算时，要考虑环境及社会因素的影响，并应为将来的发展留有适当余量。

目前负荷计算常用的方法有需要系数法、二项式法、负荷密度法和单位指标法等。在建筑供配电系统中负荷计算中常用的是需要系数法。

2.1.2　用电设备工作制及设备功率的计算

1. 用电设备的工作制

建筑用电设备种类繁多，用途各异，工作方式不同，按其工作制可分为以下三类。

（1）连续工作制

连续工作制是指电气设备在运行工作中能够达到稳定的温升，能在规定环境温度下连续运行，设备任何部分的温度和温升均不超过允许值。例如通风机、水泵、电动机、发电机、空气压缩机、照明灯具、电热设备等负荷比较稳定，它们在工作中时间较长，温度稳定。

（2）短时工作制

短时工作制是指运行时间短而停歇时间长，设备在工作时间内的发热量不足以达到稳定温升，而在间歇时间内能够冷却到环境温度，例如车床上的进给电动机等。电动机在停车时间内，温度能降回到环境温度。

(3) 周期工作制

周期工作制用电设备以断续方式反复进行工作，工作时间与停歇时间相互代替，周期性地工作或是经常停歇、反复运行。一个周期一般不超过10min，例如起重机械和点焊机。

周期工作制的设备，可用负荷持续率来表征其工作特性。暂载率（或负荷持续率）ε为工作周期中的负载持续时间与整个周期的时间比，以百分数表示，即

$$\varepsilon=\frac{t}{T}\times 100\%=\frac{t}{t+t_0}\times 100\% \tag{2-1}$$

式中 ε——暂载率；

t——工作周期内的工作时间；

T——工作周期；

t_0——工作周期内的间歇时间。

工作时间加停歇时间称为工作周期。根据我国的技术标准规定，工作周期以10min为计算依据。起重机、电动机的标准暂载率分为15%、25%、40%、60%四种；电焊机设备的标准暂载率分为50%、65%、75%、100%四种。

2. 设备容量的确定

在进行电力负荷计算时，应首先确定用电设备的设备容量P_e。设备容量在计算时不包括备用设备在内，设备容量是指用电设备组的设备容量P_e。所谓用电设备组是指将同类型的用电设备归为一组，即用电设备组。用电设备铭牌上标示的容量为额定容量P_N。在进行负荷计算前，应对各种负荷做如下处理：

(1) 连续工作制和短时工作制的设备容量

连续工作制的设备容量P_e，一般就取所有设备的铭牌额定功率P_N之和。当用电设备的额定值为视在功率S_N时，应换算为有功功率P_N，即$P_N=S_N\cos\varphi$。

对于照明，白炽灯的设备容量是指灯泡上标出的额定容量；荧光灯及高压汞灯必须考虑其镇流器的损耗，一般荧光灯的设备容量为灯管额定容量的1.1～1.2倍，高压汞灯为灯泡额定容量的1.1倍。

(2) 周期工作制的设备容量

周期工作制的用电设备，每周期内通电时间不超过10min的用电设备，主要是指电焊机和吊车电动机。在这种工作制下设备的工作时间较短，按规定应该把设备容量统一换算到某一暂载率下。电动机换算到25%的暂载率下，电焊机换算到100%暂载率下。

电动机换算公式如下：

$$P_e=\frac{\sqrt{\varepsilon}}{\sqrt{\varepsilon_{25}}}P_N=2P_N\sqrt{\varepsilon} \tag{2-2}$$

式中 P_e——换算到$\varepsilon_{25}=25\%$时电动机的设备容量（kW）；

ε——铭牌暂载率；

P_N——电动机铭牌额定功率。

电焊机换算公式如下：

$$P_e = \frac{\sqrt{\varepsilon}}{\sqrt{\varepsilon_{100}}} P_N = \sqrt{\varepsilon} S_N \cos\varphi \tag{2-3}$$

式中　P_e——换算到 $\varepsilon_{100}=100\%$后电焊机的设备容量；

P_N——铭牌额定功率（直流电焊机）(kW)；

S_N——铭牌额定视在功率（交流电焊机）(kVA)；

$\cos\varphi$——铭牌额定功率因数；

ε——是同 S_N 或 P_N 相对应的铭牌暂载率。

2.1.3　负荷曲线

1. 负荷曲线的类型与绘制方法

负荷曲线是表示电力负荷随时间变动情况的图形，反映电力用户用电的特点和规律。在负荷曲线中通常用纵坐标表示负荷功率，横坐标表示负荷变动所对应的时间。

负荷曲线可根据需要绘制成不同的类型。如按所表示负荷变动的时间可分为日、月、年或最大负荷工作班的负荷曲线；按负荷对象可分为全厂的、车间的或某台设备的负荷曲线；按负荷的功率性质可分为有功和无功负荷曲线等。

日负荷曲线表示负荷在一昼夜间（0～24h）变化情况。日负荷曲线可用测量的方法绘制。绘制方法：(1) 以某个监测点为参考点，在 24h 中各个时刻记录有功功率表的读数，逐点绘制而成折线形状，称折线形负荷曲线，如图 2-1 (*a*) 所示；(2) 通过接在供电线路上的电度表，每隔一定的时间间隔（一般为半小时）将其读数记录下来，求出 0.5h 的平均功率，再依次将这些点画在坐标上，把这些点连成阶梯状的阶梯形负荷曲线，如图 2-1 (*b*) 所示。

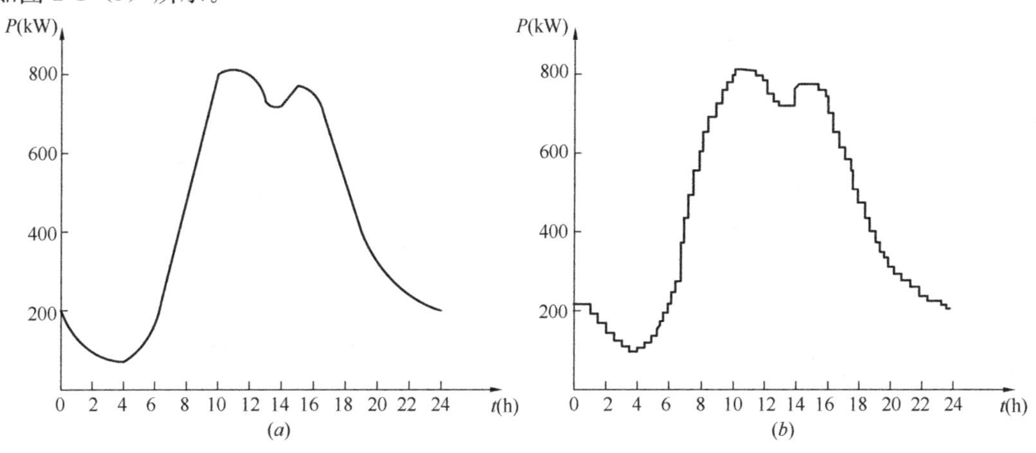

图 2-1　一班制工厂的日有功负荷曲线

(*a*) 折线形负荷曲线；(*b*) 阶梯形负荷曲线

负荷曲线时间间隔取的越短，曲线越能反映负荷的实际变化情况。日负荷曲线与横坐标所包围的面积代表全日消耗的电能。

年负荷曲线通常是根据典型的冬日和夏日负荷曲线来绘制的。这种曲线的负荷从大到小依次排列，反映了全年负荷变动与对应的负荷持续时间（全年按 8760h 计）的关系。

2. 负荷曲线的有关物理量

(1) 年最大负荷和年最大负荷利用小时数

年最大负荷 P_{max} 是指全年中负荷最大的工作班内（为防偶然性，这样的工作班至少要在负荷最大的月份出现 2～3 次）30 分钟平均功率的最大值，因此年最大负荷有时也称为 30 分钟最大负荷 P_{30} 。

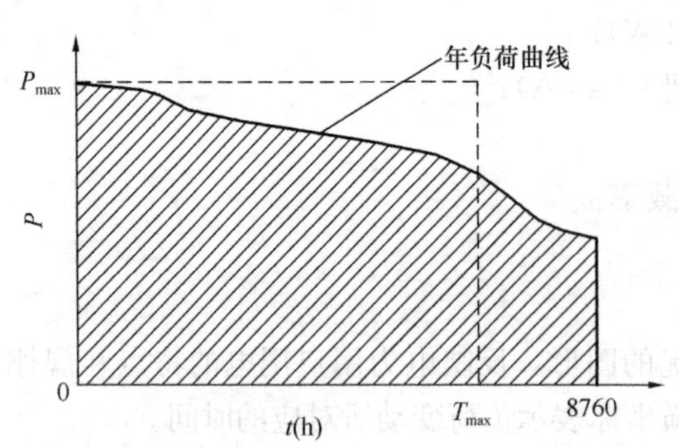

图 2-2　年最大负荷和年最大负荷利用小时数

假设按年最大负荷 P_{max} 持续工作，经过 T_{max} 时间所消耗的电能，恰好等于全年实际所消耗的电能 W_a，如图 2-2 所示，虚线与两坐标轴所包围的面积等于剖面线部分的面积。则这个假想时间就称为年最大负荷利用小时数。由此可得出

$$T_{max} = \frac{W_a}{P_{max}} \tag{2-4}$$

年最大负荷利用小时数是反映电力负荷时间特征的重要参数，它与工厂的生产班制有关，其数值可查阅有关参考资料。例如一班制工厂 $T_{max} = 1800 \sim 3000h$，两班制工厂的 $T_{max} = 3500 \sim 4500h$，三班制工厂的 $T_{max} = 5000 \sim 7500h$ 。

（2）年平均负荷和负荷系数

年平均负荷 P_{av} 指电力负荷在全年时间内平均耗用的功率，即

$$P_{av} = \frac{W_a}{8760} \tag{2-5}$$

式中　W_a——全年实际耗用的电能。

年平均负荷 P_{av} 如图 2-3 所示，图中剖面线部分为年负荷曲线所包围的面积，也就是全年电能的消耗量。另外再作一条虚线与两坐标轴所包围的面积与剖面线部分的面积相等，则图中 P_{av} 就是年平均负荷。

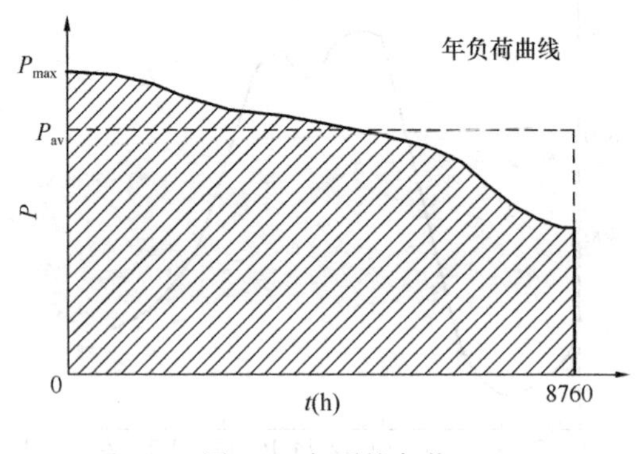

图 2-3　年平均负荷

通常将年平均负荷 P_{av} 与年最大负荷 P_{max} 的比值，定义为负荷曲线填充系数，亦称负荷率或负荷系数，用 α 表示（亦可表示为 K_L ），即

$$\alpha = \frac{P_{av}}{P_{max}} \tag{2-6}$$

负荷系数的大小可以反映负荷曲线波动的程度。

2.2　三相用电设备的负荷计算

2.2.1　单位指标法

对设备功率不明确的各类项目，可采用单位指标法确定计算负荷。

1. 单位产品耗电量法

单位产品耗电量法用于工业企业工程。有功计算负荷的计算公式为

$$P_c = \frac{\omega N}{T_{max}} \tag{2-7}$$

式中 P_c——有功计算负荷（kW）；

ω——每一单位产品电能消耗量，可查有关设备手册；

N——企业的年生产量。

2. 单位面积功率法

单位面积功率法主要用于民用建筑工程，即

$$P_c = \frac{P_e S}{1000} \tag{2-8}$$

式中 P_c——有功计算负荷（kW）；

P_e——单位面积功率（W/m^2），单位面积功率可在相应的电气设计手册中查取；

S——建筑面积（m^2）。

2.2.2 按需要系数法确定计算负荷

1. 需要系数的含义

对于同类型的用电设备组，其负荷曲线具有大致相似的形状，对同一类建筑物或企业也是一样。所以进行负荷计算可以借助已建成或已投产企业类似用户的负荷曲线，取得近似的计算负荷值。为此，根据负荷曲线引出需要系数。以一组用电设备来分析需要系数的含义。若该组设备有几台电动机，其额定容量为 P_e。由于该组电动机实际上不一定都同时运行，而且运行的电动机也不可能都满负荷，同时设备本身及配电线路也有功率损耗，因此考虑这些因素后该组电动机的有功计算负荷应为

$$P_c = K_d P_e \tag{2-9}$$

式中 P_c——有功计算负荷（用电设备的半小时最大负荷），kW；

K_d——需要系数；

P_e——经过折算后的设备容量，kW。

用电设备组的需要系数就是用电设备组（或用电单位）在最大负荷时需要的有功功率 P_c 与其设备容量（备用设备的容量不计入）P_e 的比值，一般小于 1。实际上，需要系数不仅与用电设备组的工作性质、设备台数、设备效率和线路损耗等因素有关，因此应尽量通过测量分析测定，以保证接近实际。常见用电设备组的需要系数、功率因数值见表 2-1。

常见用电设备组的需要系数、功率因数值 　　**表 2-1**

序号	用电设备名称	需要系数 K_d	$\cos\varphi$	$\tan\varphi$
1	小批量生产的金属冷加工机床电动机	0.16～0.2	0.5	1.73
2	大批量生产的金属冷加工机床电动机	0.18～0.25	0.5	1.73
3	小批量生产的金属热加工机床电动机	0.25～0.3	0.5	1.73
4	大批量生产的金属热加工机床电动机	0.3～0.35	0.65	1.17
5	通风机、水泵、空压机	0.7～0.8	0.8	0.75
6	锅炉房、机加工、机修、装配车间的桥式起重机（$\varepsilon=25\%$）	0.1～0.15	0.5	1.73

续表

序号	用电设备名称	需要系数 K_d	$\cos\varphi$	$\tan\varphi$
7	自动连续装料的电阻炉设备	0.75～0.8	0.95	0.33
8	实验室用小型电热设备（电阻炉、干燥箱）	0.7	1.0	0
9	工频感应电炉	0.8	0.35	2.67
10	高频感应电炉	0.8	0.6	1.33
11	电弧熔炉	0.9	0.87	0.57
12	点焊机、缝焊机	0.35	0.6	1.33
13	对焊机、铆钉加热机	0.35	0.7	1.02
14	自动弧焊变压器	0.5	0.4	2.29
15	铸造车间的桥式起重机（ε=25%）	0.15～0.25	0.5	1.73
16	变配电所、仓库照明	0.5～0.7	1.0	0
17	生产厂房及办公室、阅览室、实验室照明	0.8～1	1.0	0
18	宿舍、生活区照明	0.6～0.8	1.0	0
19	室外照明、事故照明	1.0	1.0	0

需要系数的选取按设备台数的多少确定。一般台数越多，需要系数越小；台数越少，需要系数越大；当用电设备只有2到3台时，可取 $K_d=1$。需要系数的选取详见相应设计手册。

需要系数与用电设备的类别和工作状态有极大的关系。在计算时首先要正确判断用电设备的类别和工作状态，否则将造成错误。

2. 三相用电设备组计算负荷的基本公式

按需要系数法确定三相用电设备组计算负荷的基本公式为

有功计算负荷（kW） $$P_c = K_d P_e \tag{2-10}$$

无功计算负荷（kVar） $$Q_c = P_c \tan\varphi \tag{2-11}$$

视在计算负荷（kV·A） $$S_c = \sqrt{P_c^2 + Q_c^2} = \frac{P_c}{\cos\varphi} \tag{2-12}$$

计算电流（A） $$I_c = \frac{S_c}{\sqrt{3}U_N} \tag{2-13}$$

式中　U_N——用电设备所在电网的标称电压（kV）。

【例2-1】 已知某机修车间的金属切削机床组，拥有电压380V的三相电动机：2台22kW，8台7.5kW，15台4kW，6台1.5kW。试用需要系数法确定其计算负荷 P_c、Q_c、S_c 和 I_c。

解： 此机床组电动机的总功率为

$$P_e = 22\text{kW}\times2 + 7.5\text{kW}\times8 + 4\text{kW}\times15 + 1.5\text{kW}\times6 = 173\text{kW}$$

查表2-1“小批量生产的金属冷加工机床电动机”项得 $K_d=0.16$、$\cos\varphi=0.5$、$\tan\varphi=1.73$。因此可得

有功计算负荷　$P_c = K_d P_e = 0.16 \times 173\text{kW} = 27.68\text{kW}$

无功计算负荷　$Q_c = P_c \tan\varphi = 27.68\text{kW} \times 1.73 = 47.89\text{kVar}$

视在计算负荷　$S_c = \dfrac{P_c}{\cos\varphi} = \dfrac{27.68\text{kW}}{0.5} = 55.36\text{kVA}$

计算电流　$I_c = \dfrac{S_c}{\sqrt{3}U_N} = \dfrac{55.36\text{kVA}}{\sqrt{3} \times 0.38\text{kV}} = 88.11\text{A}$

3. 多组用电设备的计算负荷

在确定拥有多组用电设备的干线上或变电所低压母线上的计算负荷时，应考虑各组用电设备的最大负荷不同时出现的因素，因此，在确定低压干线上或变电所低压母线上的计算负荷时，要乘以同时系数 K_{Σ}，也叫参差系数。

对于配电干线，可取 $K_{\Sigma p} = 0.80 \sim 1.0$，$K_{\Sigma q} = 0.85 \sim 1.0$。

对于低压母线，由用电设备组计算负荷直接相加来计算时，可取 $K_{\Sigma p} = 0.75 \sim 0.9$，$K_{\Sigma q} = 0.80 \sim 0.95$。由干线负荷直接相加来计算时，可取 $K_{\Sigma p} = 0.90 \sim 1.0$，$K_{\Sigma q} = 0.93 \sim 1.0$。同时系数的具体大小应根据计算范围及具体工程性质的不同来相应选择。

求多组用电设备或多条干线总的计算负荷时，可利用以下计算公式。

总的有功计算负荷　$$P_c = K_{\Sigma P} \Sigma P_{c.i} \tag{2-14}$$

总的无功计算负荷　$$Q_c = K_{\Sigma q} \Sigma Q_{c.i} \tag{2-15}$$

总的视在计算负荷　$$S_c = \sqrt{P_c^2 + Q_c^2} \tag{2-16}$$

总的计算电流　$$I_c = \frac{S_c}{\sqrt{3}U_N} \tag{2-17}$$

由于各组设备的 $\cos\varphi$ 不一定相同，因此总的视在计算负荷或计算电流不能用各组的视在计算负荷或计算电流直接相加来计算。

【例 2-2】　某生产厂房内有 50 台冷加工机床电动机，共 305kW，另有 15 台生产用通风机，共 45kW，点焊机 3 台共 19kW（ε=20%）。试确定线路上总的计算负荷（设同时系数 $K_{\Sigma p}$、$K_{\Sigma q}$ 均为 0.9）。

解：先求各组用电设备的计算负荷。

（1）机床电动机组　查表 2-1 得 $K_{d.1}$=0.20、$\cos\varphi_1$=0.5、$\tan\varphi_1$=1.73，因此

$$P_{c.1} = K_{d.1} P_{e.1} = 0.2 \times 305\text{kW} = 61\text{kW}$$

$$Q_c.1 = P_{c.1} \tan\varphi_1 = 61\text{kW} \times 1.73 = 106\text{kVar}$$

（2）通风机组　查表 2-1 得 $K_{d.2}$=0.8、$\cos\varphi_2$=0.8、$\tan\varphi_2$=0.75，因此

$P_{c.2} = K_{d.2} P_{e.2} = 0.8 \times 45\text{kW} = 36\text{kW}$

$Q_{c.2} = P_{c.2} \tan\varphi_2 = 36\text{kW} \times 0.75 = 27\text{kVar}$

（3）点焊机组　查表 2-1 得 $K_{d.3}$=0.35、$\cos\varphi_3$=0.6、$\tan\varphi_3$=1.33，先求出在同一负荷持续 ε=100%时的设备功率 $P_e = 19\sqrt{20\%} = 8.5\text{kW}$。因此

$$P_{c.3} = K_{d.3} P_{e.3} = 0.35 \times 8.5\text{kW} = 3\text{kW}$$

$$Q_{c.3} = P_{c.3} \tan\varphi_3 = 3\text{kW} \times 1.33 = 4\text{kVar}$$

因此，总的计算负荷（$K_{\Sigma p}$、$K_{\Sigma q}$ 均为 0.9）为

$$P_c = K_{\Sigma P} \Sigma P_{c.i} = 0.9 \times (61 + 36 + 3) = 90\text{kW}$$

$$Q_c = K_{\Sigma q} \Sigma Q_{c.i} = 0.9 \times (106 + 27 + 4) = 123\text{kVar}$$

$$S_c=\sqrt{P_c^2+Q_c^2}=\sqrt{90^2+123^2}=152\text{kVA}$$

$$I_c=\frac{S_c}{\sqrt{3}U_N}=\frac{152\text{kVA}}{\sqrt{3}\times 0.38\text{kV}}=231\text{A}$$

用此电流即可选择这条380V导线的截面及型号。

2.3　单相用电设备的负荷计算

2.3.1　概述

在用户供配电系统中，除了广泛应用三相用电设备外，还应用各种单相用电设备。单相设备接在三相线路中，应尽可能地均衡分配，使三相负荷尽可能地平衡。如果三相线路中单相设备的总功率不超过三相设备总功率的15%时，则不论单相设备如何分配，单相设备可与三相设备综合按三相平衡负荷计算。如果单相设备功率超过三相设备功率的15%，则应将单相设备功率换算为等效三相设备功率，再与三相设备功率相加。对于单个功率小而数量多的灯具和用电器具，容易均衡地被分配到三相线路中，可视同三相设备。

2.3.2　单相设备组等效三相负荷计算

1. 当单相负荷全部为相间负荷（接在相电压上）时，

$$P_e=3P_{emax} \tag{2-18}$$

式中　P_e——等效三相设备容量（kW）；

P_{emax}——最大相单相设备容量（kW）。

2. 当单相负荷全部为线间负荷（接在线电压上）时

$$P_e=\sqrt{3}P_{e1}+(3-\sqrt{3})P_{e2} \tag{2-19}$$

式中　P_{e1}——最大相单相设备容量（kW）；

P_{e2}——次最大相单相设备容量（kW）；

P_e——等效三相设备容量（kW）。

3. 当单相负荷既有相间负荷，又有线间负荷时，先将接在线电压上的单相负荷换算成对应相的相电压下的单相负荷，再按方法（1）进行换算。

a相　$P_a=P_{ab}p_{(ab)a}+P_{ca}p_{(ca)a}$

$Q_a=Q_{ab}q_{(ab)a}+Q_{ca}q_{(ca)}$

b相　$P_b=P_{ab}p_{(ab)b}+P_{bc}p_{(bc)b}$

$Q_b=Q_{ab}q_{(ab)b}+Q_{bc}q_{(bc)b}$

c相　$P_c=P_{bc}p_{(bc)c}+P_{ca}p_{(ca)c}$

$Q_c=Q_{bc}q_{(bc)c}+Q_{ca}q_{(ca)c}$

式中　P_{ab}、P_{bc}、P_{ca}——接于ab、bc、ca线间负荷,kW；

P_a、P_b、P_c——换算为a、b、c相有功负荷,kW；

Q_a、Q_b、Q_c——换算为a、b、c相无功负荷,kVar；

$p_{(ab)a}$、$q_{(ab)a}$…——接于ab…线间负荷换算为a…相间负荷的有功及无功换算系数，见表2-2。

线间负荷换算成相间负荷时的系数值　　表 2-2

换算系数	负荷功率因数								
	0.35	0.4	0.5	0.6	0.65	0.7	0.8	0.9	1.0
$p_{(ab)a}$、$p_{(bc)b}$、$p_{(ca)c}$	1.27	1.17	1.0	0.89	0.84	0.8	0.72	0.64	0.5
$p_{(ab)b}$、$p_{(bc)c}$、$p_{(ca)a}$	−0.27	−0.17	0.0	0.11	0.16	0.2	0.28	0.36	0.5
$q_{(ab)a}$、$q_{(bc)b}$、$q_{(ca)c}$	1.05	0.86	0.58	0.38	0.3	0.22	0.09	−0.05	−0.29
$q_{(ab)b}$、$q_{(bc)c}$、$q_{(ca)a}$	1.63	1.44	1.16	0.96	0.88	0.8	0.67	0.35	0.29

【例 2-3】 某建筑工程工地有两台电焊机，铭牌容量为 20kVA，$\cos\varphi$ 为 0.7。铭牌 ε 为 25%，接于 380V 线路上，求三相等效负荷？

解： 每台电焊机的设备容量

$$P_e = \frac{\sqrt{\varepsilon}}{\sqrt{\varepsilon_{100}}} P_N = \sqrt{\varepsilon} S_N \cos\varphi = \sqrt{0.25} \times 20 \times 0.7 = 7\text{kW}$$

假设两台设备分别接在 ab、bc 线电压上，则三相等效负荷

$$P_e = \sqrt{3} P_{e1} + (3-\sqrt{3}) P_{e2} = \sqrt{3} \times 7 + (3-\sqrt{3}) \times 7 = 21\text{kW}$$

2.4 无功功率补偿

一般情况下，由于用户的大量负荷（如感应电动机、电焊机、气体放电灯等）都是感性负载，需要从供配电系统中吸收无功功率，使得其自然功率因数偏低。为了提高功率因数，从而提高供电效率，我国《供电营业规则》规定：凡功率因数未达到规定的，应增添无功功率补偿装置。

2.4.1 功率因数

1. 功率因数的定义

功率因数 λ 是在周期状态下，有功功率 P 的绝对值与视在功率 S 的比值。在正弦电路中，功率因数等于电压与电流之间相位差的余弦值 $\cos\varphi$（有功因数）。

$$\cos\varphi = \frac{P}{S} = \frac{P}{\sqrt{3}UI} \tag{2-20}$$

（1）计算负荷对应的功率因数

计算负荷对应的功率因数是指在实际运行时最大负荷的功率因数，按下式计算：

$$\cos\varphi = \frac{P_c}{S_c} \tag{2-21}$$

我国《供电营业规则》规定：容量在 100kVA 及以上高压供电的用户，最大负荷时的功率因数不得低于 0.9，如果达不到要求，则必须进行无功功率补偿。因此，在进行供配电工程设计时，可用此功率因数来确定需要无功功率补偿的最大容量。

（2）平均功率因数

平均功率因数是指某一规定时间内（例如一个月）功率因数的平均值，对已投入使用的用户，按下式计算：

$$\cos\varphi_{av} = \frac{W_P}{\sqrt{W_P^2 + W_q^2}} \tag{2-22}$$

式中　W_P——某一时间（例如一个月）内耗用的有功电能，由有功电能表读出；

W_q——某一时间（例如一个月）内耗用的无功电能，由无功电能表读出。

我国电力部门每月向工业用户收取的电费，规定要按月平均功率因数的高低来调整。

2. 功率因数对供配电系统的影响

所有电感性用电设备都需要从供配电系统中吸收无功功率，从而使功率因数较低。功率因数太低会给供配电系统带来以下影响。

（1）电能损耗增加。当输送功率和电压一定时，由 $P=\sqrt{3}UI\cos\varphi$ 可知，功率因数 $\cos\varphi$ 越低，供电线路中的电流越大，因此在输电线路上产生的电能损耗 $\Delta P=I^2R$ 增加。

（2）电压损失增大。线路上电流增大，必然也造成线路压降的增大，而线路压降增大，又会造成用户端电压降低，从而影响供电质量。

（3）供电设备利用率降低。无功电流增加后，供电设备的温升会超过规定范围。为了控制设备温升，工作电流也将受到控制，在功率因数降低后，不得不降低输送的有功功率 P 来控制电流 I 的值，这样必然会降低供电设备的供电能力。对于发电机发出的功率是有限的，当无功功率增加时，有功功率下降，发电机的效率降低。

由于功率因数在供配电系统中影响很大，所以规范规定电力用户功率因数必须至少保证一定的数值，不能太低，太低就必须进行补偿。

2.4.2　无功功率补偿

1. 无功功率补偿的方法

工厂中的电气设备绝大多数都是感性的，因此功率因数偏低。若要充分发挥设备潜力、改善设备运行性能，就必须考虑提高设备的功率因数。无功功率补偿提高功率因数的方法有以下几种。

（1）提高自然功率因数。功率因数不符合要求时，首先应考虑提高自然功率因数。合理选择设备型号规格，选择高效节能、功率因数高的用电设备。合理选择变压器的容量，变压器轻载时功率因数会降低，但满载时有功损耗会增加。因此选择变压器的容量时要从经济运行和改善功率因数两方面来考虑。

（2）人工补偿法。用户的功率因数仅仅靠提高自然功率因数一般是不能满足要求的，必要时应进行人工补偿。一般工程中常采用并联电力电容器的方法来补偿无功功率，从而提高功率因数。

2. 无功补偿容量的确定

当自然功率因数达不到要求时，需要装设无功补偿装置。其最大负荷时的无功补偿容量按下式计算：

$$Q_{r.c}=P_c(\tan\varphi-\tan\varphi') \tag{2-23}$$

式中，$\tan\varphi$ 为补偿前功率因数角的正切值；$\tan\varphi'$ 为补偿后功率因数角的正切值。按上式计算出的无功补偿容量为最大负荷时所需容量，当负荷减小时，补偿容量也应相应减小，以免造成过补偿。

【例 2-4】 某用户 10kV 变电所低压计算负荷为 800kW＋580kVar。若欲使低压侧功率因数达到 0.92，则需在低压侧进行补偿的并联电容器无功补偿装置容量是多少？如果采用 BWF-10.5-1 型电容器（Q_r＝20kVar），需装设多少个？

解：（1）求补偿前的视在计算负荷及功率因数

视在计算负荷 $S_c=\sqrt{P_c^2+Q_c^2}=\sqrt{800^2+580^2}\text{kV}\cdot\text{A}=988.1\text{kV}\cdot\text{A}$

功率因数 $\cos\varphi=\dfrac{P_c}{S_c}=\dfrac{800\text{kW}}{988.2\text{kVA}}=0.81$

（2）确定无功补偿容量

$$\begin{aligned}Q_{r.c}&=P_c(\tan\varphi-\tan\varphi')\\&=800\times[\tan(\arccos 0.81)-\tan(\arccos 0.92)]\\&=238.4\text{kVar}\end{aligned}$$

（3）选择电容器组数

采用 BWF-10.5-1 型电容器（Q_r=20kVar），则需要安装的电容器个数为

$$n=\frac{Q_{r.c}}{Q_r}=\frac{238.4\text{kVar}}{20\text{kVar}}\approx 12$$

则采用 BWF-10.5-1 型电容器（Q_r=20kVar），可安装电容器个数为 12，补偿容量为 12×20kVar=240kVar。补偿后的视在计算负荷及功率因数为

视在计算负荷 $S_c=\sqrt{P_c^2+(Q_c-Q_{r.c})^2}=\sqrt{800^2+(580-240)^2}\text{kV}\cdot\text{A}$
$=869.3\text{kV}\cdot\text{A}$

补偿后功率因数 $\cos\varphi=\dfrac{P_c}{S_c}=\dfrac{800\text{kW}}{869.3\text{kV}\cdot\text{A}}=0.92$

满足要求。

本 章 小 结

1. 负荷计算的目的是确定供电系统、选择变压器容量、电气设备、导线截面和仪表量程的依据，也是合理地进行无功功率补偿的重要依据。

2. 建筑用电设备种类繁多，用途各异，工作方式不同，按其工作制可分为以下三类：连续工作制、短时工作制、周期工作制。

3. 连续工作制和短时工作制的设备容量 P_e，一般就取所有设备的铭牌额定功率 P_N 之和；周期工作制的设备容量 P_e，按规定应该把设备容量统一换算到某一暂载率下，电动机换算到 25%的暂载率下，电焊机换算到 100%暂载率下。

4. 单位面积功率法确定计算负荷即：$P_c=\dfrac{P_eS}{1000}$

5. 按需要系数法确定三相用电设备组计算负荷的基本公式为：

（1）有功计算负荷（kW）$P_c=K_dP_e$（2）无功计算负荷（kVar）$Q_c=P_c\tan\varphi$（3）视在计算负荷（kV·A）$S_c=\sqrt{P_c^2+Q_c^2}=\dfrac{P_c}{\cos\varphi}$（4）计算电流（A）$I_c=\dfrac{S_c}{\sqrt{3}U_N}$

6. 在确定拥有多组用电设备的干线上或变电所低压母线上的计算负荷时，应考虑各组用电设备的最大负荷不同时出现的因素，因此在确定低压干线上或变电所低压母线上的计算负荷时，要乘以同时系数 K_Σ。

7. 计算负荷时的功率因数是指在需要负荷或最大负荷时的功率因数，按下式计算：

$$\cos\varphi=\frac{P_c}{S_c}$$

8. 当自然功率因数达不到要求时，需要装设无功补偿装置。其最大负荷时的无功补偿容量按下式计算：$Q_{r.c} = P_c(\tan\varphi - \tan\varphi')$

习题与思考题

1. 何谓负荷曲线？负荷曲线分为哪几种类型？与负荷曲线有关的物理量有哪些？

2. 什么叫计算负荷？为什么计算负荷通常采用半小时最大负荷？正确确定计算负荷有何意义？

3. 需要系数的含义是什么？

4. 确定计算负荷的需要系数法有什么特点？适用哪些场合？

5. 已知线电压为 380V 的三相供电线路供电给 35 台小批量生产的冷加工机床电动机，总容量为 85kW，其中较大容量的电动机有 1 台 7.5kW，3 台 4kW，12 台 3kW。试分别用需要系数法确定其计算负荷。

6. 有一个机修车间，有冷加工机床 30 台，设备总容量为 150kW，电焊机 5 台，共 15.5kW，负荷持续率为 65%，通风机 4 台，共 4.8kW，车间采用 380/220V 线路供电，试确定该车间的计算负荷。

7. 什么叫平均功率因数和最大负荷时功率因数？各如何计算，各有何用途？

8. 提高功率因数进行无功功率补偿有什么意义？无功补偿有哪些方法？

第3章　短路电流的计算

【本章重点】 理解短路的定义和分类；了解短路发生的原因及其危害；了解预防短路的各种措施；熟悉短路电流计算的目的和任务；掌握三相短路电流、两相短路电流、单相短路电流计算公式的推导；掌握短路电流周期分量和非周期分量的关系；了解短路电流通过导体和电气设备时产生的电动力和热效应。

3.1　短路的基本概念

1. 短路的定义及其种类

所谓短路是指电力系统在运行中，相与相之间或相与地（或中性线）之间发生非正常连接（即短路）。短路时产生的短路电流，其值可远远大于额定电流，其取决于短路点距电源的电气距离。例如，在发电机端发生短路时，流过发电机的短路电流最大瞬时值可达额定电流的10～15倍。大容量电力系统中，短路电流可达数万安培。这会对电力系统的正常运行造成严重影响和后果。

在三相系统中，短路的形式有三相短路、两相短路、单相短路和两相接地短路等。其中两相接地短路，实质是两相短路。各种短路形式符号表示如下：

$k^{(3)}$——三相短路；

$k^{(2)}$——两相短路；

$k^{(1)}$——单相接地短路；

$k^{(1.1)}$——两相接地短路。

按短路电路的对称性来分，三相短路属于对称性短路，其他形式短路均为不对称短路。对于对称短路，短路后各相电流、电压仍对称。对于不对称短路，短路后各相电流、电压不对称。

供配电系统中，发生单相短路的可能性最大，而发生三相短路的可能性最小。但一般情况下，特别是远离电源的低压供配电系统中，三相短路的短路电流最大，因此造成的危害也最为严重。为了使电力系统中的电气设备在最严重的短路状态下也能可靠工作，因此必须重视短路计算，以三相短路计算为主。实际上，不对称短路也可以把短路电流分解为对称的正序、负序、零序分量，然后按对称量来分析和计算，所以对称的三相短路分析计算也是不对称短路分析计算的基础。

系统中各种短路、代表符号及事故概率总结如表3-1所示。

2. 短路发生的原因

短路发生的原因是多种多样的，主要有：

(1) 绝缘损坏

电气设备年久陈旧，绝缘自然老化；绝缘瓷瓶表面污秽，使绝缘下降；绝缘受到机械

短路的种类和事故概率表　　**表 3-1**

短路种类	示意图	代表符号	事故概率（%）
三相短路	U V W	$k^{(3)}$	5
两相短路	U V W	$k^{(2)}$	10～15
单相接地短路	U V W	$k^{(1)}$	65～70
两相接地短路	U V W	$k^{(1,1)}$	10～20

性损伤；供电系统受到雷电的侵袭或者在切换电路时产生过电压，将电气装置绝缘薄弱处击穿，都会造成短路。

（2）误操作

例如带负荷拉切隔离开关，形成强大的电弧，造成弧光短路；或将低压设备误接入高压电网，造成短路。

（3）鸟兽危害

鸟兽跨越不等电位的裸露导体时，造成短路。

（4）恶劣的气候

雷击造成的闪络放电或避雷器动作，架空线路由于大风或导线覆冰引起电杆倾倒等。

（5）其他意外事故

挖掘沟渠损伤电缆，起重机臂碰触架空导线，车辆撞击电杆等。

3. 短路的危害

根据短路类型、发生地点和持续时间的不同，短路的后果可能只破坏局部地区的正常供电，也可能威胁整个系统的安全运行。短路的危险后果一般有以下几个方面。

（1）电动力效应。短路点附近支路中出现比正常值大许多倍的电流，在导体间产生很大的机械应力，可能使导体和它们的支架遭到破坏。

（2）发热。短路电流使设备发热增加，短路持续时间较长时，设备可能过热以致损坏。

（3）故障点往往有电弧产生，可能烧坏故障元件，也可能殃及周围设备。

（4）短路时电压下降的越大，持续时间越长，破坏整个电力系统稳定运行的可能性越大。这时某些发电机可能过负荷，因此必须切除部分用户，对一些重要的、负荷等级较高的用电用户影响很大。

（5）如果短路发生地点离电源不远而又持续时间较长，则可能使并列运行的发电机失去同步，破坏系统的稳定，造成大片停电。这是短路故障的最严重后果。

（6）产生电磁干扰。不对称短路的不平衡电流，在周围空间将产生很大的交变磁场，干扰附近的通信线路和自动控制装置的正常工作。

4. 防范措施

(1) 做好短路电流的计算，正确选择及校验电气设备，电气设备的额定电压要和线路的额定电压相符。

(2) 正确选择继电保护的整定值和熔体的额定电流，采用速断保护装置，以便发生短路时，能快速切断短路电流，减少短路电流持续时间，减少短路所造成的损失。

(3) 在变电站安装避雷针，在变压器四周和线路上安装避雷器，减少雷击损害。

(4) 保证架空线路施工质量，加强线路维护，始终保持线路弧垂一致并符合规定。

(5) 带电安装和检修电气设备，注意力要集中，防止误接线，误操作，在带电部位距离较近的部位工作，要采取防止短路的措施。

(6) 加强治理，防止小动物进入配电室，爬上电气设备。

(7) 及时清除导电粉尘，防止导电粉尘进入电气设备。

(8) 在电缆埋设处设置标记，有人在四周挖掘施工，要派专人看护，并向施工人员说明电缆敷设位置，以防电缆被破坏引发短路。

(9) 电力系统的运行、维护人员应认真学习操作规程，严格遵守规章制度，正确操作电气设备，禁止带负荷拉刀闸、带电合接地刀闸。线路施工，维护人员工作完毕，应立即拆除接地线。要经常对线路、设备进行巡视检查，及时发现缺陷，迅速进行检修。

5. 计算短路电流的目的和任务

为了使电力系统可靠、安全地运行，将短路带来的损失和影响限制在最小范围，必须正确地进行短路电流计算，以解决下列技术问题：

(1) 选择电气设备。选择电气设备时，需要计算出可能通过电气设备的最大短路电流及其产生的电动力效应及热效应，以检验电气设备的分断能力及动稳定性和热稳定性。三相短路电流最大，造成的危害最严重，用于校验电气设备的耐受能力。

(2) 选择和整定继电保护装置。选择和整定继电保护装置时，需要计算被保护范围内可能产生的最小短路电流，以校验继电保护装置动作的灵敏度是否符合要求。两相短路电流用于校验过流保护的灵敏度。

(3) 确定供电系统的结线和运行方式。供电系统的结线和运行方式不同，短路电流的大小也不同。只有计算出在某种结线和运行方式下的短路电流，才能判断这种结线及运行方式是否合适。

3.2 无限大容量电力系统的三相短路计算

1. 三相短路过程及相关物理量

由于三相短路属于对称性短路，所以可以用单相电路来计算。正常负荷电流 $i=I_{m}\sin(\omega t+\varphi)$，发生短路时，由于短路电路中存在电感，因此短路瞬间电路电流不会突变。短路电流是一个包含有周期分量（稳态电流）i_{p} 和非周期分量（暂态电流）i_{np}的电流，短路电流瞬时值为

$$i_{k}=I_{k.m}\sin(\omega t-\varphi_{k})+(I_{k.m}\sin\varphi_{k}-I_{m}\sin\varphi)e^{-\frac{t}{T}}=i_{p}+i_{np} \quad (3\text{-}1)$$

式中 $I_{k.m}$ ——短路电流周期分量幅值；

$\varphi_{k}=\arctan(X_{\Sigma}/R_{\Sigma})$ ——短路阻抗角；

$\Gamma = L_{\Sigma} / R_{\Sigma}$ ——短路电路的时间常数；

i_k ——短路全电流。

短路电流 i_k 到达稳定值 $i_{k(\infty)}$ 之前，要经过一个暂态过程，这一暂态过程是短路电流非周期分量 i_{np} 存在的那段时间。

(1) 短路电流周期分量 i_p ：是由于短路后电路阻抗突然减小很多而要突然增大很多的电流。

$$i_p = I_{k.m} \sin(\omega t - \varphi_k) \tag{3-2}$$

由于短路电路的电抗一般远大于电阻，即 $X_{\Sigma} \gg R_{\Sigma}$，$\varphi_k = \arctan(X_{\Sigma}/R_{\Sigma}) \approx 90°$，因此短路初瞬间（$t=0$ 时）的短路电流周期分量为

$$i_{p(0)} = -I_{k.m} = -\sqrt{2} I'' \tag{3-3}$$

式中，I'' 为短路次暂态电流有效值，是短路后第一个周期性短路电流分量 i_p 的有效值。

在无限大容量电力系统中，由于系统馈电母线电压维持不变，所以其短路电流周期分量有效值 I_k 在短路的全过程中也维持不变，即

$$I'' = I_{\infty} = I_k \tag{3-4}$$

(2) 短路电流非周期分量 i_{np} ：是用以维持短路初瞬间的电流不致突变而由电感上的自感电动势所产生的一个反向电流，并按指数函数衰减，

$$i_{np} = (I_{k.m} \sin \varphi_k - I_m \sin \varphi) e^{-\frac{t}{\Gamma}} \tag{3-5}$$

由于 $\varphi_k \approx 90°$，$\sin \varphi_k \approx 1$ ，而 $I_m \sin \varphi \ll I_{k.m}$ ，故

$$i_{np} \approx I_{k.m} e^{-\frac{t}{\Gamma}} = \sqrt{2} I'' e^{-\frac{t}{\Gamma}} \tag{3-6}$$

$$\Gamma = L_{\Sigma} / R_{\Sigma} = X_{\Sigma} / 314 R_{\Sigma} \tag{3-7}$$

电阻 R_{Σ} 越大，Γ 越小，衰减越快。

(3) 短路全电流 i_k 的有效值：某一瞬时 t 的短路全电流有效值 $I_{k(t)}$ 是以时间 t 为中点的一个周期内的 i_p 有效值 $I_{p(t)}$ 与 i_{np} 在 t 的瞬时值 $i_{np(t)}$ 的方均根值。

(4) 短路冲击电流 i_{sh} ：短路冲击电流为短路全电流 i_k 中的最大瞬时值。短路后经过大约半个周期（0.01s），i_k 达到最大值，此时的短路电流就是短路冲击电流 i_{sh} 。

$$i_{sh} = i_{p(0.01)} + i_{np(0.01)} \approx \sqrt{2} I'' (1 + e^{-\frac{0.01}{\Gamma}}) \tag{3-8}$$

或

$$i_{sh} \approx K_{sh} \sqrt{2} I'' \tag{3-9}$$

式中，K_{sh} 为短路电流冲击系数。

$$K_{sh} = 1 + e^{-\frac{0.01}{\Gamma}} = 1 + e^{-\frac{0.01 R_{\Sigma}}{L_{\Sigma}}} \tag{3-10}$$

当 $R_{\Sigma} \to 0$ ，则 $K_{sh} \to 2$ ；当 $L_{\Sigma} \to 0$ ，则 $K_{sh} \to 1$ 。因此 $1 < K_{sh} < 2$ 。

短路全电流 i_k 的最大有效值是短路后第一个周期的短路电流有效值，即为短路冲击电流有效值 I_{sh} 。

$$I_{sh} = \sqrt{I_{p(0.01)}^2 + i_{np(0.01)}^2} \approx \sqrt{I''^2 + (\sqrt{2} I'' e^{-\frac{0.01}{\Gamma}})^2} \tag{3-11}$$

或

$$I_{sh} \approx \sqrt{1 + 2(K_{sh} - 1)^2} I'' \tag{3-12}$$

在高压电路发生三相短路时，一般可取 $K_{sh}=1.8$，因此

$$i_{sh}=2.55I'' \tag{3-13}$$

$$I_{sh}=1.51I'' \tag{3-14}$$

在 1000kVA 及以下的电力变压器二次侧及低压电路中发生三相短路时，一般可取 $K_{sh}=1.3$，因此

$$i_{sh}=1.84I'' \tag{3-15}$$

$$I_{sh}=1.09I'' \tag{3-16}$$

（5）短路稳态电流：是短路电流非周期分量衰减完毕以后的短路全电流，其有效值用 I_{∞} 表示。

各种短路电流波形如图 3-1 所示。

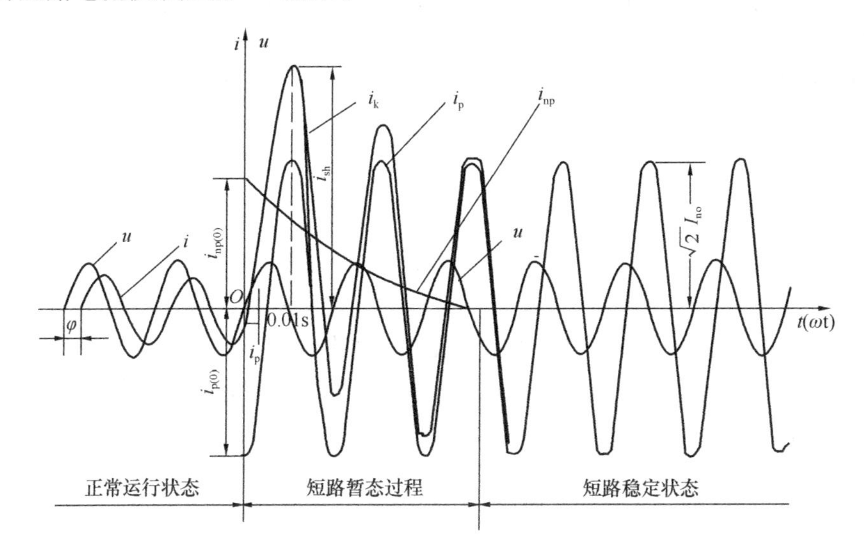

图 3-1　短路电流波形

2. 三相短路计算

进行短路电流计算，首先要绘出电路图，如图 3-2 所示。在电路图上，将短路计算所需考虑的各元件都用额定参数表示，并依次编号，然后确定短路计算点。短路计算点要选择得使需要进行短路校验的电气元件有最大可能的短路电流通过。

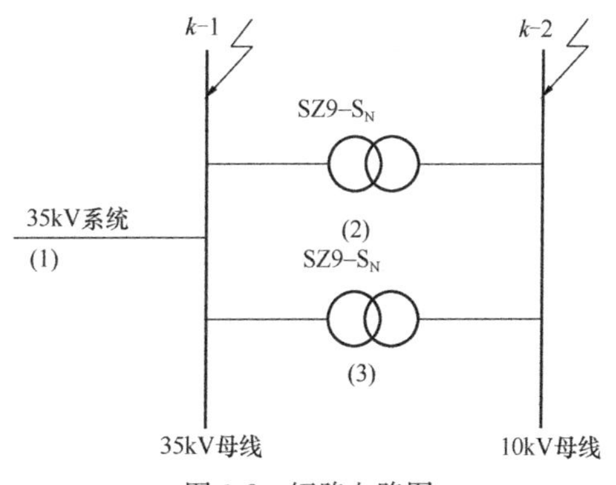

图 3-2　短路电路图

接着，按所选择的短路计算点绘出等效电路图，如图 3-3 所示，并计算短路电路中各主要元件的阻抗。在等效电路图上，只需将被计算的短路电流所流经的一些主要元件表示出来，并标明序号和阻抗值。最后计算短路电流和短路容量。

（1）欧姆法

在无限大容量电力系统中发生三相短路时，其三相短路电流周期分量有效值可用下式

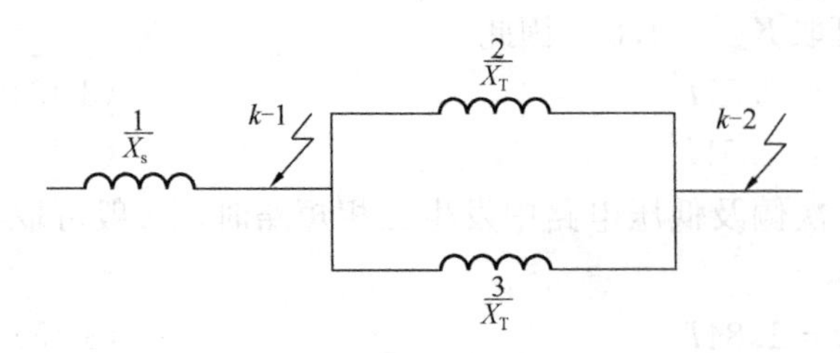

图 3-3　短路等效电路图

计算：

$$I_k^{(3)} = \frac{U_c}{\sqrt{3}\,|Z_\Sigma|} = \frac{U_c}{\sqrt{3}\sqrt{R_\Sigma^2 + X_\Sigma^2}} \tag{3-17}$$

式中，$|Z_\Sigma|$、R_Σ、X_Σ 分别为短路电路的总阻抗、总电阻和总电抗值；U_c 为短路点的短路计算电压（平均额定电压），取线电压。按我国电压标准，U_c 有 0.4kV、0.69kV、3.15kV、6.3kV、10.5kV、37kV、69kV 等。

在高压电路的短路计算中，由于总阻抗通常远大于电阻值，因此一般只计电抗，不计电阻，只有在短路电路的 $R_\Sigma > X_\Sigma/3$ 时才需计入电阻。

不计电阻时，三相短路电流周期分量有效值为：

$$I_k^{(3)} = \frac{U_c}{\sqrt{3}X_\Sigma} \tag{3-18}$$

三相短路容量为

$$S_k^{(3)} = \sqrt{3}U_c I_k^{(3)} \tag{3-19}$$

通常要计算的阻抗包括电力系统阻抗、电力变压器阻抗以及电力线路的阻抗。

在电力系统阻抗计算中一般只计电抗，在图 3-3 中，为了方便，电力系统电抗和高压馈电线路电抗相加计为电力系统总电抗 X_S。电力系统的电抗，可由系统高压馈电线出口断路器的断流容量 S_{oc} 来估算，即 S_{oc} 视为系统的极限短路容量 S_k。因此电力系统的电抗为

$$X'_S = \frac{U_c^2}{S_{oc}} \tag{3-20}$$

式中，U_c 为高压馈电线的短路计算电压，即 37kV；S_{oc} 为系统出口断路器的断流容量。S_{oc} 也可按开断电流 I_{oc} 计算，即 $S_{oc} = \sqrt{3}I_{oc}U_N$，$U_N$ 为断路器额定电压。

线路电抗 X_{WL} 由导线电缆的单位长度电抗 X_0 值求得，即

$$X_{WL} = X_0 l \tag{3-21}$$

式中，l 为线路长度。

则电力系统总电抗 X_S 为

$$X_S = X' + X_{WL}$$

电力变压器电抗 X_T 可由变压器的阻抗电压百分数 $U_K\%$ 近似计算。

因 $U_K\% \approx \dfrac{\sqrt{3}I_N X_T}{U_c} \times 100 \approx \dfrac{S_N X_T}{U_c^2} \times 100$

故
$$X_T \approx \frac{U_K\% U_c^2}{100 S_N} \tag{3-22}$$

若计及电阻，则变压器的电阻 R_T 可由变压器的短路损耗（负载损耗）ΔP_k 近似计算。

因 $\Delta P_k \approx 3I_N^2 R_T \approx 3\left(\dfrac{S_N}{\sqrt{3}U_c}\right)^2 R_T$

故
$$R_{T} \approx \Delta P_{k} \left(\frac{U_{c}}{S_{N}}\right)^{2} \tag{3-23}$$

式中，S_N 为变压器的额定容量。

线路电阻 R_{WL} 由导线电缆的单位长度电抗 R_0 值求得，即

$$R_{WL} = R_0 l$$

式中，l 为线路长度。

$K-1$ 点短路时，三相短路电流周期分量有效值：

$$I_{k-1}^{(3)} = \frac{U_{c1}}{\sqrt{3}X_{\Sigma(k-1)}} = \frac{37}{\sqrt{3}X_{S}}\ \text{kV}$$

$K-2$ 点短路时，由于电路内含有电力变压器，则电路内各元件的阻抗都应统一换算到短路点的短路计算电压上去。阻抗等效变换的条件是元件的功率损耗维持不变，阻抗换算的公式为

$$R' = R\left(\frac{U'_{c}}{U_{c}}\right)^{2} \tag{3-24}$$

$$X' = X\left(\frac{U'_{c}}{U_{c}}\right)^{2} \tag{3-25}$$

式中，R 、X 、U_c 为换算前元件的电阻、电抗和元件所在处的短路计算电压；R' 、X' 、U'_c 为换算后元件的电阻、电抗和短路点的短路计算电压。

则总电抗为

$$X_{\Sigma(k-2)} = \frac{U_{c2}^{2}}{S_{oc}} + X_{0} l \left(\frac{U_{c2}}{U_{c1}}\right)^{2} + \frac{X_{T}}{2}$$

三相短路电流周期分量有效值：

$$I_{k-2}^{(3)} = \frac{U_{c2}}{\sqrt{3}X_{\Sigma(k-2)}} = \frac{10.5}{\sqrt{3}X_{\Sigma(k-2)}}\ \text{kV}$$

再根据公式可计算出三相短路次暂态电流和稳态电流有效值，以及三相短路冲击电流及其有效值。

(2) 标幺制法

按标幺制法进行短路计算时，一般是先选定基准容量 S_d 和基准电压 U_d 。通常取 $S_d = 1000\text{MVA}$，基准电压通常取元件所在处的短路计算电压，即 $U_d = U_c$ 。

基准电流 I_d 按下式计算：

$$I_{d} = \frac{S_{d}}{\sqrt{3}U_{d}} = \frac{S_{d}}{\sqrt{3}U_{c}} \tag{3-26}$$

基准电抗 X_d 按下式计算：

$$X_{d} = \frac{U_{d}}{\sqrt{3}I_{d}} = \frac{U_{c}^{2}}{S_{d}} \tag{3-27}$$

各主要元件的电抗标幺值计算如下：

电力系统的电抗标幺值
$$X_{S}^{*} = \frac{X_{S}}{X_{d}} = \frac{S_{d}}{S_{oc}} \tag{3-28}$$

电力变压器的电抗标幺值
$$X_{T}^{*} = \frac{X_{T}}{X_{d}} = \frac{U_{k}\%S_{d}}{100S_{N}} \tag{3-29}$$

电力线路的电抗标幺值：

$$X_{WL}^{*}=\frac{X_{WL}}{X_d}=X_0 l\frac{S_d}{U_c^2} \tag{3-30}$$

短路电路中各主要元件的电抗标幺值求出以后，结合其等效电路图（图 3-3），计算其总电抗标幺值 X_{Σ}^{*} 。由于各元件电抗均采用标幺值，与短路计算点的电压无关，因此无需进行电压换算。

无限大容量系统三相短路电流周期分量有效值的标幺值按下式计算：

$$I_k^{(3)*}=\frac{I_k^{(3)}}{I_d}=\frac{U_c}{\sqrt{3}X_{\Sigma}}\Big/\frac{S_d}{\sqrt{3}U_c}=\frac{U_c^2}{S_d X_{\Sigma}}=\frac{1}{X_{\Sigma}^{*}} \tag{3-31}$$

由此可求得三相短路电流周期分量有效值为

$$I_k^{(3)}=I_k^{(3)*}I_d=\frac{I_d}{X_{\Sigma}^{*}} \tag{3-32}$$

求得 $I_k^{(3)}$ 后，即可利用前面的公式求出三相短路次暂态电流和稳态电流有效值，以及三相短路冲击电流及其有效值等。

三相短路容量的计算公式为

$$S_k^{(3)}=\sqrt{3}U_c I_k^{(3)}=\sqrt{3}U_c\frac{I_d}{X_{\Sigma}^{*}}=\frac{S_d}{X_{\Sigma}^{*}} \tag{3-33}$$

短路电流计算结果如表 3-2 所示。

短路电流计算结果　　　　**表 3-2**

短路点编号	短路点位置	短路点平均工作电压	短路电流周期分量起始值	稳态短路电流有效值	短路电流冲击值	短路全电流最大有效值	短路容量
		U_c (kV)	I'' (kA)	I (kA)	i_{ch} (kA)	I_{ch} (kA)	S'' (MVA)
1	35kV 母线	37	I'' (kA)	$I=I''$	$i_{ch}=2.55I''$	$I_{sh}=1.51I''$	$S_k^{(3)}=\sqrt{3}U_c I_k^{(3)}$
2	10kV 母线	10.5	I'' (kA)	$I=I''$	$i_{ch}=2.55I''$	$I_{sh}=1.51I''$	$S_k^{(3)}=\sqrt{3}U_c I_k^{(3)}$

对于变压器低压侧母线发生的三相短路，还可直接利用下式进行计算

$$I_d^{(3)}=\frac{U_c}{\sqrt{3}X_T}=\frac{100I_{2N}}{U_k\%}$$

3.3　单相接地短路电流计算

在大接地电流系统或三相四线制系统中发生单相短路时，根据对称分量法可求得单相短路电流为

$$\dot{I}_k^{(1)}=\frac{3\dot{U}_{\varphi}}{Z_{1\Sigma}+Z_{2\Sigma}+Z_{0\Sigma}} \tag{3-34}$$

式中，U_{φ} 为电源相电压；$Z_{1\Sigma}$ 、$Z_{2\Sigma}$ 、$Z_{0\Sigma}$ 为单相短路回路的正序、负序、零序阻抗。

在工程设计中，常利用下式计算单相短路电流，即

$$I_{k}^{(1)}=\frac{U_{\varphi}}{|Z_{\varphi-0}|} \tag{3-35}$$

式中，U_{φ} 为电源相电压；$|Z_{\varphi-0}|$ 为单相短路回路的阻抗［模］，可按下式计算

$$|Z_{\varphi-0}|=\sqrt{(R_{T}+R_{\varphi-0})^{2}+(X_{T}+X_{\varphi-0})^{2}} \tag{3-36}$$

式中，R_{T}、X_{T} 分别为变压器单相等效电阻和电抗；$R_{\varphi-0}$、$X_{\varphi-0}$ 分别为相线与N线的短路回路电阻和电抗。对低压回路还包括低压断路器过电流线圈的阻抗、电流互感器一次线圈的阻抗等。

单相短路电流和三相短路电流的关系如下：

在远离发电机的用户变电站低压侧（即将系统视为无限大容量系统）发生单相短路时，$Z_{1\Sigma}\approx Z_{2\Sigma}$，因此得单相短路电流

$$\dot{I}_{k}^{(1)}=\frac{3\dot{U}_{\varphi}}{2Z_{1\Sigma}+Z_{0\Sigma}} \tag{3-37}$$

而三相短路时，三相短路电流为

$$\dot{I}_{k}^{(3)}=\frac{\dot{U}_{\varphi}}{Z_{1\Sigma}} \tag{3-38}$$

因此

$$\frac{\dot{I}_{k}^{(1)}}{\dot{I}_{k}^{(3)}}=\frac{3}{2+\dfrac{Z_{0\Sigma}}{Z_{1\Sigma}}} \tag{3-39}$$

由于远离发电机发生短路时，知 $Z_{0\Sigma}>Z_{1\Sigma}$，因此

$$I_{k}^{(1)}<I_{k}^{(3)}$$

3.4　两相短路电流计算

在供配电系统中，两相短路发生概率高于三相短路，但低于单相接地短路发生概率。如图3-4所示为发生在 k 点的两相短路。

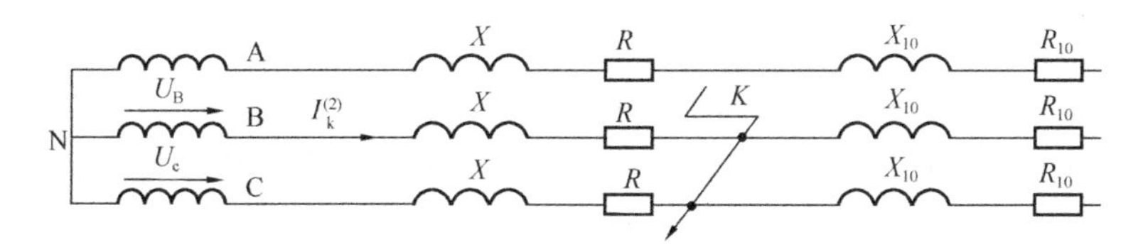

图3-4　发生在 k 点的两相短路

在无限大容量系统中发生两相短路时，其短路电流（周期分量有效值）可按下式计算：

$$I_{k}^{(2)}=\frac{U_{c}}{2|Z_{\Sigma}|} \tag{3-40}$$

式中，U_{c} 为短路计算电压（线电压）。

如果只计电抗，则短路电流为

$$I_k^{(2)} = \frac{U_c}{2X_\Sigma} \tag{3-41}$$

其他两相短路电流 $I''^{(2)}$、$I_\infty^{(2)}$、$i_{sh}^{(2)}$、$I_{sh}^{(2)}$ 等，都可按前面三相短路的对应公式计算。

关于两相短路电流与三相短路电流的关系，可由 $I_k^{(2)} = \frac{U_c}{2|Z_\Sigma|}$ 和 $I_k^{(3)} = \frac{U_c}{\sqrt{3}|Z_\Sigma|}$ 求得，即

$$\frac{I_k^{(2)}}{I_k^{(3)}} = \frac{\sqrt{3}}{2} = 0.866$$

因此

$$I_k^{(2)} = \frac{\sqrt{3}}{2} I_k^{(3)} = 0.866 I_k^{(3)} \tag{3-42}$$

上式说明，在无限大容量系统中，同一地点的两相短路电流为其三相短路电流的0.866倍；而发生两相异地短路时的短路电流将小于三相短路电流的0.866倍。但在发电机出口短路时，不能再当成无限大容量系统对待，此时 $I_k^{(2)} = 1.5 I_k^{(3)}$ 。

根据以上公式推导可知，在无限大容量系统中或远离发电机处短路时，两相短路电流和单相短路电流都比三相短路电流小，因此用于选择电气设备和导体的短路稳定度检验的短路电流，应采用三相短路电流。

3.5　短路电流的力效应和热效应

电力系统中，发生单相短路的概率最大，而发生三相短路的概率最小。但是一般三相短路的电流最大，造成的危害也最严重。为了使电力系统的电气设备在最严重的短路状态下也能可靠地工作，在选择和检验电气设备用的短路计算中，常以三相短路计算为主。

通过严格的短路计算公式推导得知，短路电流通过导体和电气设备时将产生很大的电动力，即电动效应，并产生很高的温度，即热效应。这两类短路效应，对导体和电气设备的安全运行威胁极大，必须充分注意。

1. 短路电流的力效应

(1) 三相平行载流导体的电动力

由电工基础可知，两根平行导体中有电流通过时，导体间将会产生作用力。作用力的方向是当电流同方向时相互吸引；当电流方向相反时相互排斥。作用力是沿着导体长度均匀分布的，实际计算时，用作用在导体长度中的合力代替。

如果三相线路中发生三相短路，可以证明：同一平面内平行放置的三相导体，其中间相所受的电动力最大。此时，电动力的最大瞬时值可用下式计算

$$F = 0.173 K_s i_{sh}^2 \frac{L}{a} \tag{3-43}$$

式中　F——三相短路时，中间一相导体所受的电动力，N；

i_{sh}——三相短路时，短路冲击电流值，kA，高压电网短路时 $i_{sh} = 2.55 I_k^{(3)}$ ；

L——平行导体的长度，m；

a——两导体中心线间的距离，m；

K_s ——导体的形状系数。

由于三相短路冲击电流比两相短路冲击电流大，所以三相短路比两相短路的电动力也大。因此，对电气设备和导体的电动力校验，均用三相短路冲击电流值进行校验。

(2) 电气设备的动稳定电流

各种已出厂的电气设备，其载流导体的机械强度、截面形状、布置方式和几何尺寸都是确定的。为了便于用户选择，制造厂家通过计算和试验，从承受电动力的角度出发，在产品技术数据中，直接给出了电气设备允许通过的最大峰值电流，这一电流称之为电气设备的动稳定电流，用符号 i_{es} 表示。

在选择电气设备时，其动稳定电流 i_{es} 和 I_{es} 应不小于短路冲击电流值和冲击电流有效值。即

$$i_{es} \geqslant i_{sh} \tag{3-44}$$

$$I_{es} \geqslant I_{sh} \tag{3-45}$$

2. 短路电流的热效应

(1) 导体的长时允许温度和短时允许温度

由于导体有电阻，在通过正常负荷电流时，要产生电能损耗，使导体的温度升高。在发生短路时，强大的短路电流将使导体温度迅速升高。因此，我国《高压配电装置规程》中规定了各种导体的短时允许温度 $\theta_{p\cdot s}$ 与长时允许温度 θ_p 的差值，即导体的最大短时允许温升 $\tau_{p\cdot s}(\tau_{p\cdot s}=\theta_{p\cdot s}-\theta_p)$。

表 3-3 列出了各种导体的长时允许温度 θ_p、短时允许温度 $\theta_{p\cdot s}$。

各种导体的短时最大允许温升及热稳定系数　　　表 3-3

<table>
<tr><th colspan="2">导体种类和材料</th><th>电压
(kV)</th><th>长时允许温度
θ_p (℃)</th><th>短时允许温度
θ_{p·s} (℃)</th><th>热稳定系数
C</th></tr>
<tr><td colspan="2">母线排：铜</td><td></td><td>70</td><td>300</td><td>171</td></tr>
<tr><td colspan="2">铝</td><td></td><td>70</td><td>200</td><td>87</td></tr>
<tr><td colspan="2">铝锰合金</td><td></td><td>70</td><td>200</td><td>87</td></tr>
<tr><td colspan="2">钢（不与电器直接连接时）</td><td></td><td>70</td><td>400</td><td>67</td></tr>
<tr><td colspan="2">钢（与电器直接连接时）</td><td></td><td>70</td><td>300</td><td>60</td></tr>
<tr><td rowspan="6">油浸纸绝缘电缆</td><td rowspan="3">铜芯</td><td>1～3</td><td>80</td><td>250</td><td>148</td></tr>
<tr><td>6</td><td>65</td><td>250</td><td>145</td></tr>
<tr><td>10</td><td>60</td><td>250</td><td>148</td></tr>
<tr><td rowspan="3">铝芯</td><td>1～3</td><td>80</td><td>200</td><td>84</td></tr>
<tr><td>6</td><td>65</td><td>200</td><td>90</td></tr>
<tr><td>10</td><td>60</td><td>200</td><td>92</td></tr>
<tr><td rowspan="2">交联聚乙烯绝缘电缆</td><td>铜芯</td><td>≤10</td><td>90</td><td>250</td><td>141</td></tr>
<tr><td>铝芯</td><td>≤10</td><td>90</td><td>200</td><td>87</td></tr>
<tr><td rowspan="2">聚氯乙烯绝缘电线与电缆</td><td>铜芯</td><td>—</td><td>65</td><td>130</td><td>100</td></tr>
<tr><td>铝芯</td><td>—</td><td>65</td><td>130</td><td>65</td></tr>
</table>

续表

导体种类和材料		电压 (kV)	长时允许温度 θ_p（℃）	短时允许温度 $\theta_{p\cdot s}$（℃）	热稳定系数 C
橡皮绝缘电线与电缆	铜芯	—	65	150	112
	铝芯	—	65	150	74

(2) 导体的最小热稳定截面

则
$$A_{min} = \frac{I_{ss}}{C}\sqrt{t_i} \tag{3-46}$$

式中　I_{ss}——三相短路电流稳态值，A；

t_i——短路电流的假想作用时间，s，$t_i = t_s + 0.05$；

C——导体材料的热稳定系数，$C=\sqrt{\gamma_{sc}\gamma C_{av}\tau_{p\cdot s}}$，它与导体的电导率、密度、热容量和最大短时允许温升有关。各种导体材料热稳定系数见表3-3。

当导体截面积 $A \geqslant A_{min}$ 时，便可满足导体的热稳定条件。

(3) 成套电气设备的热稳定校验

对成套电气设备，其导体的材料和截面均已确定，其温升只与电流大小和作用时间的长短有关。故厂家在电气设备的技术数据中直接给出了与某一时间（如1s、5s、10s等）相对应的热稳定电流，因此对成套电气设备可直接用下式进行热稳定校验

$$I_{ts}^2 t \geqslant I_{ss}^2 t_i \tag{3-47}$$

式中　I_{ts}——设备的热稳定电流，A；

t——与 I_{ts} 相对应的热稳定时间，s。

本 章 小 结

1. 在三相系统中，短路的形式有三相短路、两相短路、单相短路和两相接地短路等，其中两相接地短路，实质是两相短路。

2. 短路发生的原因是多种多样的，主要有绝缘损坏、误操作、鸟兽危害、恶劣的气候、其他意外事故。

3. 预防短路的发生要通过短路电流的计算，正确选择及校验电气设备，正确选择继电保护的整定值和熔体的额定电流，加强线路维护，加强治理，及时清除导电粉尘，在配电设备四周挖掘施工，要派专人看护。

4. 正确地进行短路电流计算，可以帮助选择电气设备、选择和整定继电保护装置、确定供电系统的结线和运行方式。

5. 理解三相短路电流、两相短路电流、单相短路电流计算公式的推导。明白短路电流周期分量和非周期分量的关系。

6. 短路电流通过导体和电气设备时将产生很大的电动力，即电动效应，并产生很高的温度，即热效应。这两类短路效应，对导体和电气设备的安全运行威胁极大，必须充分注意。

习 题 与 思 考 题

1. 短路电流发生的种类，哪种短路电流发生概率最大?
2. 导致短路的原因主要是哪几种?
3. 针对短路电流的发生应采取何种措施进行预防?
4. 通过计算短路电流能解决什么问题?
5. 列表总结归纳三相短路过程中各个物理量及其含义。
6. 电气设备选择的一般条件是什么? 什么叫电气设备的热稳定和动稳定?

第4章　建筑供配电系统设备及线缆的选择

【本章重点】 理解一次设备、二次设备的区别；了解电气设备选择的一般条件；熟悉高压断路器、隔离开关、熔断器的种类型号及其用途；熟悉电压互感器和电流互感器的工作原理，常见的接线形式以及使用维护中的注意事项；熟悉电缆的型号和适用场合；了解变压器的型号、规格和选择；了解柴油发电机的选用。

4.1　供配电系统设备概述

4.1.1　一次设备

为了满足生产的要求，供配电系统中安装有各种电气设备，这些电气设备都是供配电系统的重要组成部分。根据电气设备的作用不同，可将电气设备分为一次设备和二次设备。通常把生产、转换和分配电能的设备，如发电机、变压器和开关电器等称为一次设备。它们包括：

1. 生产和转换电能的设备。如发电机将机械能转换成电能，电动机将电能转换成机械能，变压器将电压升高或降低，以满足输配电需要。这些都是供配电系统中最主要的设备。

2. 接通或断开电路的开关电器。例如：断路器、隔离开关、熔断器、接触器之类，它们用于正常或事故时，将电路闭合或断开。

3. 限制故障电流和防御过电压的电器。例如：限制短路电流的电抗器和防御过电压的避雷器等。

4. 接地装置。无论是电力系统中性点的工作接地或是保护人身安全的保护接地，均同埋入地中的接地装置相连。

5. 载流导体。如裸导体、电缆等，它们按设计的要求将有关电气设备连接起来。

4.1.2　二次设备

对上述一次设备进行测量、控制、监视和起保护作用的设备统称二次设备，它们包括：

1. 仪用互感器。如电压互感器和电流互感器，可将电路中的电压或电流降至较低值，供给仪表和保护装置使用。

2. 测量表计。如电压表、电流表、功率因数表等，用于测量电路中的参量值。

3. 继电保护及自动装置。这些装置能迅速反应不正常情况并进行监控和调节，例如：作用于断路器跳闸，将故障切除。

4. 直流电源设备。包括直流发电机、蓄电池等，供给保护和事故照明的直流用电。

5. 信号设备及控制电缆等。信号设备给出信号或显示运行状态标志，控制电缆用于连接二次设备。

4.1.3 电气设备选择的一般条件

正确地选择电器是使电气主接线和配电装置达到安全、经济运行的重要条件。在进行电器选择时，应根据工程实际情况，在保证安全、可靠的前提下，积极而稳妥地采用新技术，并注意节省投资，选择合适的电器。

尽管电力系统中各种电器的作用和工作条件并不一样，具体选择方法也不完全相同，但对它们的基本要求却是一致的。电器要能可靠地工作，必须按正常工作条件进行选择，并按短路状态来校验热稳定和动稳定，前一章计算短路电流在这里可以得到应用。

1. 按正常工作条件选择

（1）额定电压和最高工作电压。电器所在电网的运行电压因调压或负荷的变化，常高于电网的额定电压，故所选电器允许最高工作电压 U_{alm} 不得低于所接电网的最高运行电压 U_{sm} 即

$$U_{alm} \geqslant U_{sm} \tag{4-1}$$

一般电器允许的最高工作电压：当额定电压在 220kV 及以下时为 $1.15U_N$；额定电压为 330～500kV 时为 $1.1U_N$。而实际电网的最高运行电压 U_{sm} 一般不超过 $1.1U_{NS}$，因此在选择电器时，一般可按照电器的额定电压 U_N 不低于装置地点电网额定电压 U_{NS} 的条件选择，即

$$U_N \geqslant U_{NS} \tag{4-2}$$

（2）额定电流。电器的额定电流 I_N 是指在额定周围环境温度 θ_0 下电器的长期允许电流。I_N 应不小于该回路在各种合理运行方式下的最大持续工作电流 I_{max}，即

$$I_N \geqslant I_{max} \tag{4-3}$$

2. 按短路情况校验

（1）短路热稳定校验。短路电流通过电器时，电器各部件温度（或发热效应）应不超过允许值。满足热稳定的条件为

$$I_t^2 t \geqslant Q_k \tag{4-4}$$

式中 Q_k——短路电流产生的热效应；

I_t、t——电路允许通过的热稳定电流和时间。

（2）电动力稳定校验。电动力稳定是电器承受短路电流机械效应的能力，亦称动稳定。满足动稳定的条件为：

$$i_{es} \geqslant i_{sh} \tag{4-5}$$

$$I_{es} \geqslant I_{sh} \tag{4-6}$$

式中 i_{sh}、I_{sh}——短路冲击电流幅值及其有效值；

i_{es}、I_{es}——电器允许通过的动稳电流幅值及其有效值。

下列几种情况可不校验热稳定或动稳定：

1）用熔断器保护的电器，其热稳定由熔断时间保证，故可不校验热稳定；

2）采用有限流电阻的熔断器保护的设备，可不校验动稳定；

3）装设在电压互感器回路中的裸导体和电器可不校验动、热稳定。

在进行短路情况校验时，短路种类一般选择三相短路。短路点选择在通过电器的短路电流为最大的地方。短路时间应按最严重的情况下开断短路电流所需时间确定。

4.2　开关电器及其选择

4.2.1　高压断路器

高压断路器是供配电系统的重要电气设备。正常运行时，用它来倒换运行方式，把设备或线路接入电路或退出运行，起着控制作用。当设备或线路发生故障时，能迅速切除故障部分，保证无故障部分继续运行，又起着保护作用。因断路器具有可靠的灭弧装置，所以作为一种最完善的开关电器而得到了广泛应用。

1. 电弧的产生和熄灭

（1）电弧产生的条件

断路器中最基本的部件是触头。当断路器断开电路时，如果电路电压高于 10～20V，电流大于 80～100mA，触头间便会产生电弧。触头间的电弧的温度很高，常常超过金属气化点，可能烧坏触头，或使触头附近的绝缘物遭受破坏。如果电弧长久未熄，将会引起电器烧毁爆炸，危害电力系统的安全运行。

（2）电弧的熄灭与重燃

对于正弦交流电弧，电流每经半周总要过一次零。在电弧电流过零时，电弧暂时熄灭。介质强度恢复，电弧电流过零后如果电压高于介质强度，弧隙仍被击穿，电弧重燃；反之则电弧熄灭。

（3）熄灭交流电弧的基本方法

从上面的分析可知，电弧能否熄灭，决定于弧隙内部的介质强度和外部电路施加于弧隙的恢复电压二者的“竞赛”。根据这个原理，现代交流开关电器中广泛采用的灭弧方法有下列几种：

1）利用灭弧介质。电弧中的去游离强度，在很大程度上取决于电弧周围介质的特性。如介质的传热能力、介电强度、热游离温度和热容量。这些参数的数值越大，则去游离作用越强，电弧就越容易熄灭。氢气的灭弧能力是空气的 7.5 倍，所以利用变压器油或断路器油作灭弧介质，使绝缘油在电弧的高温作用下分解出氢气（H_2 约占 70%～80%）和其他气体来灭弧；六氟化硫（SF_6）是良好的负电性气体，具有很好的灭弧性能，SF_6 气体的灭弧能力比空气约强 100 倍；若用真空（气体压力低于 133.3×10^{-4}Pa）作为灭弧介质时，在弧隙间自由电子很少，碰撞游离可能性大大减少，况且弧柱对真空的带电质点的浓度差和温度差很大，有利于扩散。因此，采用不同介质可制造成不同类型的断路器，例如：空气断路器、油断路器、SF_6 断路器、真空断路器等。

2）采用特殊金属材料作灭弧触头。若采用熔点高、导热系数和热容量大的高温金属作触头材料，可以减少热电子发射和电弧中的金属蒸气，抑制游离作用。同时，触头材料还要求有较高的抗电弧、抗熔焊能力。常用的触头材料有铜钨合金和银钨合金等。

3）利用气体或油吹动电弧。电弧在气流或油流中被强烈地冷却而使复合加强，吹弧也有利于带电离子的扩散。气体或油的流速越大，其作用越强。在高压断路器中利用各种结构形式的灭弧室，使气体或油产生巨大的压力并有力地吹向弧隙，使电弧熄灭。吹动的方式有纵吹和横吹等。纵吹主要使电弧冷却变细，最后熄弧；而横吹则把电弧拉长，表面积增大并加强冷却。在断路器中更多地采用纵、横混合吹弧的方式，熄弧效果更好。

4）采用多断口熄弧。断口把电弧分割成多个小电弧段，在相等的触头行程下，多断口比单断口的电弧拉长了，从而增大了弧隙电阻，而且电弧被拉长的速度，即触头分离的速度也增加，加速了弧隙电阻的增大，同时也增大了介质强度的恢复速度。由于加在每个断口的电压降低，使弧隙恢复电压降低，亦有利于熄灭电弧。在低压开关电器中广泛采用灭弧栅装置，也就是利用把长弧变成短弧进行灭弧。

2. 对高压断路器的基本要求

（1）断路器在额定参数下应能长期可靠地工作。在合闸状态时有良好的导电性能，而在分闸状态时又能保证断口间的绝缘。

（2）应具有足够的断流能力。由于电力网电压高、电流大，断路器在断开电路时，触头间会出现电弧，只有将电弧熄灭，才能断开电路。

（3）具有尽可能短的开断时间。可以缩短电力网的故障时间和减轻短路电流对设备的损坏，并且还可以提高电力系统的稳定性。

（4）能实现自动重合闸。架空线的短路故障大多是瞬时性的，为了提高供电可靠性，系统中多加装自动重合闸装置，这就要求断路器能在很短的时间内按规定完成其重合闸动作，并且其断流能力应相对稳定。

（5）应具有足够的机械强度。

（6）应具有良好的稳定性能。应能适应各种环境条件对其带来的影响，以保证其在风、雪、雨、霜、雾等各种恶劣的气象条件下都能正常工作，不误动、不拒动。

（7）应具有结构简单、价格低廉、体积小、重量轻的特点。

3. 高压断路器的种类和型号

（1）高压断路器的种类

根据高压断路器的装设地点，可分为户内和户外两种型式。

按断路器使用的灭弧介质和灭弧原理可分为油断路器（多油断路器和少油断路器）、空气断路器、六氟化硫（SF_6）断路器、真空断路器、磁吹断路器和自产气断路器等。

（2）高压断路器的型号

目前我国生产的高压断路器的型号是由文字符号和数字按以下方式组成。

□1 □2 □3—□4 □5/□6—□7 □8

其代表意义为：

□1——产品字母代号，用下列字母表示：S—少油断路器；D—多油断路器；K—空气断路器；L—六氟化硫断路器；Z—真空断路器；Q—自产气断路器；C—磁吹断路器。

□2——装设地点代号：N—户内；W—户外。

□3——设计系列顺序号：以数字1、2、3……表示。

□4——额定电压，kV。

□5——其他补充工作特性标志：G—改进型；F—分相操作。

□6——额定电流，A。

□7——额定开断能力，kA或MVA。

□8——特殊环境代号。

例如：SN10-10/3000-750型，即指额定电压10kV、额定电流3000A、开断容量750MVA、10型户内式高压少油断路器。

4. 高压断路器的基本技术参数

(1) 额定电压（U_N）

额定电压是指断路器长期工作的标准电压。3、6、10、35、110、220、330、500kV等。

(2) 额定电流（I_N）

额定电流是指断路器长期允许通过的最大工作电流。电流越大，则要求导电部分和触头的截面越大，以便减小损耗和增大散热面积。

(3) 额定开断电流（I_{Nbr}）

开断电流是指断路器在开断操作时，首先起弧的那相电流。额定开断电流是指断路器在额定电压下能保证正常开断的最大短路电流。它是标志断路器开断能力的一个重要参数。

(4) 关合电流（i_{Ncl}）

短路时，保证断路器能够关合而不致发生触头熔焊或其他损伤的最大电流，称为断路器的关合电流。其数值以关合操作时瞬态电流第一个最大半波峰值来表示，制造部门对关合电流一般取额定开断电流的$1.8\sqrt{2}$倍，即：

$$i_{Ncl} = 1.8\sqrt{2}I_{Nbr} = 2.55I_{Nbr} \tag{4-7}$$

断路器关合短路电流的能力与断路器操动机构的功率、断路器灭弧装置性能等有关。

(5) t秒热稳定电流（I_t）

t秒热稳定电流是指在t秒内，通过断路器使其各部分发热不超过短时发热允许温度的最大短路电流。它是标志断路器承受短路电流热效应能力的一个重要参数。

(6) 动稳定电流（i_{es}）

动稳定电流亦称极限通过电流。动稳定电流是指断路器在合闸位置时，允许通过的短路电流最大峰值。动稳定电流表示断路器对短路电流的动稳定性，它决定于导体部分及支持绝缘子部分的机械强度，并决定于触头的结构形式。

(7) 全开断（分闸）时间（t_{kd}）

全开断时间是指断路器接到分闸命令瞬间起到各相电弧完全熄灭为止的时间间隔，即

$$t_{kd} = t_{gf} + t_h \tag{4-8}$$

式中　t_{gf}——断路器固有分闸时间，指断路器接到分闸命令瞬间到各相触头都分离的时间间隔；

t_h——燃弧时间，指断路器触头从分离燃弧瞬间到各相电弧完全熄灭的时间间隔。

(8) 合闸时间（t_{hz}）

合闸时间是指处于分闸位置的断路器，从接到合闸命令瞬间起到各相的触头均接触为止的时间间隔。合闸时间决定于断路器的操动机构及中间传动机构。电力系统对合闸时间一般要求不高，但希望稳定。

5. 高压断路器的选择

(1) 按正常工作条件选择高压电器

1) 按工作电压选择选用的高压电器，其额定电压应符合所在回路的系统标称电压，其允许最高工作电压U_{max}不应小于所在回路的最高运行电压U_y，即$U_{max} \geqslant U_y$。

2) 按工作电流选择高压电器的额定电流I_n，不应小于该回路在各种可能运行方式下

的持续工作电流 I_g，即 $I_n \geqslant I_g$。

（2）按短路稳定条件选择高压电器

1）短路稳定性校验的一般要求。

2）短路电流的热效应。

3）短路稳定性校验。

（3）按环境条件选择高压电器

1）选择电器的环境温度。

2）选择电器的环境湿度。

3）高海拔对高压电器的影响。

4）地震对高压电器的影响。

（4）高压断路器选择实例

举例进行 10kV 出线断路器的选择，假定 10kV 母线三相稳态短路电流 $I_k = 15.12$kA，10kV 母线短路三相冲击电流 $i_{sh} = 38.57$kA，本变电站地区气温：－12～38℃。

1）额定电压：$U_e = 10$kV

2）额定电流：按负荷最大的 10kV 出线考虑

$$I_{gmax} = \frac{S_{10}}{\sqrt{3}U_N} = \frac{3500}{\sqrt{3} \times 10} = 205.88\text{A}$$

3）查电气设备手册选择断路器型号及参数如表 4-1 所示：

断路器型号及参数摘选 **表 4-1**

型 号	数量	技 术 参 数			
		额定电流（A）	额定开断电流（kA）	动稳定电流（kA）	4 秒热稳定电流（kA）
ZW1-10/1000	8	1000	16	40	16

4）校验：

① $U_e = 10\text{kV} = U_N$

② $I = 1000\text{A} > I_{gmax} = 205.88\text{A}$

③ 额定开断电流校验：

10kV 母线三相稳态短路电流 $I_k = 15.12$kA

ZW1-10/1000 断路器的额定开断电流 $I_{Nbr} = 16$kA

符合要求。

④ 动稳定校验：

10kV 母线短路三相冲击电流 $i_{sh} = 38.57$kA

ZW1-10/1000 断路器的动稳定电流 $I_{gf} = 40$kA

$i_{sh} < I_{gf}$ 符合动稳定要求。

⑤ 热稳定校验：

10kV 母线三相短路热容量 $Q_{dt} = I_k^2 t_{ep} = 914.46\text{kA}^2\text{s}$

ZW1-10/1000 断路器的 4 秒热稳定电流 $I_t = 16$kA

$$I_t^2 t = 16^2 \times 4 = 1024\text{kA}^2\text{s}$$

$I_k^2 t_{ep} < I_t^2 t$ 符合热稳定要求。

⑥ 温度校验：

ZW1-10/1000断路器允许使用环境温度：−40～40℃

本变电站地区气温：−12～38℃，所以符合要求。

通过以上校验可知，主变10kV出线断路器的选择符合要求。

6. 高压断路器的维护

断路器可能会由于设计、制造缺陷、安装、检修质量不好、检修不及时以及检查维护不好等原因而发生事故。

断路器常见故障有：①因脏污和受潮而造成的套管闪络和绝缘破坏；②操作机构动作失灵；③因灭弧条件变坏而在开断短路电流时造成的对开关破坏（爆炸或触头熔焊）；④因机械力冲击而造成的绝缘子破裂；⑤油面过高或过低而对油开关造成的事故；⑥断路器的拒绝合闸和拒绝跳闸；⑦断路器的发热；⑧因泄漏气体造成压力降低或真空度减小等。

断路器工作中的薄弱环节是接触系统及灭弧系统，因为这些部位常常承受着在最不利条件下（如短路）的力效应与热效应。运行人员应对它们有足够的重视，并应对断路器的操作机构有清楚的了解。

（1）断路器拒绝合闸。断路器远方操作不能合闸造成的后果是严重的。例如，在事故情况下要求紧急投入备用电源时，断路器不能合闸则延长了事故的时间，严重时会造成更大的事故。

发生不能合闸现象后，应首先检查操作电源的电压，如过低应设法将其提高。最好在闸前检查操作电源电压，并根据信号灯检查合闸回路及保险的完好状况。此外，就应根据外部情况判断故障原因加以排除。

（2）断路器拒绝跳闸。断路器在事故时（如短路）拒绝跳闸将引起严重的事故，电器设备可能烧损或者造成越级跳闸引起大面积停电。

当断路器拒跳时，应迅速查明原因加以排除，拒跳的可能原因为：操作回路故障（断线和保险熔断等），操作电压过低，操作把手接触不良，操作机构故障或继电保护故障等。

应定期检查断路器的操作机构，并定期做跳闸试验以验证跳闸回路的完好。信号灯为平时监视操作回路的标志，当信号灯熄灭时应检查灯泡是否完好。若灯泡完好应检查操作回路保险是否熔断，二次回路是否断线。

操作电压过低的原因可能是过负荷，或者是充电机组的交流电源消失，则充电机组变成电动机运行，导致电压下降。

（3）断路器误跳与误合。误跳和误合的可能原因是：误操作、操作机构故障及操作和保护回路两点接地等。

例如，在保护回路发生两点接地后，有时相当于继电器动作，则将产生信号以至跳闸。防止两点接地的办法是加强对二次回路的绝缘监视，并设置专门的绝缘监察装置，一点接地后即可发出信号（声、光信号）。此时值班员应迅速查找接地故障并加以排除。在二次回路发生一点接地时，不允许进行任何带电作业，防止发生另一点接地，造成两点接地从而引起事故。

（4）油断路器缺油或压缩空气断路器压力降低。当检查发现油开关油标中无油或严重漏油，以及压缩空气开关空气压力降低或漏气时，即认为断路器已不能正常工作。

因为此时如用断路器切断负载电流或去切断短路电流时，断路器则因油量或空气量的减少而不能灭弧。这样，电弧产生的大量气体可能导致开关爆炸造成事故，随同事故的蔓延也将引起越级跳闸事故造成大面积停电。

4.2.2 隔离开关

隔离开关是供配电系统中常用的电器，它需与断路器配套使用。因隔离开关无灭弧装置，所以不能用它来开断负荷电流和短路电流。否则在高电压作用下，触头间将产生强烈电弧，很难自行熄灭，可能造成飞弧（相对地或相间短路），烧损设备，危及人身安全，这就是所谓“带负荷拉隔离开关”的严重事故。

1. 隔离开关的功能

(1) 隔离电源。将需要检修的电气设备与电源隔开，以保证检修工作的安全进行。

(2) 倒闸操作。投入备用母线或旁路母线以及改变运行方式时，常用隔离开关配合断路器，协同操作来完成。

(3) 分、合小电流：

① 分、合避雷器、电压互感器和空载母线；

② 分、合励磁电流不超过 2A 的空载变压器；

③ 分、合电容电流不超过 5A 的空载线路（10.5kV 以下）；

④ 分、合无接地故障时变压器的中性点接地线；

⑤ 分、合 10kV、70A 以下的环路均衡电流；

⑥ 分、合无阻抗等电位的并联支路。

2. 隔离开关的基本要求和基本参数

按所担负的工作任务，隔离开关应满足以下基本要求：

(1) 应具有明显可见的断开点，使检修、运行人员能清楚地观察隔离开关的分、合状态；

(2) 断开点应具有可靠的绝缘，即使在恶劣的气候条件下，也不能发生漏电或闪络现象，以确保检修、运行人员的人身安全；

(3) 应具有足够的短路稳定性；

(4) 结构简单，动作可靠；

(5) 隔离开关装有接地闸刀时，主闸刀与接地闸刀之间应具有机械的或电气的联锁，以保证“先断开主闸刀，后闭合接地闸刀；先断开接地闸刀，后闭合主闸刀”的操作顺序。

隔离开关的基本参数有额定电压、额定电流、t 秒热稳定电流等，各参数的意义与断路器相同。

3. 隔离开关分类和型号

(1) 隔离开关分类。隔离开关根据相数可分为单相和三相；根据装设地点可分为屋内（GN）和屋外（GW）；根据支持绝缘子的数目可分为单柱式、双柱式和三柱式；根据闸刀运动方式可分为水平旋转式、垂直旋转式、摆动式和插入式；根据操动机构可分为手动、电动和气动；根据有无接地刀闸可分为有接地闸刀和无接地闸刀；接地闸刀的作用是用来在检修时接地用。

(2) 隔离开关的型号。隔离开关的型号、规格一般由文字符号和数字按以下方式表示：

□1 □2 □3—□4 □5/□6

其代表意义为：

□1——产品字母代号，隔离开关用 G；

□2——安装场所代号，户内用 N，户外用 W；

□3——设计序列顺序号，以数字 1、2、3……表示；

□4——额定电压，kV；

□5——其他标志，如带接地闸刀时用 D，改进型产品用 G；

□6——额定电流，A。

例如 GW5-110D/1000 型，即指额定电压 110kV、额定电流 1000A、带接地闸刀，5 型户外隔离开关。

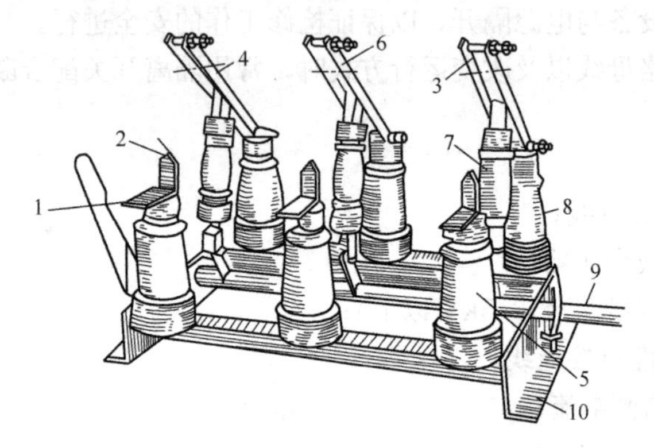

图 4-1　GN19-10/600 型高压隔离开关

1—连接板；2—静触头；3—接触条；4—夹紧弹簧；5—支持瓷瓶；6—镀锌钢片；7—拉杠绝缘子；8—支持瓷瓶；9—传动主轴；10—底架

4. 隔离开关的结构

（1）户内式隔离开关。一般为三柱式（即有三个支柱绝缘子，其中一个为操动闸刀的拉杆绝缘子）隔离开关。图 4-1 为某一户内式隔离开关的结构。为了保证触头的良好接触和冷却，每相有两片铜制闸刀，用弹簧夹紧在静触头上，两边成线接触。在电流较大的户内式隔离开关中为了增加对短路电流的稳定性，在闸刀两面装有钢片作为磁锁。这种结构的优点是：电流分布均匀，而且流过两条平行刀片的电流所产生的电动力促使动、静触头接触更为紧密。

（2）户外式隔离开关。户外式隔离开关的工作条件比较复杂，其绝缘应能保证承受冰、雨、风、严寒和酷热等气象变化，并且应有较高的机械强度，在触头上结冰时能进行操作。户外式隔离开关有三柱式、双柱式和单柱式。

5. 隔离开关的选择

隔离开关配置在主接线上，保证了线路及设备检修时形成明显的断口与带电部分隔离。由于隔离开关没有灭弧装置及开断能力低，所以操作隔离开关时，必须遵守倒闸操作顺序，即送电时，首先合上母线侧隔离开关，其次合上线路侧隔离开关，最后合上断路器，停电则与上述相反。

对隔离开关选择过程和选择高压短路器类似，下面通过实例予以介绍。

进行 10kV 出线断路器两侧隔离开关的选择，假定 10kV 母线三相稳态短路电流 $I_k=15.12$kA，10kV 母线短路三相冲击电流 $i_{sh}=38.57$kA，变电站地区气温 −12～38℃。

（1）额定电压：$U_e=10$kV

（2）额定电流：按 10kV 最大负荷考虑

$$I_{gmax}=\frac{S_{10}}{\sqrt{3}U_N}=\frac{3.5\times10^3}{\sqrt{3}\times10}=205.88\text{A}$$

（3）根据有关资料选择隔离开关，如隔离开关参数摘选表 4-2。

隔离开关参数摘选 表 4-2

型 号	数 量	技 术 参 数	
		动稳定电流（kA）	4 秒热稳定电流（kA）
GN2-10/2000	6	50	36

（4）校验

1）$U_e=10kV=U_N$

2）$I=2000A>I_{gmax}=205.88A$

3）额定开断电流校验：

10kV 母线三相稳态短路电流 $I_k=15.12kA$

GW9-10/1250 隔离开关的额定开断电流=50kA

符合要求。

4）动稳定校验：

10kV 母线短路三相冲击电流 $i_{sh}=38.57kA$

GW9-10/1250 隔离开关的动稳定电流 $I_{gf}=50kA$

$i_{sh}<I_{gf}$ 符合动稳定要求。

5）热稳定校验：

10kV 母线三相短路热容量 $Q_{dt}=I_k^2t_{ep}=919kA^2s$

GW9-10/1250 隔离开关的 4s 热稳定电流 $I_t=20kA$

$$I_t^2t=20^2\times4=1600kA^2s$$

$I_k^2t_{ep}<I_t^2t$ 符合热稳定要求。

6）温度校验：

GW9-10/1250 隔离开关允许使用环境温度：−40～40℃

本变电站地区气温：−12～38℃，所以符合要求。

6. 隔离开关的维护

隔离开关运行中常见故障为触头发热。触头发热的原因是因为刀刃与触头接触不良，接触不良可能是由于推斥力的作用减弱了触头弹簧压力，或者当弹簧本身压力降低亦可造成同样后果。接触不良使接触电阻加大，则触头部分发热加大，发热将使接触部分易于氧化，而氧化将使接触电阻更大，发热更严重，如此下去可能发展为短路事故。即当触头夹不紧刀刃时，大电流通过电动力效应可能使刀刃飞出，造成弧光短路。

对此，正常运行时应加强对隔离开关的监视，当发现其有发热现象时应立即采取措施。

对发热刀闸一般作如下处理：

（1）对单母线系统，必须减少该回路的负荷，并加强对发热刀闸的监视，严重时可停电。但如不允许停电时，可采用临时降温办法（如安装风扇等）。

（2）对双母线系统，则应利用母联开关与备用母线把负荷从发热刀闸转至另一母线相应刀闸，拉开发热刀闸。

此外，拉不开与合不上刀闸也是隔离开关易遇到的问题，特别是在结冰的时候较多，此时操作人员应耐心，轻拉与轻合以及摇动，找出阻碍点加以克服。要特别注意不能蛮干，因为这可能导致支持绝缘子的破裂。

4.2.3 负荷开关

负荷开关是指配电系统中能关合、承载、开断正常条件下（也可能包括规定的过载系数）的电流，并能通过规定的异常（如短路）电流的开关设备，是一种带有专用灭弧触头、灭弧装置和弹簧断路装置的分合开关。

1. 负荷开关的型号

关于负荷开关的型号如下所示。

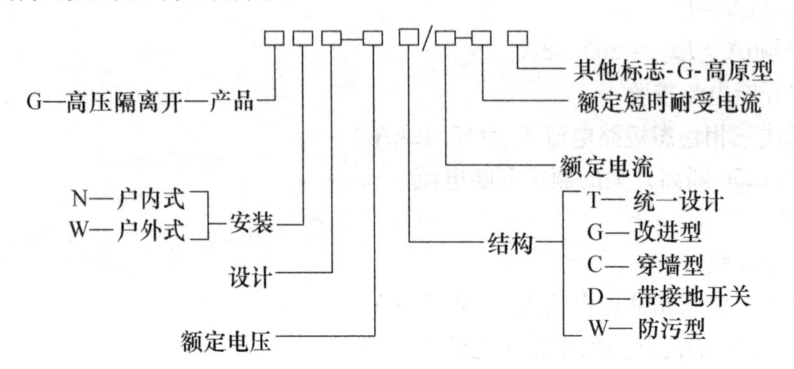

例如：GN19-12/630-20为用于10kV系统，额定电流为630A；额定短时耐受电流为20kA的户内高压隔离开关。GN24-12D2/1250-40为用于10kV系统；额定电流为1250A；额定短时耐受电流为40kA的户内高压隔离开关（带接地开关且位于静触头侧）。

2. 负荷开关的特点

从结构上看，负荷开关与隔离开关相似（在断开状态时都有可见的断开点），但它可用来开闭电路，这一点又与断路器类似。然而，断路器可以控制任何电路，而负荷开关只能开闭负荷电流，或者开断过负荷电流，所以只用于切断和接通正常情况下电路，而不能用于断开短路故障电流。但是，要求它的结构能通过短路时间的故障电流而不致损坏。由于负荷开关的灭弧装置和触头是按照切断和接通负荷电流设计的，所以负荷开关在多数情况下，应与高压熔断器配合使用，由后者来担任切断短路故障电流的任务。负荷开关的开闭频度和操作寿命往往高于断路器。

要区别于高压断路器，负荷开关没有灭弧能力，不能开断故障电流，只能开断系统正常运行情况下的负荷电流，负荷开关由此而得名。

负荷开关的优点是开断能力大、安全可靠、寿命长、可频繁操作、少维护等，多用于10kV以下的配电线路，其灭弧方式有压缩空气（FN12-12负荷开关可倒装）、六氟化硫SF_6（FLN36-12负荷开关）和真空灭弧（FZN21-12正装、FZN25-12侧装真空负荷开关）等几种。

负荷开关在供配电系统中的作用和图形符号如图4-2所示。

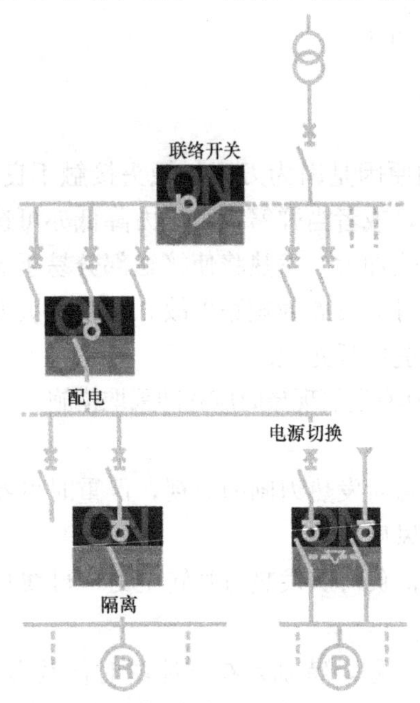

图4-2 负荷开关在供配电系统中的作用和符号

4.2.4 低压断路器

低压断路器（曾称自动开关）是一种不仅可以接通和分断正常负荷电流和过负荷电流，还可以接通和分断短路电流的开关电器。低压断路器在电路中除起控制作用外，还具有一定的保护功能，如过负荷、短路、欠压和漏电保护等。低压断路器的分类方式很多，按使用类别分，有选择型（保护装置参数可调）和非选择型（保护装置参数不可调）；按灭弧介质分，有空气式和真空式（目前国产多为空气式）。低压断路器容量范围很大，最小为4A，而最大可达5000A。低压断路器广泛应用于低压配电系统各级馈出线、各种机械设备的电源控制和用电终端的控制和保护。

（1）低压断路器的型号

低压断路器全型号的表示和含义如下：

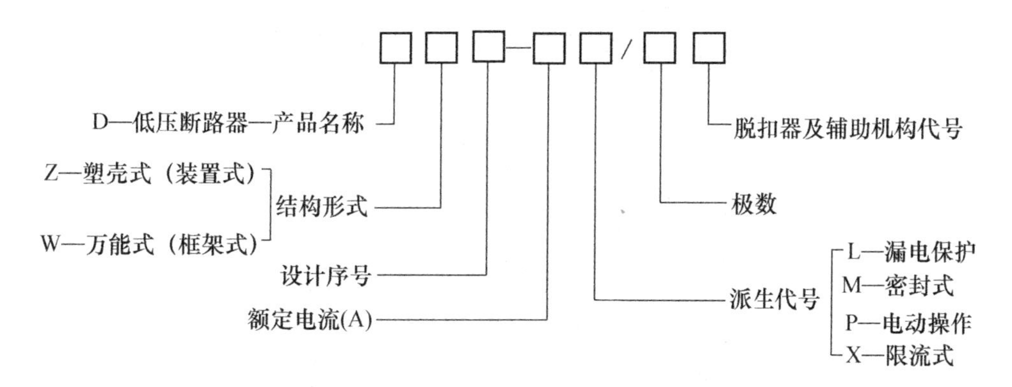

低压断路器分为万能式断路器和塑料外壳式断路器两大类。目前我国万能式断路器主要生产有DW15、DW16、DW17（ME）、DW45等系列，塑壳断路器主要生产有DZ20、CM1、TM30等系列。

（2）低压断路器的结构

低压断路器的结构形式如图4-3所示。

低压断路器由脱扣器、触头系统、灭弧装置、传动机构、基架和外壳等部分组成。

1）脱扣器

脱扣器是低压断路器中用来接收信号的元件。若线路中出现不正常情况或由操作人员或继电保护装置发出信号时，脱扣器会根据信号的情况通过传递元件使触头动作掉闸切断电路。低压断路器的脱扣器一般有过流脱扣器、热脱扣器、失压脱扣器、分励脱扣器等几种。

低压断路器投入运行时，操作手柄已经使主触头闭合，自由脱扣机构将主触头锁定在闭合位置，各类脱扣器进入运行状态。

① 电磁脱扣器

电磁脱扣器与被保护电路串联。线路中通过正常电流时，电磁铁产生的电磁力小于反作用力弹簧的拉力，衔铁不能被电磁铁吸动，断路器正常运行。当线路中出现短路故障时，电流超过正常电流的若干倍，电磁铁产生的电磁力大于反作用力弹簧的作用力，衔铁被电磁铁吸动通过传动机构推动自由脱扣机构释放主触头。主触头在分闸弹簧的作用下分开切断电路起到短路保护作用。

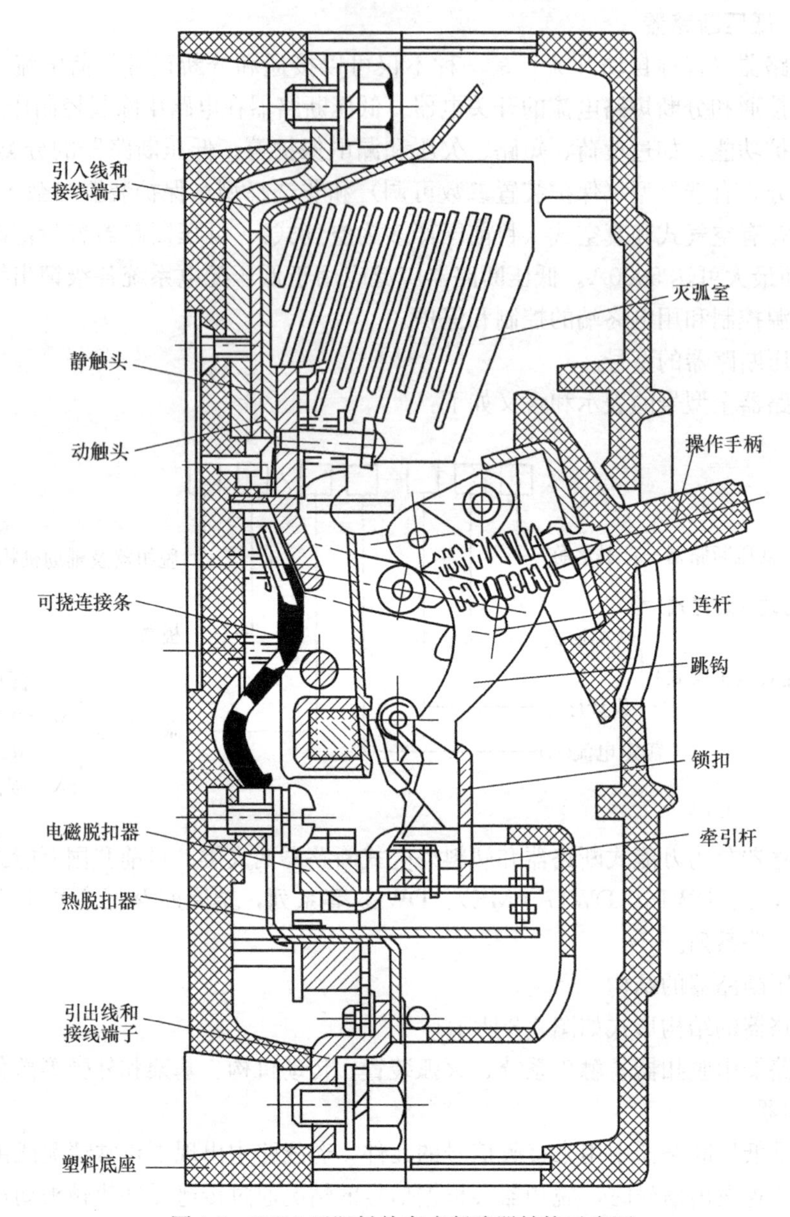

图 4-3　DZ10 型塑料外壳式断路器结构示意图

② 热脱扣器

热脱扣器与被保护电路串联。线路中通过正常电流时，发热元件发热使双金属片弯曲至一定程度（刚好接触到传动机构）并达到动态平衡状态，双金属片不再继续弯曲。若出现过载现象时，线路中电流增大，双金属片将继续弯曲，通过传动机构推动自由脱扣机构释放主触头，主触头在分闸弹簧的作用下分开，切断电路起到过载保护的作用。

③ 失压脱扣器

失压脱扣器并联在断路器的电源测，可起到欠压及零压保护的作用。电源电压正常时扳动操作手柄，断路器的常开辅助触头闭合，电磁铁得电，衔铁被电磁铁吸住，自由脱扣机构才能将主触头锁定在合闸位置，断路器投入运行。当电源侧停电或电源电压过低时，电磁铁所产生的电磁力不足以克服反作用力弹簧的拉力，衔铁被向上拉，通过传动机构推动自由脱扣机构使断路器掉闸，起到欠压及零压保护作用。

电源电压为额定电压的75%～105%时，失压脱扣器保证吸合，使断路器顺利合闸。当电源电压低于额定电压的40%时，失压脱扣器保证脱开使断路器掉闸分断。

一般还可用串联在失压脱扣器电磁线圈回路中的常闭按钮做分闸操作。

④ 分励脱扣器

分励脱扣器用于远距离操作低压断路器分闸控制。它的电磁线圈并联在低压断路器的电源侧。需要进行分闸操作时，按动常开按钮使分励脱扣器的电磁铁得电吸动衔铁，通过传动机构推动自由脱扣机构，使低压断路器掉闸。

在一台低压断路器上同时装有两种或两种以上脱扣器时，则称这台低压断路器装有复式脱扣器。

2）触头系统

低压断路器的主触头在正常情况下可以接通分断负荷电流，在故障情况下还必须可靠分断故障电流。主触头有单断口指式触头、双断口桥式触头、插入式触头等几种形式。主触头的动、静触头的接触处焊有银基合金触点，其接触电阻小，可以长时间通过较大的负荷电流。在容量较大的低压断路器中，还常将指式触头做成两挡或三挡，形成主触头、副触头和弧触头并联的形式。

3）灭弧装置

低压断路器中的灭弧装置一般为栅片式灭罩，灭弧室的绝缘壁一般用钢板纸压制或用陶土烧制。

（3）低压断路器的选用

低压断路器还有另一个常用的名称叫自动空气开关，我们在选择低压断路器和高压断路器时有一定的区别，另外在低压领域，电动机的使用广泛，所以要注意负荷为电动机时的低压断路器开关的选择。关于低压断路器的选用主要注意以下几个方面。

1）低压断路器的额定工作电压≥线路额定电压。

2）低压断路器的额定电流≥线路计算负荷电流。

3）热脱扣器的整定电流＝所控制负载的额定电流。

4）电磁脱扣器的瞬间脱扣整定电流＞负载电路正常工作时的峰值电流。

当负荷为电动机时，对于单台电动机来说，瞬时脱扣整定电流 I_z 可按下式计算：

$$I_z \geqslant K \times I_{st} \tag{4-9}$$

式中，K 为安全系数，可取1.5～1.7；I_{st}为电动机的启动电流。

对于多台电动机来说，可按下式计算：

$$I_z \geqslant K(I_{stmax} + \Sigma I_n) \tag{4-10}$$

式中，K 取1.5～1.7；I_{stmax}为最大容量的一台电动机的启动电流；ΣI_n 为其余电动机额定电流的总和。

5）低压断路器欠电压脱扣器的额定电压＝线路额定电压。

4.3 熔断器及其选择

4.3.1 熔断器的工作原理

熔断器是一种最简单而又经济的保护电器。它串接于电路中，当电路发生短路或连续过负荷时，熔断器过热达到熔点而自行熔断，切断电路达到保护电气设备的目的。

通过熔断器的电流越大，熔断就越快，熔断时间与通过电流的关系称为保护特性。铅、铅锡合金和锌的熔点较低，分别为327℃、200℃和420℃，电阻率较大，熔件截面也较大，用于500V及以下的低压熔断器中。

1000V以上的高压熔断器不采用大截面的熔件，因为大截面熔件在电弧作用下产生大量金属蒸气，使灭弧困难。

铜的电阻率较小，热导率较大，用来作成熔件截面小，为防止氧化，表面均匀镀锡。但铜熔件熔点高（1000℃），通过略小于熔断电流的电流时，可能长期不熔化，所以实用中常在熔件上焊上小锡球或小铅球。当熔件发热时，锡和铅球熔化熔解在铜中，使铜熔点下降，使熔件在焊小球的地方熔断，从而使电弧比较容易熄灭（金属蒸气少），并且长期过负荷时对外壳和接触系统也无过热危险。

优点：熔断器具有结构简单、体积小、价格低廉、使用和维护方便等优点。

用途：在1kV以下的低压系统中广泛使用，在3～110kV的高压系统中，则广泛用于保护电压互感器和小容量的电气设备（如小容量输配电线路和变压器等）。配合负荷开关还可以在短路容量较小的网络中代替复杂昂贵的高压断路器。

结构：熔断器由熔体（熔丝或熔片）、连接熔体的触头装置和外壳（管状或盒状）三部分组成。有些熔断器还具有简单的灭弧装置，如产气纤维管、填充石英砂等，用来帮助熄灭熔体熔断时产生的电弧。

熔断器熔断包括四个物理过程：

(1) 流过过负荷电流或短路电流时，熔件发热以至熔化；

(2) 熔件气化，电路开断；

(3) 电路开断后的间隙被击穿产生电弧；

(4) 电弧熄灭。

熔断器的开断能力决定于最后一个过程。

熔断器的动作时间为上述四个过程时间的总和。

4.3.2 熔断器的基本参数

1. 额定电压U_N。常用的额定电压等级有3、6、10、35、110kV。

2. 额定电流I_N。熔断器的额定电流I_N与熔件的额定电流I_{Nj}是两个不同的值。熔断器的额定电流是指熔断器壳体的载流部分和接触部分允许的长期工作电流。熔件的额定电流则是指熔件的标称电流值，既要求当通过这个电流值时，熔件能长期稳定工作，又要求当通过的电流超过这个数值时，在规定时间内必须熔断。在同一熔断器内，可以根据要求，装入等于或小于熔断器额定电流的各种额定电流的熔件。

3. 最大开断电流$I_{br\cdot max}$。熔断器的最大开断电流是指熔断器所能开断的最大电流。如果用熔断器开断超过最大开断电流的电流时，可能使熔断器损坏，熔件管爆炸和由于电弧而引起相间短路。

4.3.3 熔断器的选择

1. 对于5～100kVA的配电变压器

高压侧熔件按2～3倍变压器额定电流选择；

低压侧熔件可按配电变压器的额定电流或过负荷能力选择。即：

$$I_{Nj} = kI_{NT} \tag{4-11}$$

式中 I_{Nj}——熔件额定电流；

I_{NT}——变压器额定电流；

k——系数，高压侧为2～3，低压侧为1.2。

2. 电动机熔件选择

考虑到电动机启动时启动电流大的特点，熔件不能按电动机额定电流选择，应按下式选择：

$$I_{Nj} = (1.5 \sim 2.5)I_{NM} \tag{4-12}$$

式中 I_{NM}——电动机额定电流。

3. 照明电路的熔件选择

应按照明电路上最大负荷电流选择。即：

$$I_{Nj} = I_{fh \cdot m}$$

式中 $I_{fh \cdot m}$——照明电路最大负荷电流。

4.3.4 高压熔断器的分类和型号

1. 熔断器分类

熔断器种类很多，按电压可分为高压和低压熔断器；按装设地点可分为户内式和户外式；按其结构可分为固定式和自动跌开式；按熔件形式分为螺旋式、插片式和管式；按是否有限流作用又分为限流式和无限流式等。图4-4为户外跌落式熔断器。

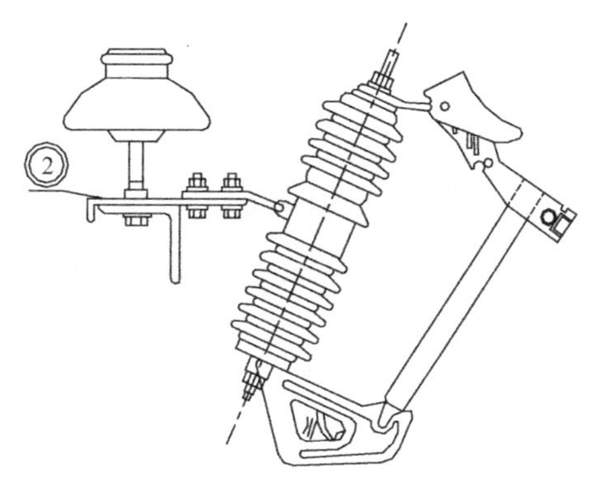

图4-4 高压熔断器（户外跌落式）

2. 熔断器的型号

熔断器的型号、规格一般由文字符号和数字按以下方式表示：

1 2 3—4 5/6

其代表的意义为：

1——产品字母代号，熔断器用R；

2——安装场所代号，户内用N，户外用W；

3——设计序列顺序号，以数字1、2、3……表示；

4——额定电压，kV；

5——其他标志，如带有限流电阻器用H；

6——额定电流，A。

例如，RN1-35/15型，即指额定电压为35kV、额定电流15A、1型户内高压熔断器。

4.3.5 熔断器的结构

1. RC插入式熔断器

主要应用于额定电压380V以下的电路末端，作为供配电系统中对导线、电气设备（如电动机、负荷电器）以及220V单相电路（例如民用照明电路及电气设备）的短路保护电器。其结构图如图4-5所示。

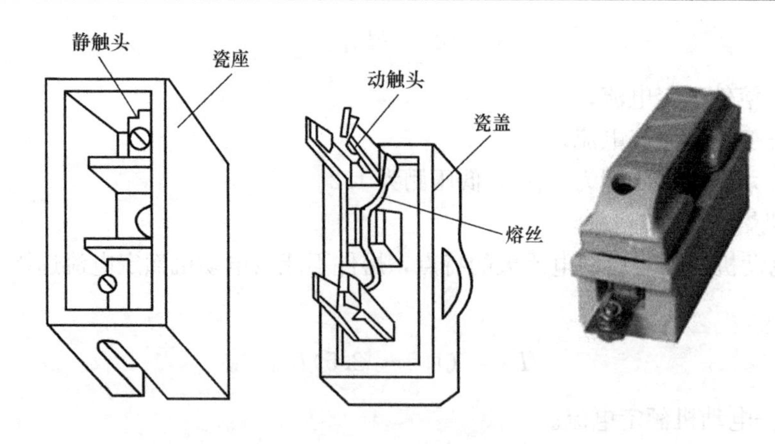

图 4-5 插入式熔断器结构

2. RM 型无填料低压熔断器

熔断器外壳是纤维管，它能在高温下产生气体，装在管内的熔件熔断后，产生电弧，使纤维管气化产生大量气体。其结构如图 4-6 所示。

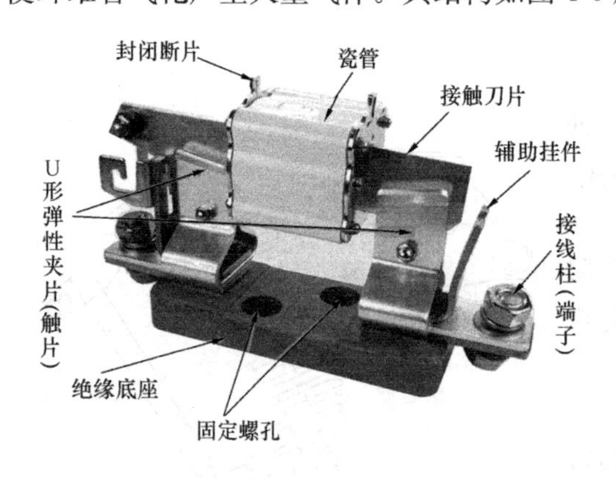

图 4-6 无填料低压熔断器

因熔管是封闭的，熔件熔断时管内压力剧增，使去游离作用加强，当交流电流未过峰值前，电弧即可熄灭，故具有限流作用。

3. RN_1 型户内高压熔断器

熔件装在充满石英砂的密封管内。根据其额定电流大小，每相熔件由一、二或四根熔丝组成。当过负荷时，熔件先在焊有小锡球处熔断，随之电弧使熔件沿全长熔化，电弧在电流为零时熄灭。

当短路电流通过时，细熔丝几乎全长熔化并蒸发，沟道压力剧增，金属蒸气向四周喷溅，渗入石英砂凝结，同时电弧由于狭缝灭弧原理而熄灭，此种熔断器也属限流熔断器。

4. RW_4 型户外跌落式熔断器

图 4-4 为 RW_4 型户外跌落式熔断器的外形。熔件管中装有熔件。正常工作时，通过熔件管上的活动关节锁紧，熔件管能在上静触头的压力下处于接通位置。当过电流使熔件熔断后，熔件管在上下弹性触头的推力和熔件管自身重量的作用下迅速跌落，将电路断开。

4.4 互感器及其选择

4.4.1 互感器的作用

互感器包括电压互感器和电流互感器，是一次系统和二次系统间的联络元件。互感器的作用是：

(1) 将一次系统的高电压和大电流变换成二次系统的低电压和小电流，用以分别向测量仪表、继电器的电压线圈和电流线圈供电，正确反映电气设备的正常运行参数和故障情况。

（2）能使测量仪表和继电器等二次侧的设备与一次侧高压设备在电气方面隔离，以保证工作人员的安全。

（3）能使测量仪表和继电器等二次设备实现标准化、小型化、结构轻巧、价格便宜、便于屏内安装。

（4）能够采用低压小截面控制电缆，实现远距离测量和控制。

（5）当一次系统发生短路故障时，能够保护测量仪表和继电器等二次设备免受大电流的损害。

为了确保人在接触测量仪表和继电器时的安全，互感器的二次绕组必须接地。这样可以防止互感器绝缘损坏，以及高电压传到低电压侧时，在仪表和继电器上出现危险的高电压。

4.4.2 电压互感器

1. 电磁式电压互感器的特点

电磁式电压互感器的工作原理、构造和连接方法都与变压器相同。其主要区别在于电压互感器的容量很小，通常只有几十到几百伏安。

电压互感器与变压器相比，其工作状态有以下特点：

（1）电压互感器一次侧的电压（即电网电压），不受互感器二次侧负荷的影响，并且在大多数情况下，二次侧负荷是恒定的。

（2）电压互感器二次侧所接的负荷是测量仪表和继电器的电压线圈，它们的阻抗很大，因此电压互感器的正常工作方式接近于空载状态。必须指出，电压互感器二次侧不允许短路，因为短路电流很大，会烧坏电压互感器。

2. 电压互感器的变压比

电压互感器一次额定电压 U_{1N} 和二次额定电压 U_{2N} 之比，称为电压互感器的额定变压比：

$$K_u = \frac{U_{1N}}{U_{2N}} \approx \frac{N_1}{N_2} \tag{4-13}$$

式中，N_1 和 N_2 是电压互感器一次绕组和二次绕组的匝数。

由于电压互感器一次额定电压是电网的额定电压，且已标准化（如 3、6、10、35、110、220、330、500kV 等）。二次额定电压已统一为 100V（或 $100/\sqrt{3}V$），所以电压互感器的变压比也是标准化的。

3. 电压互感器的分类和型号

电压互感器的种类很多，可用不同方法进行分类：

（1）按工作原理可分为电磁式和电容式。

（2）按安装地点可分为户内式和户外式。通常 35kV 以下制成户内式，35kV 以上制成户外式。

（3）按相数可分为单相式和三相式。单相电压互感器可制成任何电压等级，而三相电压互感器则只限于 10kV 及以下电压等级。

（4）按绕组数可分为双绕组式和三绕组式。三绕组电压互感器除有一个供给测量仪表和继电器的二次绕组外，还有一个附加二次绕组，用来接入监视电网绝缘状况的仪表和接地保护继电器。

(5) 按绝缘结构可分为干式、塑料浇注式、充气式和油浸式。

电压互感器的型号、规格一般由文字符号和数字按以下方式表示：

[1] [2] [3] [4] [5]—[6] [7]

其代表意义为：

[1]——产品字母代号：J—电磁式电压互感器；Y—电容式电压互感器。

[2]——相数：D—单相；S—三相；C—单相串级式三绕组。

[3]——绝缘方式：J—油浸式；C—瓷绝缘；Z—浇注式；G—干式；R—电容分压式。

[4]——结构特点：J—接地保护；B—带补偿绕组；W—三相五柱铁芯结构；F—测量和保护二次绕组分开。

[5]——设计序号，用数字 1、2、3…表示。

[6]——一次额定电压，kV。

[7]——特殊用途：B—防爆型；W—防污型。

例如，YDR-200 型，即指一次额定电压为 220kV、单相电容分压式电压互感器。

一些常见的电压互感器如图 4-7 所示。

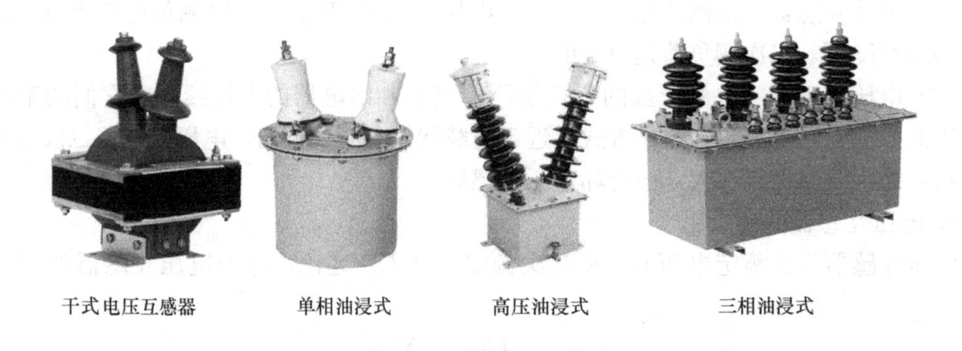

图 4-7　常见的电压互感器

4. 电压互感器的接线方式

单相电压互感器接线原理图如图 4-8 (*a*) 所示，电压互感器在电路中的符号如图 4-8 (*b*) 所示，用“TV”来表示，一、二次绕组绝缘套管分别标记“•”的两个端子为同名端或同极性端。

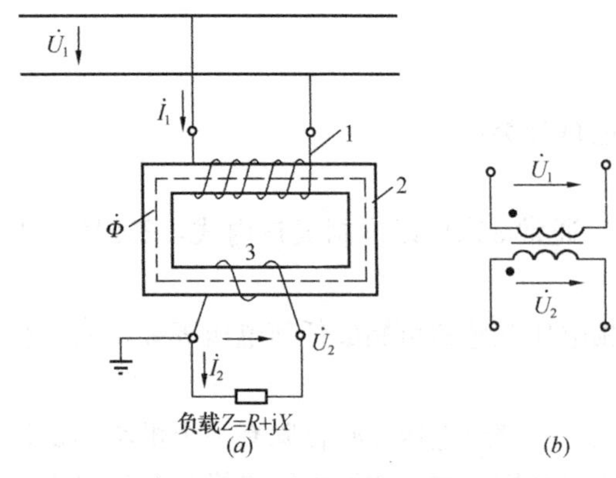

图 4-8　单相电压互感器接线原理图及其符号

电压互感器的接线方式有多种，常用的方式如图 4-9 所示。图 4-9 (*a*) 是用一台单相电压互感器来测量某一相电压和线电压。图 4-9 (*b*) 是两台单相电压互感器接成 V－V 形，用来测量线电压，它广泛用于 20kV 以下中性点不直接接地系统。图 4-9 (*c*) 是三个单相双绕组电压互感器接成星形，广泛用于 3～220kV 系统，可测量各种相电压和线电压。

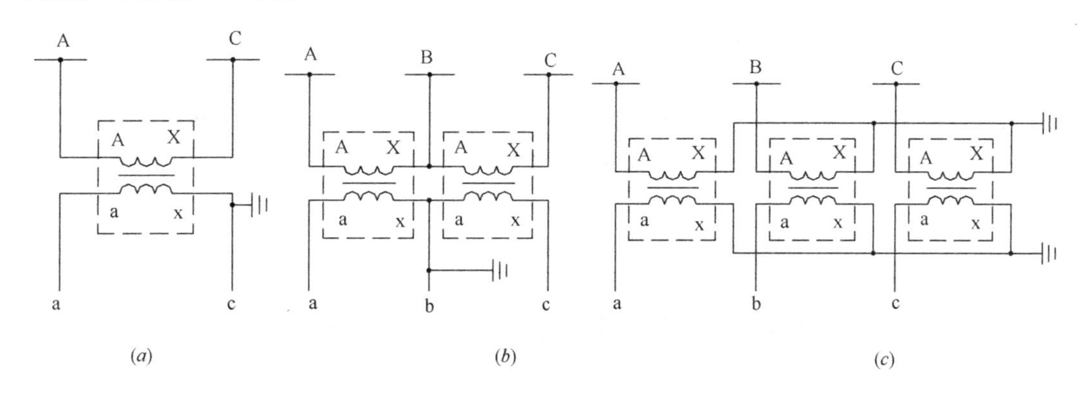

图 4-9　电压互感器常用的接线方式

3～35kV 电压互感器一般经隔离开关和熔断器接入高压电网。在 110kV 及以上配电装置中，考虑到互感器及配电装置可靠性较高，且高压熔断器制造比较困难，价格昂贵，故电压互感器只经隔离开关与高压电网连接。为了防止电压互感器过载，通常电压互感器的低压侧均装设熔断器。

5. 电压互感器的使用注意事项

(1) 电压互感器在投入运行前要按照规程规定的项目进行试验检查。例如测极性、连接组别、摇绝缘、核相序等。

(2) 电压互感器的接线应保证其正确性，一次绕组和被测电路并联，二次绕组应和所接的测量仪表、继电保护装置或自动装置的电压线圈并联，同时要注意极性的正确性。

(3) 接在电压互感器二次侧负荷的容量应合适。接在电压互感器二次侧的负荷不应超过其额定容量，否则会使互感器的误差增大，难以达到测量的正确性。

(4) 电压互感器二次侧不允许短路。由于电压互感器内阻抗很小，若二次回路短路时，会出现很大的电流，将损坏二次设备甚至危及人身安全。

电压互感器可以在二次侧装设熔断器以保护其自身不因二次侧短路而损坏。在可能的情况下，一次侧也应装设熔断器以保护高压电网不因互感器高压绕组或引线故障危及一次系统的安全。

(5) 为了确保人在接触测量仪表和继电器时的安全，电压互感器二次绕组必须有一点接地。因为接地后，当一次和二次绕组间的绝缘损坏时，可以防止仪表和继电器出现高电压危及人身安全。

4.4.3　电流互感器

1. 电磁式电流互感器的特点

目前电力系统中广泛采用的是电磁式电流互感器。

电流互感器的特点：

(1) 电流互感器的一次绕组（原绕组）串联在电路中，并且匝数很少。因此，一次绕组中的电流完全取决于被测电路的一次负荷电流而与二次电流无关。

(2) 电流互感器的二次绕组（副绕组）与测量仪表、继电器等的电流线圈串联，由于测量仪表和继电器等的电流线圈阻抗都很少，电流互感器的正常工作方式接近于短路状态。

(3) 电流互感器在运行中不容许二次侧（连接二次绕组回路）开路。如果二次侧开路，二次电流为零，这时电流互感器的一次电流全部用来励磁，铁芯中的磁通密度剧烈增加，引起铁芯中有功损耗增大，使铁芯过热，导致互感器损坏。同时由于铁芯中磁通密度骤增，在互感器的二次绕组中要感应出很高的电压，其峰值可达到数千伏。这一高电压对设备绝缘和运行人员的安全都是危险的。为了防止电流互感器二次侧开路，对运行中的电流互感器，当需要拆开所连接的仪表和继电器时，必须先短接其二次绕组。

2. 电流互感器的变流比

电流互感器一次额定电流 I_{1N} 和二次额定电流 I_{2N} 之比，称为电流互感器的额定变流比：

$$K_i = \frac{I_{1N}}{I_{2N}} \approx \frac{N_2}{N_1} \tag{4-14}$$

式中，N_1 和 N_2 是电流互感器一次绕组和二次绕组的匝数。

由于电流互感器二次额定电流通常为1A或5A，设计电流互感器时，已将其一次额定电流标准化（如100A，150A等），所以电流互感器的变流比是标准化的。

3. 电流互感器的分类和型号

电流互感器的种类很多，可用不同方法进行分类：

(1) 按用途可分为测量用和保护用两种。而保护用电流互感器又分为稳态保护用（P）和暂态保护用（TP）两类。

(2) 按安装地点可分为户内式、户外式及装入式。

(3) 按安装方法可分为穿墙式和支持式。穿墙式装在墙壁或金属结构的孔中，可节约穿墙套管。支持式装在平面和支柱上。

(4) 按绝缘可分为干式、浇注式和油浸式。干式系用绝缘胶浸渍，适用于低压户内的电流互感器；浇注式系用环氧树脂浇注绝缘，目前仅用于35kV及以下的电流互感器；油浸式多为户外型。

(5) 按一次绕组匝数可分为单匝和多匝。单匝式结构简单、尺寸小、价廉，但一次电流小时误差大。回路中额定电流在400A及以下时均采用多匝式。

(6) 按高、低压耦合方式可分为电磁耦合式、光电耦合式、电磁波耦合式和电容耦合式。非电磁式电流互感器目前还处于研究和试验阶段，运行的可靠性有待在实践中检验。

电流互感器的型号、规格一般由文字符号和数字按以下方式表示：

□1 □2 □3 □4 □5—□6 □7

其代表意义为：

□1——产品字母代号：L—电流互感器。

□2——结构型式：F—多匝式；M—母线式；J—接地保护用；B—支持式；Q—绕组式；A—穿墙式；D—单匝贯穿式；Y—低压用；C—瓷箱串级式。

□3——绝缘方式：W—屋外式；C—瓷绝缘；S—塑料注射绝缘或速饱和型；Z—浇注绝缘；K—塑料外壳；L—电缆电容型；G—改进型。

□4——使用特点：B—保护用；D、P—差动保护用。

□5——设计序号，用数字1、2、3……表示。

6——一次额定电压，kV。

7——特殊用途：B—防爆型；W—防污型。

例如：LCW-220型，即指一次额定电压为220kV、瓷箱串级屋外式电流互感器。

供配电系统中最常用的测量用电流互感器如图4-10所示。

4. 电流互感器的接线方式

电流互感器的接线应遵守串联原则，即一次绕组应与被测电路串联，而二次绕组则与所有仪表负载串联。其接线原理图如图4-11所示。

图4-10 测量用电流互感器

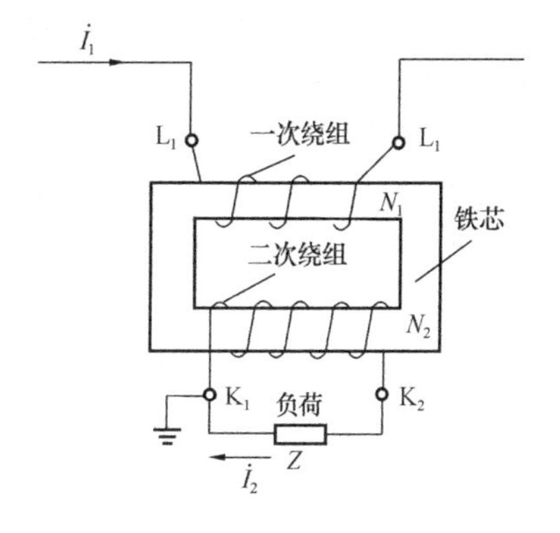

图4-11 电流互感器的接线原理图

某些仪表（如功率表、电度表、功率因数表等）和某些继电器（如差动继电器、功率继电器等）的动作原理与电流的方向有关，因此要求在接入电流互感器后在这些仪表和继电器中仍能保持原来确定的电流方向。为了做到这点，在电流互感器的一次侧和二次侧端子上加注特殊标志，以表明它的极性。通常，一次侧端子用L_1、L_2表示，二次侧端子用K_1、K_2表示。当一次侧电流从L_1流向L_2时，二次侧电流从K_1流出经过二次负载回到K_2。对此，我们称L_1和K_1、L_2和K_2分别是同极性端子。在画图时同极性端子一般用“·”标志。

5. 电流互感器的使用注意事项

（1）电流互感器的接线应保证正确性。一次绕组和被测电路串联，而二次绕组应和连接的所有测量仪表、继电保护装置或自动装置的电流线圈串联；同时要注意极性的正确性，一次绕组与二次绕组之间应为减极性关系，一次电流若从同名端（减极性标示法）流入，则二次电流应从同名端流出。

（2）电流互感器的二次绕组绝对不允许开路。为了防止二次绕组开路，规定在二次回路中不准装熔断器等开关电器。如果在运行中必须拆除测量仪表或继电器及其他工作时，应首先将二次绕组短路。

（3）电流互感器的二次侧必须可靠接地，这是为了防止一、二次绕组之间绝缘损坏或击穿时，一次高电压窜入二次回路，危及人身和设备安全。

4.4.4 互感器在供配电系统中的配置原则

1. 电压互感器的配置原则

（1）母线。除旁路母线外，一般工作及备用母线都装有一组电压互感器，用于同期装置、测量仪表和保护装置。

（2）线路。35kV及以上输电线路，当双端有电源时，为了监视线路有无电压、进行同期操作和设置重合闸，应装设一台单相电压互感器。

（3）发电机。一般装两组电压互感器。一组（△/Y接线）用于自动调节励磁装置。另一组供测量仪表、同期装置和保护装置使用，该互感器采用三相五柱式或三只单相接地专用互感器，其开口三角形供发电机在未并列前检查接地之用。当互感器负荷太大时，可增设一组不完全星形连接的互感器，专供测量仪表使用。20MW及以上发电机中性点常接有单相电压互感器，用于定子接地保护。

（4）变压器。变压器低压侧有时为了满足同期操作和继电保护的要求，设有一组不完全星形接线的电压互感器。

2. 电流互感器的配置原则

（1）为了满足测量仪表、继电保护、断路器失灵判断和故障录波等装置的需要，在发电机、变压器、出线、母线分段断路器、母联断路器、旁路断路器等回路中均装设具有2～8个二次绕组的电流互感器。对于大电流接地系统，一般按三相配置；对于小电流接地系统，依具体要求按二相或三相配置。

（2）对于保护用电流互感器的装设地点应按尽量消除主保护装置的不保护区来设置。例如，若有两组电流互感器，且位置允许时，应设在断路器两侧，使断路器处于交叉保护范围之中。

（3）为了防止支柱式电流互感器套管闪络造成母线故障，电流互感器通常布置在断路器的出线或变压器侧。

（4）为了减轻发电机内部故障时的损伤，用于自动调节励磁装置的电流互感器应布置在发电机定子绕组的出线侧。为了便于分析和在发电机并入系统前发现内部故障，用于测量仪表的电流互感器宜装在发电机中性点侧。

4.4.5　互感器的准确级

根据互感器在额定工作条件下所产生的变比误差规定了准确等级。准确级是指在规定的二次负荷变化范围内，一次电流为额定值时的最大电流（或电压）误差的百分值。互感器在规定使用条件下的误差应该在规定限度内。

1. 电流互感器（测量用）

对于0.1、0.2、0.5级和1级测量用电流互感器，在二次负荷欧姆值为额定负荷值的25%～100%之间的任一值时，其额定频率下的电流误差和相位误差如表4-3所示。

测量用电流互感器电流误差和相位误差　　表4-3

准确级	电流误差（±%）在下列额定电流（%）时				相位差，在下列额定电流（%）时							
					±min				±crad			
	5	20	100	120	5	20	100	120	5	20	100	120
0.1	0.4	0.2	0.1	0.1	15	8	5	5	0.45	0.24	0.15	0.15
0.2	0.75	0.35	0.2	0.2	30	15	10	10	0.9	0.45	0.3	0.3
0.5	1.5	0.75	0.5	0.5	90	45	30	30	2.7	1.35	0.9	0.9
1	3.0	1.5	1.0	1.0	180	90	60	60	5.4	2.7	1.8	1.8

对于0.2S和0.5S级测量用电流互感器，这里S的真实含义是：S是英文special的缩写，译为特殊，S代表特殊用途电能表（或电流互感器）的精度标准。在二次负荷欧姆

值为额定负荷值的 25%～100%之间任一值时，其额定频率下的电流误差和相位误差如表 4-4 所示。

0.2S 和 0.5S 级测量用电流互感器电流误差和相位误差　　表 4-4

准确级	电流误差（±%）在下列额定电流（%）时					相位差，在下列额定电流（%）时									
						±min					±crad				
	1	5	20	100	120	1	5	20	100	120	1	5	20	100	120
0.2s	0.75	0.35	0.2	0.2	0.2	30	15	10	10	10	0.9	0.45	0.3	0.3	0.3
0.5s	1.5	0.75	0.5	0.5	0.5	90	45	30	30	30	2.7	1.35	0.9	0.9	0.9

2. 电压互感器（测量用）

测量用电压互感器的准确度等级有 0.1、0.2、0.5、1、3。其表示在额定频率及80%～120%额定电压间的任一电压和功率因数为 0.8（滞后）的 25%～100%额定负荷中之任一值下，各标准准确级的电压误差和相位差应不超过表 4-5 的值。

测量用电压互感器误差限值　　表 4-5

准确级	电压误差（±%）	相位差		允许一次电压变化范围	允许二次负荷变化范围
		±′	±crad		
0.1	0.1	5	0.15	$(0.8 \sim 1.2)U_{1m}$	$(0.25 \sim 1.0)S_n$ $\cos\varphi_2 = 0.8$ （滞后）
0.2	0.2	10	0.3		
0.5	0.5	20	0.6		
1	1	40	1.2		
3	3	不规定	不规定		

3. 电流互感器（保护用）

保护用电流互感器的准确级，以该准确级在额定准确限值一次电流下所规定的最大允许复合误差百分数标称，其后标以字母“P”（表示保护）。3.0 级及以下等级互感器主要用于连接某些继电保护装置和控制设备，例如保护用电流互感器的标准准确级有：5P 和 10P。例如 5P10，后面的 10 是准确限值系数，5P10 表示当一次侧电流达到 10 倍的额定一次电流时，二次输出的复合误差≤±5%。一次电流不能超过额定电流的倍数，如果一次电流比较大，就要选用 5P20 的，甚至还可能选用 5P30 的。

4. 电压互感器（保护用）

保护用电压互感器的准确级的含义同上述电流互感器的准确级，其后标以字母“P”（表示保护）。保护用电压互感器的标准准确级常用的有：3P 和 6P。例如 3P，表示测量电压的误差值≤±3%。

4.5 电力线缆及其选择

4.5.1 电缆型号含义

电缆按其构造及作用的不同，可分为电力电缆、控制电缆、电话电缆、射频同轴电缆、移动式软电缆等。按电压可分为低压电缆（小于 1kV）、高压电缆，工作电压等级有 500V 和 1kV、6kV 及 10kV 等。

电力电缆由缆芯、绝缘层和保护层三个主要部分构成，其结构示意如图 4-12 所示。

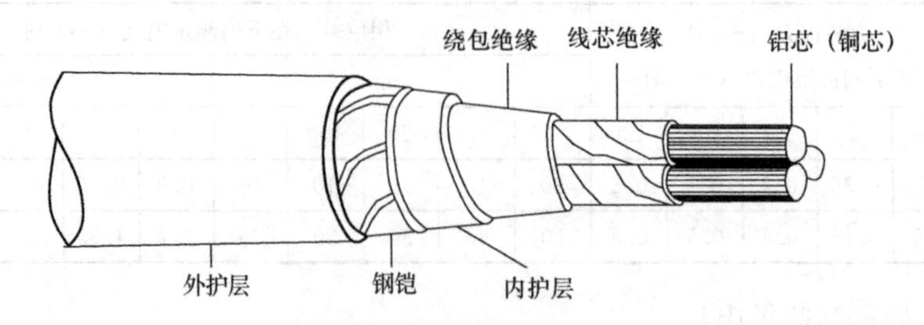

图 4-12　电力电缆结构示意图

电缆型号由拼音及数字组成，其含义如表 4-6 所示。

电缆型号的含义　　表 4-6

绝缘种类 代号及含义	导电线芯 代号及含义	内护层 代号及含义	派生结构 代号及含义	外护层 代号及含义
Z 油浸纸绝缘	L 铝芯	V 聚氯乙烯	D 不滴流	见表 4-7
X 橡皮绝缘	铜芯（一般不标出）	Y 聚乙烯	F 分相	
V 聚氯乙烯		H 橡套	P 屏蔽	
Y 聚乙烯		HF 非燃性橡套	Z 直流	
YJ 交联聚乙烯		L 铝包	FR 阻燃	
XD 丁基橡胶		Q 铅包	ZR 阻燃 NF 耐火	

注：1. 控制电缆在型号前加 K，信号电缆在型号前加 P；
2. 铜芯代号 T 不在型号中标出；
3. ZR、NF 分别代表阻燃和耐火护套，一般标注在型号前面。

非金属套电缆外护层结构数字含义如表 4-7 所示。

非金属套电缆外护层结构数字含义　　表 4-7

型　号	外　护　层	
	铠装层	外被层
12	联锁铠装	聚氯乙烯外套
22	双钢带铠装	聚氯乙烯外套
23		聚乙烯外套
32	单细圆钢丝铠装	聚氯乙烯外套
33		聚乙烯外套
62	双铝带（或铝合金带）铠装	聚氯乙烯外套
63		聚乙烯外套

各种电线电缆及用途如表 4-8 所示。

各种电线电缆及用途 **表 4-8**

型号		名称	主要用途
钢芯	铝芯		
XV	XLV	橡皮绝缘聚氯乙烯护套电力电缆	敷设在无机械外力作用户内电缆沟及管子中
KXV		橡皮绝缘聚氯乙烯护套控制电缆	
XV22	XLV22	橡皮绝缘聚氯乙烯护套铠装电力电缆	敷设在室内或电缆沟道中，电缆能承受机械外力的作用，但不能承受大的拉力
KXV20		橡皮绝缘聚氯乙烯护套铠装控制电缆	
XF	XLF	橡皮绝缘氯丁护套电力电缆	同 XV、XLV
KXF		橡皮绝缘氯丁护套控制电缆	
VV	VLV	聚氯乙烯绝缘聚氯乙烯护套电力电缆	敷设在有侵蚀性介质、无机械外力作用的户内电缆沟道及管子中
KVV		聚氯乙烯绝缘聚氯乙烯护套控制电缆	
VV22	VLV22	聚氯乙烯绝缘聚氯乙烯护套钢带铠装电力电缆	敷设在地下或电缆沟道中，能承受机械外力作用，但不能承受大的拉力
KVV22		聚氯乙烯绝缘聚氯乙烯护套钢带铠装控制电缆	
VJV	YJLV	交联聚乙烯绝缘聚氯乙烯护套电力电缆	同 VLV
KVJV		交联聚乙烯绝缘聚氯乙烯护套控制电缆	
KVVR		聚氯乙烯绝缘聚氯乙烯护套控制软电缆	同上
KVVP		聚氯乙烯绝缘铜丝编织部屏蔽聚氯乙烯护套控制电缆	
KYVFP		聚氯乙烯绝缘聚氯乙烯护套分相屏蔽控制电缆	同上
RVVP		聚氯乙烯绝缘聚氯乙烯护套屏蔽软线	
ZR-VV	ZR-VLV	聚氯乙烯绝缘阻燃聚氯乙烯护套电力电缆	适用于有高阻燃要求的场所，如高层宾馆大厦、油田、煤矿、核电站、公共场所等防燃、防爆的场合
ZR-VV22	ZR-VLV22	聚氯乙烯绝缘钢带铠装阻燃聚氯乙烯护套电力电缆	
ZR-KVV		聚氯乙烯绝缘阻燃聚氯乙烯护套控制电力电缆	
ZR-BVV		聚氯乙烯绝缘阻燃聚氯乙烯护套电力电缆	
ZR-BV		阻燃聚氯乙烯绝缘电线	
ZR-BV-105		105℃阻燃电线	
ZR-BVR		阻燃聚氯乙烯绝缘软电线	
DYFBR		铜芯不燃烧软电缆	

4.5.2 电线电缆的选择

1. 电线、电缆的选择应符合下列要求

（1）按照敷设方式、环境温度及使用条件确定导体的截面，且额定载流量不应小于预期负荷的最大计算电流。

（2）线路电压损失不应超过允许值。

（3）导体最小截面应满足机械强度的要求。

（4）导线敷设路径的冷却条件：沿不同冷却条件的路径敷设绝缘导线和电缆时，当冷却条件最坏线段的长度超过 5m 时，应按该线段条件选择绝缘导线和电缆的截面，对于已经敷设好的线路，导线载流能力应按 80%计算。

（5）按照发热要求，塑料绝缘和橡皮绝缘导电线芯的最高允许工作温度不得超过 65℃，一般裸导线也不超过 70℃。

（6）在铜线与铝线连接时，要防止电化学腐蚀。

2. 电缆的选择原则

（1）线芯材料的选择

作为线芯的金属材料，必须同时具备的特点是：电阻率较低；有足够的机械强度；在一般情况下有较好的耐腐蚀性；容易进行各种形式的机械加工，价格较便宜。铜和铝基本符合这些特点，因此常用铜或铝作导线的线芯。

铜导线的电阻率比铝导线小，焊接性能和机械强度比铝导线好，因此它常用于要求较高的场合。铝导线密度比铜导线小，而且资源丰富，价格较铜低廉。目前铝导线的使用极为普遍。

（2）电缆截面的选择

选择导线一般考虑三个因素，即长期工作允许电流、机械强度和线路允许电压降，同时还应考虑与保护装置的配合。

1）根据长期工作允许电流选择导线截面

由于导线存在电阻，当电流通过导线电阻时会发热，如果导线发热超过一定限度时，其绝缘物会老化损坏甚至发生电火灾。所以，根据导线敷设方式不同、环境温度不同，导线允许的载流量也不同。通常把允许通过的最大电流值称为安全载流量。在选择导线时，可依据用电负荷，参照导线的规格型号及敷设方式来选择导线截面，见表 4-9。

常见负载估算电流表　　**表 4-9**

负载类型	功率因数	计算公式	每 kW 电流量(A)
电灯电阻	1	单相：$I_P=P/U_P$	4.5
		三相：$I_L=P/\sqrt{3}U_L$	1.5
电感整流器荧光灯	0.5	单相：$I_P=P/(U_P\times0.5)$	9
		三相：$I_L=P/(\sqrt{3}U_L\times0.5)$	3
电子整流器荧光灯	0.85	单相：$I_P=P/(U_P\times0.5)$	5.35
		三相：$I_L=P/(\sqrt{3}U_L\times0.5)$	1.8
单相电动机	0.75	$I_P=P/[U_P\times0.75\times0.75$(效率)$]$	8
三相电动机	0.85	$I_L=P/[\sqrt{3}U_L\times0.85\times0.85$(效率)$]$	2
电焊机	380V	$I=S\times1000/U$	2.6
	220V	$I=S\times1000/U$	4.5

注：公式中，I_P、U_P为相电流、相电压；I_L、U_L为线电流、线电压。

导线截流量也可按口诀进行粗略估算，其口诀为“10下五，100上二；25、35四、三界；70、95两倍半；穿管温度八、九折；铜线升级算；裸线加一半。”意思是当铝导线截面积≤10mm² 时，每平方毫米的许用电流约为5A；当铝导线截面积≥100mm² 时，每平方毫米的许用电流约为2A；当10mm²＜铝导线截面积≤25mm²，每平方毫米的许用电流约为4A；当35mm²≤铝导线截面积＜70mm² 时，每平方毫米的许用电流约为3A；当铝导线截面积为70mm² 和95mm² 时，每平方毫米的许用电流约为2.5A；如穿管敷设，应打8折；如环境温度超过25℃，应打9折，铜导线的许用电流大约与较大一级铝导线的许用电流相等，裸导线许用电流可提高50％。

2）根据机械强度选择导线截面

导线在安装时和安装后运行中，要受到外力的影响。导线本身自重和不同的敷设方式使导线受到不同的张力。如果导线不能承受张力作用，会造成断线事故。在选择导线时必须考虑导线截面。

3）根据电压损失选择导线截面

住宅用户，由变压器低压侧至线路末端，电压损失应小于7％。电动机在正常情况下，电动机端电压与其额定电压不得相差±5％。受电端允许的电压损失如表4-10所示。

受电端允许的电压损失　　　　表4-10

<table>
<tr><th colspan="2">受电设备种类</th><th>允许电压损失（％）</th><th colspan="2">受电设备种类</th><th>允许电压损失（％）</th></tr>
<tr><td rowspan="4">电动机</td><td>正常连续运转</td><td>5</td><td rowspan="3">白炽灯</td><td>室内主要场所</td><td>2.5</td></tr>
<tr><td>频繁启动</td><td>10</td><td>住宅照明</td><td>5</td></tr>
<tr><td>不频繁启动</td><td>15</td><td>36V以下移动照明</td><td>10</td></tr>
<tr><td>吊车电机</td><td>15</td><td rowspan="2">荧光灯</td><td>室内主要场所</td><td>2.5</td></tr>
<tr><td colspan="2">电焊设备（在正常尖峰电流时）</td><td>8～10</td><td>短时电压波动及室外场所</td><td>5</td></tr>
<tr><td colspan="2">电阻炉</td><td>10</td><td colspan="2">医用X光机</td><td>8</td></tr>
</table>

按允许的电压损失计算铝绞线截面的公式为：

$$S = PL/C\Delta U\% \tag{4-15}$$

式中，P 为线路输送的有功功率，kW；L 为线路长度，m；$\Delta U\%$ 为电压损失百分数，％；系数 C 可选择，三相四线制供电且各相负荷均匀时，铜导线为85、铝导线为50，单相220V供电时，铜导线为14、铝导线为8.3。

特别说明的是，以上公式是在供电半径不超过0.5km情况下的一种简单公式，作为导线选择和供电半径确定的依据。

4.5.3　供配电系统中性线和保护线的选择

1. 中性线的选择

供配电系统中的中性线，只有在三相负载完全平衡的条件下，电流才为零。在大多数情形下中性线中是存在着电流的，特别是在分布很广的单相回路中，其中性线中的电流与相线中的电流是相等的。

中性线在正常情况下的对地电压为零，这是由于中性线起着电流回路的作用，并与大地形成等电位。正是基于以上原因，正常情况下，当人触摸中性线时，并没有触电的感觉。然而，并不是在任何情况下触及中性线都是绝对安全的。比如，当中性线断线或者三相负载不平衡时，它的对地电压就足以对人构成威胁。因此，在实际工作中，必须对中性线有高度的重视，决不能以为是中性线，在材料选用上便降低其绝缘要求及机械性能的标准，特别是在单相供电线路中，中性线的要求必须与相线完全一致。

（1）在低压三相四线系统中，不同情况下通过中性线的电流是不同的

1）当三相负载对称时，中性线电流几乎等于零，所以中性线的选择主要应考虑机械强度。当一相断线或熔丝熔断时，中性线通过其他两相电流的相量和，基本和相线电流相同，这时中性线的截面积应等于相线截面积。当两相熔丝熔断时，中性线电流等于相线电流，中性线应选用与相线相同的截面积。

2）单相用电回路的中性线电流等于相线电流，中性线应选用与相线相同的截面积。

（2）中性线截面积的选择

1）在单相供电线路中，中性线截面积与相线截面积相等。

2）在220/380V供电线路中，照明灯为白炽灯时，中性线截面积可按相线截面积的50%选择（即中性线截面积为相线截面积的一半），为保证安全最好采用中性线与相线相同的截面积；当照明为气体放电灯时，中性线截面积按最大负载相的电流选择。

3）在逐相切断的三相照明电路中，中性线与相线截面积应相等；若数条线路共用一条中性线时，中性线截面积按最大负载相的电流选择。

4）按机械强度要求：绝缘铝线应不小于16mm^2，绝缘铜线应不小于10mm^2。

2. PE保护线的选择

PE线，英文全称protecting earthing，简体中文名称为保护导体，也就是我们通常所说的地线，我国规定PE线为黄-绿双色线。

PE线是专门用于将电气装置外露导电部分接地的导体，至于是直接连接至与电源点工作接地无关的接地极上（TT）还是通过电源中性点接地（TN）并不重要，二者都叫PE线。

正确选择接地线，既要保证电气安全，又不能浪费金属，从而节约成本。保护接地线的计算涉及许多因素，计算不仅花时间而且难以取得计算所需数据，为此GB 16895.3—1997给出计算公式并编制了表格以供选择，如表4-11所示。

保护接地线的选择 **表4-11**

相线截面 S（mm^2）	PE线截面（mm^2）
$S \leqslant 16$	S①
$16 < S \leqslant 35$	16
$35 < S \leqslant 400$	$\geqslant S/2$
$400 < S \leqslant 800$	$\geqslant 200$
$S > 800$	$\geqslant S/4$

①按机械强度选择，若是供电电缆线芯或外护层的组成部分时，截面不受限制。若采用导线，通常有机械保护（如穿管、线槽等）时$S \geqslant 2.5mm^2$；无机械性保护（如绝缘子明敷）时$S \geqslant 4mm^2$。

4.6 电力变压器和柴油发电机的选择

电力系统为满足社会用电量和供电安全可靠性的要求，在变电站建设、扩建和变压器增容等具体工作中，首要考虑的因素是根据变电站的供电负荷选择变压器的容量和使用台数。容量选择过大，增加变压器本身和相关设备购置，安装、运行维护的投入，造成资金浪费；容量选择过小，不能满足供电的需求，使变压器过载运行，造成设备损坏，影响变电站对外安全可靠供电。而数量偏少不能满足接线方式和供电可靠性的要求，影响检修和缺少必要的备用；数量太多，增加配套设施投入，变电站布置困难，增加检修维护工作量。变压器容量和数量选择得当，不仅节约建设的一次性投资，而且能够有利于变压器的安全经济运行，减少运行、维护的费用。在选择变压器时要结合现场工作的实际经验，确定变压器容量和台数选择要遵循经济运行的条件和要求，对不同的方案进行经济技术和安全性分析。

4.6.1 变压器的分类和型号

1. 按用途分

(1) 电力变压器：用于输配电系统的升、降电压。

(2) 仪用变压器：如电压互感器、电流互感器。

(3) 试验变压器：能产生高压，对电气设备进行高压试验。

(4) 特种变压器：如电炉变压器、整流变压器、调整变压器等。

2. 按相数分

(1) 单相变压器：一次绕组和二次绕组均为单相绕组的变压器。

(2) 三相变压器：一次绕组和二次绕组均为三相绕组的变压器。

3. 按冷却方式分

(1) 干式变压器：依靠空气对流进行冷却，一般用于局部照明、电子线路等小容量变压器。

(2) 油浸式变压器：依靠油作冷却介质，如油浸自冷、油浸风冷、油浸水冷、强迫油循环等。

按冷却方式对变压器分类是比较常用的分类方法，干式和油浸式两种变压器的比较如表 4-12 所示。

干式变压器与油浸式变压器的比较　　表 4-12

项　目	干式变压器	油浸变压器
特点	1. 能直接看到铁芯和线圈； 2. 一般适用于配电，容量大都在 1600kVA 以下，电压在 10kV 以下，也有个别做到 35kV 电压等级的； 3. 一般用树脂绝缘，靠自然风冷，大容量的用风机冷却； 4. 应在额定容量下运行	1. 只能看到变压器的外壳； 2. 适用于全部容量等级的变压器，电压等级也做到了所有电压；我国正在建设的特高压 1000kV 试验线路，采用的一定是油式变压器； 3. 绝缘油不但能绝缘，且通过变压器内部的循环将线圈产生的热量带到变压器的散热器（片）上进行散热； 4. 过载能力比较好

续表

项　目	干式变压器	油浸变压器
投入成本	高	成本为干变的 60%
使用场所	大多应用在需要“防火、防爆”的场所，一般大型建筑、高层建筑上易采用	由于“出事”后可能有油喷出或泄漏，造成火灾，大多应用在室外，且有设“事故油池”的场所
运行成本	长期运行免维护	需要经常性的维护，由于该变压器每 1.5～2 年需要更换冷却油。
使用寿命	20 年	20 年

常用的变压器编号如下：

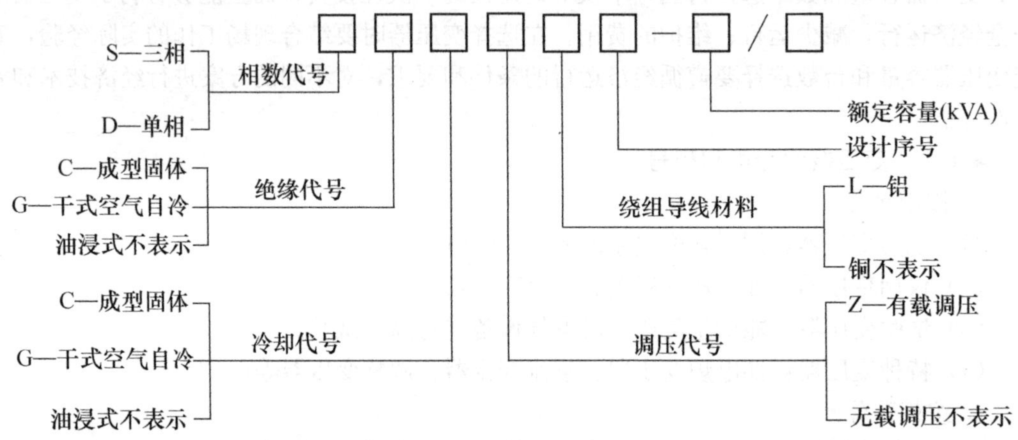

变压器的一些额定参数都会写在变压器的铭牌上，上面标注着型号、额定值及其他数据，便于用户了解变压器的运行性能，如图 4-13 为一变压器铭牌。

电力变压器			
产品型号	SL7-315/10	产品编号	
额定容量	315kV·A	使用条件	户外式
额定电压	10000/400V	冷却条件	
额定电流	18.2/454.7A	短路电压	4%
额定频率	50Hz	器身吊重	765kg
相　数	三相	油　重	380kg
连接组别	Yyno	总　重	1525kg
制造厂		生产日期	

图 4-13　电力变压器铭牌示意图

例如型号为：SL7－630/10，其中“S”代表三相，“L”代表铝导线，“7”代表设计序号，“630”代表额定容量为 630kV·A，“10”代表高压绕组额定电压为 10kV。

值得说明的是 SL7 系列为铝线变压器，该系列产品系 1980 年设计的。另外还有在 SL7 系列基础上演变出的铜线产品 S7 系列。随着技术不断进步，该系列产品逐渐显露出不足，技术经济指标与 S9 系列配电变压器相比原材料消耗量要多 10%以上，空载损耗平均高 11%，负载损耗平均高 28%。S9 系列配电变压器年运行成本较 S7 系列平均下降 17.8%。目前 S7 系列已经被列为淘汰产品，禁止使用。

4.6.2　变压器台数选择

变电站内变压器容量和台数是影响电网结构、供电安全可靠性和经济性的重要因素，而容量大小和台数多少的选择往往取决于区域负荷的现状和增长速度，取决于一次性建设投资的大小，取决于周围上一级电网或电厂提供负载的能力，取决于与之相连接的配电装置技术和性能指标，取决于负荷本身的性质和对供电可靠性要求的高低，取决于变压器单位容量造价、系统短路容量和运输安装条件等。建设、扩建、变压器增容的台数和容量的选择，国内尚无明确具体的规定，也是随技术水平提高不断完善的一个系统工程，一般都应考虑如下因素：

1. 变压器额定容量应能满足供电区域内用电负荷的需要，即满足全部用电设备总计算负荷的需要，避免变压器长期处于过负荷状态运行。新建变电站变压器容量应满足5～10年规划负荷的需要，防止不必要的扩建和增容，也减少因为扩建增容造成的大面积和长时间停电。对较高可靠性供电要求的变电站，一次最好投入两台变压器，变压器正常的负载率不大于50%为最好。

2. 对于供电区域内有重要用户的变电站，应考虑一台变压器在故障或停电检修状态下，其他变压器在计及过负荷能力后的允许时间内，保证用户的一级和二级负荷。对一般负荷的变电站，任何一台变压器停运，应能保证全部负荷的70%～80%的电力供应不受影响。

3. 为保证供电运行方式灵活，应考虑采用多台变压器。单台变压器容量的选择不宜过大和过小，要预留负荷发展而扩建的可能，实现变电站容量由小到大，变压器的台数由少到多。

4. 为保证变电站运行方式灵活可靠，便于检修维护，达到变电站整体规范统一，选择变压器容量的种类应尽量减少，一般不超过两种，对城市供电的一个变电站内最好统一变压器容量等级。

5. 在一定容量范围内，容量增大会使变压器损耗降低，但节约的电费可能难以补偿投资费用的增加。与之配套的开关等设备的开断能力的要求大，所以变压器容量的选择要考虑变压器及其配套装置的一次性投资，必要时要进行经济运行方式的计算。

以上是对变压器容量和台数的定性阐述，下面通过表4-13来表示变压器台数及容量的确定理论计算方法。

变压器选择方法 **表4-13**

<table>
<tr><th>选择依据</th><th>选择公式</th><th>备　注</th></tr>
<tr><td>按变压器的负载率来确定</td><td>$S_{rT}=\frac{P_C}{\beta\cos\varphi_{av}}$</td><td rowspan="5">$P_C$——建筑物有功计算负荷
$\cos\varphi_{av}$——补偿后高压侧平均功率因素不小于0.9
β——变压器负荷率
S_{rT}——变压器总装机容量
S_{rT1}——每台变压器额定容量
S_C——建筑物总视在计算负荷
S_{C1}——一级视在计算负荷
S_{C2}——二级视在计算负荷</td></tr>
<tr><td rowspan="4">按计算负荷确定变压器容量</td><td>1. 装设一台变压器：$S_{rT}\geqslant S_C$</td></tr>
<tr><td>2. 装设两台变压器：</td></tr>
<tr><td>(1) 明备用。每台变压器的容量均按100%负荷选择：$S_{rT1}\geqslant S_C$</td></tr>
<tr><td>(2) 暗备用。任意一台变压器单独运行时满足全部一二级负荷：
$S_{rT1}\geqslant 0.7S_C$
$S_{rT1}\geqslant S_{C1}+S_{C2}$</td></tr>
</table>

注：1. 以上变压器的选择计算公式是在变压器操作环境最高温度：+40℃，月平均温度+30℃，年平均气温+20℃的情况下成立的。它只是保证额定寿命的温度。如实际安装环境高于这个温度也能安装变压器，只是影响寿命而已，要保证寿命，就得降容量、降温度或专门设计。

2. 通常状况下变压器长期的负荷率在60%～70%最有利。

4.6.3 变压器绕组连接组别选择

变压器的连接组别的表示方法是：大写字母表示一次侧（或原边）的接线方式，小写字母表示二次侧（或副边）的接线方式。Y（或 y）为星形接线，D（或 d）为三角形接线。数字采用时钟表示法，用来表示一、二次侧线电压的相位关系，一次侧线电压相量作为分针，固定指在时钟 12 点的位置，二次侧的线电压相量作为时针。

"D，y_n11"，其中 11 就是表示：当一次侧线电压相量作为分针指在时钟 12 点的位置时，二次侧的线电压相量在时钟的 11 点位置。也就是，二次侧的线电压 U_{ab}滞后一次侧线电压 U_{AB}330°（或超前 30°）。

变压器接线方式有 4 种基本连接形式："Y，y"、"D，y"、"Y，d" 和 "D，d"。我国只采用 "Y，y" 和 "D，y"。由于 Y 连接时还有带中性线和不带中性线两种，不带中性线则不增加任何符号表示，带中性线则在字母 Y 后面加字母 n 表示。常用的绕组连接组别的特点和应用如表 4-14 所示。

变压器绕组连接的特点和应用　　表 4-14

连接组别	主要特点	应用范围
Y，Yn11	1. 每相通过的电流较大，选用导线截面较大能承受较高的冲击的电压 2. 能引出中性线，可供三相四线制负载用 3. 抑制谐波能力较强 4. 三相不平衡负载会使低压电网中性点位移，影响三相电压平衡	1. 三相基本平衡或不平衡负载不超过变压器每相额定功率 15% 2. 谐波干扰不严重
D，Yn11	1. 改善供电正弦波质量 2. 有利于切除单相接地故障 3. 能充分利用变压器容量	1. TN 和 TT 系统接地型式的低压电网中 2. 在不平衡单相负荷引起中性线电流超过变压器低压绕组额定电流的 25 % 情况下

4.6.4　柴油发电机的选择

1. 概述

柴油发电机组是一种小型发电设备，系指以柴油等为燃料，以柴油机为原动机带动发电机发电的动力机械。柴油发电机组一般由柴油机、发电机、控制箱、燃油箱、启动和控制用蓄电瓶、保护装置、应急柜等部件组成。整体可以固定在基础上定位使用，亦可装在拖车上供移动使用。

2. 常用柴油发电机组的选择

某些柴油发电机组在某段时间或经常需要长时间连续地运行，以作为用电负荷的常用供电电源，这类发电机组称为常用发电机组。常用发电机组可作为常用机组与备用机组。远离大电网的乡镇、海岛、林场、矿山、油田等地区或工矿企业，为了供给当地居民生产及生活用电，需要安装柴油发电机，这类发电机组平时应不间断地运行。

国防工程、通信枢纽、广播电台、微波接力站等重要设施，应设有备用柴油发电机组。这类设施用电平时可由市电电力网供给。但是，由于地震、台风、战争等其他自然灾害或人为因素，使市电网遭受破坏而停电以后，已设置的备用机组应迅速启动，并坚持长期不间断地进行，以保证对这些重要工程用电负荷的连续供电，这种备用发电机组也属于常用发电机组类型。常用发电机组持续工作时间长，负荷曲线变化较大，机组容量、台数、型式的选择及机组的运行控制方式与应急机组不同。

（1）常用柴油发电机组容量的确定

按机组长期持续运行输出功率能满足全工程最大计算负荷选择，并应根据负荷的重要性确定发电机组备用机组容量。柴油机持续运行的输出功率，一般为标定功率的 0.9 倍。

(2) 常用柴油发电机组台数的确定

常用柴油发电机组台数宜设置为 2 台以上，以保证供电的连续性及适应用电负荷曲线的变化。机组台数多，才可以根据用电负荷的变化确定投入发电机组的运行台数，使柴油机经常处于经济运行，以减少燃油消耗率，降低发电成本。柴油机的最佳经济运行状态是在标定功率的 75%～90%之间。为保证供电的连续性，常用机组本身应考虑设置备用机组，当进行机组故障检修或停机检查时，使发电机组仍然能够满足对重要用电负荷不间断地持续供电。

(3) 常用柴油发电机组转速的确定

为了减少磨损，增加机组的使用寿命，常用发电机组宜选用标定转速不大于 1000r/min 的中、低速机组，其备用机组可选择中、高速机组。同一电站的机组应选用同型号、同容量的机组，以便使用相同的备用零部件，方便维修与管理。负荷变化大的工程，也可以选用同系列不同容量的机组。发电机输出标定电压的确定与应急发电机组相同，一般为 400V，个别用电量大，输电距离远的工程可选用高压发电机组。

(4) 常用柴油发电机组的控制

常用机组一般应考虑能够并联进行，以简化配电主接线，使机组启动、停机轮换运行时，通过并车、转移负荷、切换机组而不致中断供电。机组应安装有机组的测量及控制装置，机组的调速及励磁调节装置应适用于并联运行的要求。对重要负荷供电的备用发电机组，宜选用自动化柴油发电机组，当外电源故障断电后，能够迅速自动启动，恢复对重要负荷的供电。柴油机运行时机房噪声很大，自动化机组便于改造为隔室操作、自动监控的发电机组。当发电机组正常运行时，操作人员不必进入柴油机房，在控制室便可对柴油发电机组进行监控。

3. 应急柴油发电机的选择

应急柴油发电机主要用于重要场所，在紧急情况或事故停电后，通过应急发电机组迅速恢复并延长一段供电时间。这类用电负荷称为一级负荷。对断电时间有严格要求的设备、仪表及计算机系统，除配备发电机外还应设电池或 UPS 供电。

应急柴油发电机的工作有两个特点。第 1 个特点是作应急用，连续工作的时间不长，一般只需要持续运行几小时（≤12h）。第 2 个特点是作备用，应急发电机组平时处于停机等待状态，只有当主用电源全部故障断电后，应急柴油发电机组才启动运行供给紧急用电负荷，当主用电源恢复正常后，随即切换停机。

(1) 应急柴油发电机容量的确定

应急柴油发电机组的标定容量为经大气修正后的 12h 标定容量，其容量应能满足紧急用电总计算负荷，并按发电机容量能满足一级负荷中单台最大容量电动机启动的要求进行校验。应急发电机一般选用三相交流同步发电机，其标定输出电压为 400V。

(2) 应急柴油发电机组台数的确定

有多台发电机组备用时，一般只设置 1 台应急柴油发电机组，从可靠性考虑也可以选用 2 台机组并联进行供电。供应急用的发电机组台数一般不宜超过 3 台。当选用多台机组时，机组应尽量选用型号、容量相同，调压、调速特性相近的成套设备，所用燃油性质应一致，以便进行维修保养及共用备件。当供应急用的发电机组有2台时，自启动装置应使2台机组能互为备用，即市电电源故障停电经过延时确认以后，发出自起动指令，如果第1台机组连续3次自启动失败，应发出报警信号并自动启动第2台柴油发电机。

(3) 应急柴油发电机的选择

应急机组宜选用高速、增压、油耗低、同容量的柴油发电机组。高速增压柴油机单机容量较大，占据空间小；柴油机选用配电子或液压调速装置，调速性能较好；发电机宜选用配无刷励磁或相复励装置的同步电机，运行较可靠，故障率低，维护检修较方便；当一级负荷中单台空调器容量或电动机容量较大时，宜选用三次谐波励磁的发电机组；机组装在附有减震器的共用底盘上；排烟管出口宜装设消声器，以减小噪声对周围环境的影响。

(4) 应急柴油发电机组的控制

应急发电机组的控制应具有快速自启动及自动投入装置。当主用电源故障断电后，应急机组应能快速自启动并恢复供电。一级负荷的允许断电时间从十几秒至几十秒，应根据具体情况确定。当重要工程的主用电源断电3～5s后，再发出启动应急发电机组的指令，以避开瞬时电压降低及市电网合闸或备用电源自动投入的时间。从指令发出、机组开始启动、升速到能带满负荷需要一段时间。一般大、中型柴油机还需要预润滑及暖机过程，使紧急加载时的机油压力、机油温度、冷却水温度符合产品技术条件的规定；预润滑及暖机过程可以根据不同情况预先进行。例如军事通信、大型宾馆的重要外事活动、公共建筑夜间进行大型群众活动、医院进行重要外科手术等的应急机组平时就应处于预润滑及暖机状态，以便随时快速启动，尽量缩短故障断电时间。

应急机组投入进行后，为了减少突加负荷时的机械及电流冲击，在满足供电要求的情况下，紧急负荷最好按时间间隔分级增加。根据国家标准和国家军用标准规定，自动化机组自启动成功后的首次允许加载量如下：对于标定功率不大于250kW者，首次允许加载量不小于50％标定负载；对于标定功率大于250kW者，按产品技术条件规定。如果瞬时电压降及过渡过程要求不严格时，一般机组突加或突卸的负荷量不宜超过机组标定容量的70％。

本章小结

1. 根据电气设备的作用不同，可将电气设备分为一次设备和二次设备。通常把生产、转换和分配电能的设备，称为一次设备。对一次设备进行测量、控制、监视和起保护作用的设备统称二次设备。

2. 正确地选择电器是使电气主接线和配电装置达到安全、经济运行的重要条件。可以按正常工作条件选择和按短路情况校验来选择电器。

3. 高压断路器是供配电系统的重要电气设备。正常运行时，用它来倒换运行方式，把设备或线路接入电路或退出运行，起着控制作用，当设备或线路发生故障时，能迅速切除故障部分，保证无故障部分继续运行，又起着保护作用。因断路器具有可靠的灭弧装置，所以作为一种最完善的开关电器而得到了广泛应用。

4. 隔离开关是供配电系统中常用的电器，它需与断路器配套使用。因隔离开关无灭弧装置，所以，不能用它来开断负荷电流和短路电流。否则在高电压作用下，触头间将产生强烈电弧。

5. 熔断器是一种最简单而又经济的保护电器。它串接于电路中，当电路发生短路或连续过负荷时，熔断器过热达到熔点而自行熔断，切断电路达到保护电气设备的目的。

6. 互感器包括电压互感器和电流互感器，是一次系统和二次系统间的联络元件。为了确保人在接触测量仪表和继电器时的安全，互感器的二次绕组必须接地。这样可以防止互感器绝缘损坏，以及高电压传到低电压侧时，在仪表和继电器上出现危险的高电压。

7. 电力电缆种类和型号根据缆芯、绝缘层和保护层三个主要部分来划分，选择电缆可以按长期工作允许电流、机械强度、电压损失来选择截面。

8. 变压器分类形式有多种，选择变压器时要结合现场工作的实际经验，确定变压器容量和台数选择要遵循经济运行的条件和要求，对不同的方案进行经济技术和安全性分析。

习题与思考题

1. 什么叫一次设备和二次设备？供配电系统的一、二次电气设备主要包括哪些类型？
2. 电气设备选择的一般条件是什么？什么叫电气设备的热稳定和动稳定？
3. 交流电弧熄灭的条件是什么？熄灭交流电弧的基本方法有哪些？
4. 高压断路器的作用是什么？对高压断路器有哪些基本要求？
5. 高压断路器主要包括哪些类型？它们的各自特点是什么？
6. 隔离开关的作用是什么？它主要包括哪些类型？
7. 高压熔断器包括哪些类型？它是如何起过流保护作用的？
8. 电压互感器和电流互感器的作用是什么？它们各自有什么特点？
9. 为什么电压互感器二次侧不允许短路？为什么电流互感器二次侧不允许开路？
10. 电压互感器和电流互感器有哪些接线方式？它们在主接线中的配置原则是什么？
11. 总结不同类型电缆的适用场合？
12. 干式变压器和油浸式变压器的区别？
13. 变压器容量和台数选择的原则？
14. 选择柴油发电机应考虑哪几个方面的问题？

第5章　建筑供配电系统的组成

【本章重点】理解高压供配电系统主接线的定义；了解其作用以及基本要求；熟悉线路一变压器组接线、单母线接线、桥式接线、双母线接线四种典型的主接线方式；掌握建筑低压配电系统中的放射式、树干式、链式、环网式接线方式，并能根据实际需要合理选择建筑高压供配电系统主接线与低压配电系统接线方式。

5.1　供配电网络结构

5.1.1　高压供电系统主接线

建筑高压供配电系统所包含的变电所和配电所，为生产和生活提供安全、稳定的电源。区域变电所的供电电压等级一般是35～220kV，通过企业总降压变电所或者城区变电所将电压降为6～10kV，然后输送到小区变电所或者厂区、车间变电所（配电所），再将电压降为380/220V，供企业或民用建筑的用户使用。

建筑高压供配电系统一般是从城市电力网取得高压10kV或低压380V/220V作为电源供电，然后将电能分配到各用电负荷处配电。电源和负荷之间用各种设备（变压器、变配电装置和配电箱）、元件（导线、电缆、开关等）连接起来，组成建筑物的供配电系统。

变电所的主接线（或称一次接线、一次电路）是指由各种开关电器、电力变压器、断路器、隔离开关、避雷器、互感器、母线、电力电缆、移相电容器等电气设备依一定次序相连接的具有接受和分配电能的电路。

主接线的形式确定关系到变电所电气设备的选择、变电所的布置、系统的安全运行、保护控制等多方面的内容，因此主接线的选择是建筑供电中一个不可缺少的重要环节。

电气主接线图通常以单线图的形式表示。

电气主接线图中常用字符如表5-1所示。

电气主接线图中常用字符表　　表5-1

文字符号	中文含义	文字符号	中文含义
QF	断路器	QS	隔离开关
W（WB）	母线	T	变压器
QA	自动开关	QL	负荷开关
QK	刀开关	FU	熔断器

5.1.2　高压供配电系统主接线的基本要求

供配电系统要能够很好地为国民经济服务，并切实做好安全用电、节约用电和计划用电的工作，其主接线必须满足以下基本要求：

1. 可靠性

供电可靠性是建筑供配电的首要要求，主接线应满足这个条件。停电会给国民经济各部门带来严重损失，甚至导致人身伤亡、设备损坏、产品报废、生活混乱等经济损失，并造成不良的政治影响。

按照供电可靠性的要求，负荷可以分为一级、二级、三级三大类负荷。其中一级负荷不允许停电，二级负荷只允许短时停电，三级负荷无特别要求。

2. 稳定性

主接线应保证必要的电能质量。电压偏移、电压波动、频率偏差等是表征电能质量的基本指标，主接线在各种情况下都应该满足这方面的要求，应保证电能质量在允许的变动范围之内，保证供配电系统的连续、稳定运行。

3. 灵活性

主接线要适应各种运行方式和检修维护方面的要求，并能灵活地进行运行方式的转换。不仅正常运行时能安全可靠地供电，而且在系统故障或设备检修时，也能根据调度的要求，灵活、简便、迅速地转换运行方式，使停电时间最短，影响范围最小，甚至于不影响供电。

4. 方便性

主接线应使得整个系统操作简便、安全、不易发生误操作。

5. 经济性

主接线在满足上述要求的同时，还应该做到投资省、运行费用低、占地面积小等要求，并尽可能地节约电能和有色金属。

6. 扩展性

随着经济建设的飞速发展，为了满足用户日益增长的用电需求，主接线还应该具有发展和扩建的可能性。

5.1.3 线路—变压器组接线

采用一路电源线路与变压器连接成组，即单回路、单变压器供电的接线方式称为线路—变压器组接线，如图 5-1 所示。变电所中的变压器高压侧普遍采用线路—变压器组接

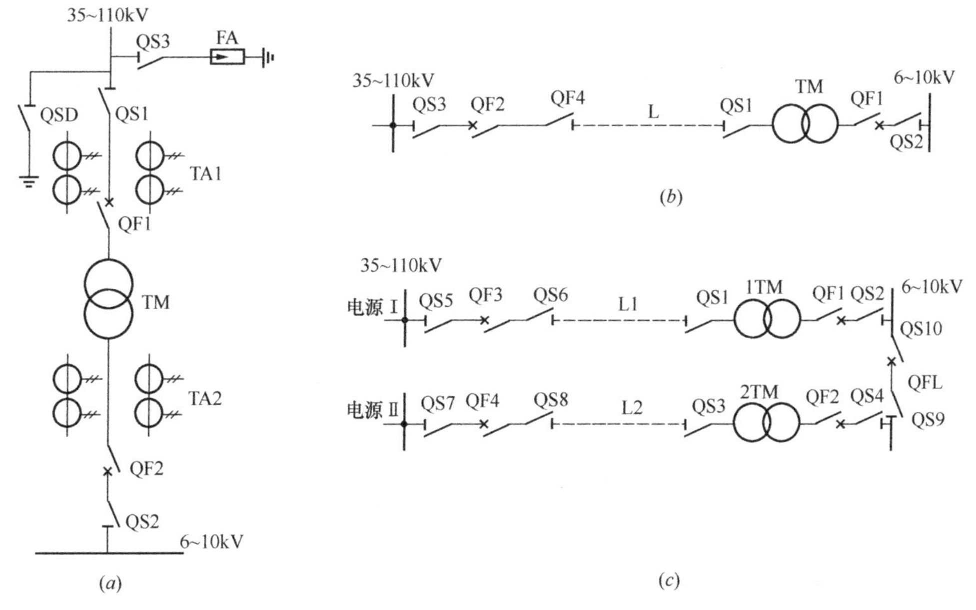

图 5-1 线路——变压器组接线

(a) 一次侧采用断路器和隔离开关；(b) 一次侧采用隔离开关；(c) 双电源双变压器

线，其高压侧均不设置母线。

线路—变压器组接线方式具有接线简单、清晰，需用电气设备少，不易误操作，投资少等优点，它的缺点是供电可靠性和灵活性较差，当线路、变压器、电气设备中任何一处发生故障或者检修时，整个供配电系统全部停电。

5.1.4　单母线接线

变电所内电力变压器与馈线之间每相只有一条母线连接的方式称为单母线接线。单母线接线方式根据母线分段与否可以分为不分段接线和分段接线 2 种；根据进线回数（电源回数）又可以分为一回进线、双回进线（一用一备）等单母线接线方式。

1. 单母线不分段接线

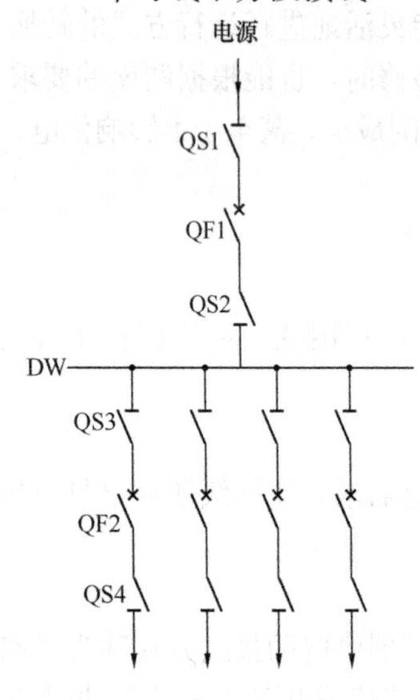

图 5-2　单母线不分段接线

单母线不分段接线如图 5-2 所示，引入线和引出线的电路中都装有断路器和隔离开关，电源的引入与引出是通过每相一条母线连接的。

该接线电路简单，使用设备少，费用低；可靠性和灵活性差；当母线、电源进线断路器（QF1）、电源侧的母线隔离开关（QS2）故障或检修时，必须断开所有出线回路的电源，而造成全部用户停电。单母线不分段接线适用于用户对供电连续性要求不高的二级、三级负荷用户。

2. 单母线分段接线

为了提高供电系统的灵活性，将母线分为两段及以上，单母线分段接线可以分段运行，也可以并列运行，如图 5-3 所示。

用隔离开关（QSL）分段的单母线接线适用于由双回路供电的、允许短时停电的二级负荷的用户。

用负荷开关分段其功能与特点基本与用隔离开关分段的单母线相同。用断路器分段的单母线接线，可靠性提高。断路器采取联动控制和有相应的后备措施，满足一级负荷供电。

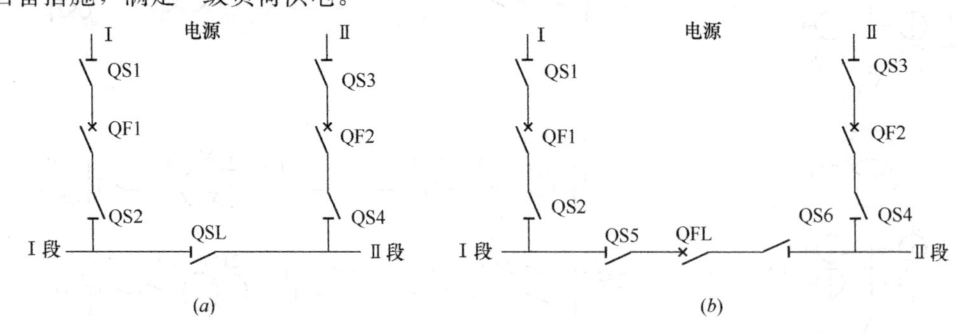

图 5-3　单母线分段接线

(*a*) 用隔离开关分段；(*b*) 用断路器分段

3. 带旁路母线的单母线接线

单母线分段接线，不管是用隔离开关分段或用断路器分段，在母线检修或故障时，都避免不了使接在该母线的用户停电。另外单母线接线在检修引出线断路器时，该引出线的用户必须停电（双回路供电用户除外）。为了克服这一缺点，可采用单母线加旁路母线，如图 5-4 所示。

当引出线断路器检修时，用旁路母线断路器（QFL）代替引出线断路器，给用户继续供电。该接线造价较高，仅用在引出线数量很多的变电所中。例如图 5-4 中 QF2 检修，合上 QS7 则通过 QFL 替代 QF2。

5.1.5 桥式接线

对于具有双电源进线、两台变压器终端式的总降压变电所，可采用桥式接线。它实质是连接两个 35～110kV“线路—变压器组”的高压侧，其特点是有一条横跨的“桥”。桥式接线比分段单母线结构简单，减少了断路器的数量，四回电路只采用三台断路器。根据跨接桥位置不同，分为内桥接线和外桥接线。

1. 内桥接线

图 5-5（*a*）为内桥接线，跨接桥靠近变压器侧，桥开关（QF3）装在线路开关（QF1、QF2）之内，变压器回路仅装隔离开关，不装断路器。采用内桥接线可以提高改变输电线路运行方式的灵活性。

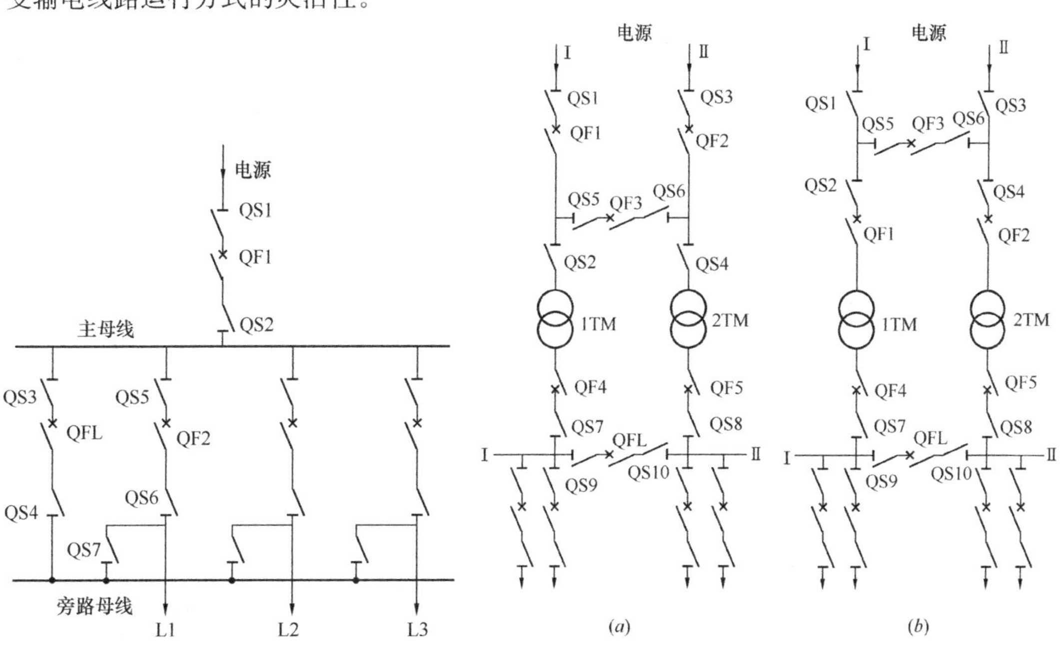

图 5-4 带旁路母线的单母线分段接线方式

图 5-5 桥式接线
（*a*）内桥式；（*b*）外桥式

内桥接线适用于：（1）对一级、二级负荷供电；（2）供电线路较长；（3）变电所没有穿越功率；（4）负荷曲线较平稳，主变压器不经常退出工作；（5）终端型工业企业总降压变电所。

2. 外桥接线

图 5-5（*b*）为外桥接线，跨接桥靠近线路侧，桥开关（QF3）装在变压器开关（QF1、QF2）之外，进线回路仅装隔离开关，不装断路器。

外桥接线适用于：（1）对一级、二级负荷供电；（2）供电线路较短；（3）允许变电所有较稳定的穿越功率；(4) 负荷曲线变化大，主变压器需要经常操作；(5) 中间型工业企业总降压变电所，宜于构成环网。

5.1.6　双母线接线

当用电负荷大、重要负荷多、对供电可靠性要求高或馈电回路多而采用单母线分段接线存在困难时，应采用双母线接线方式。

所谓双母线接线方式是指任一供电回路或引出线都经一台断路器和两台隔离开关接在双母线 W1、W2 上。其中母线 W1 为工作母线，W2 为备用母线，如图 5-6、图 5-7 所示。双母线接线方式可以分为双母线不分段接线和双母线分段接线两种。

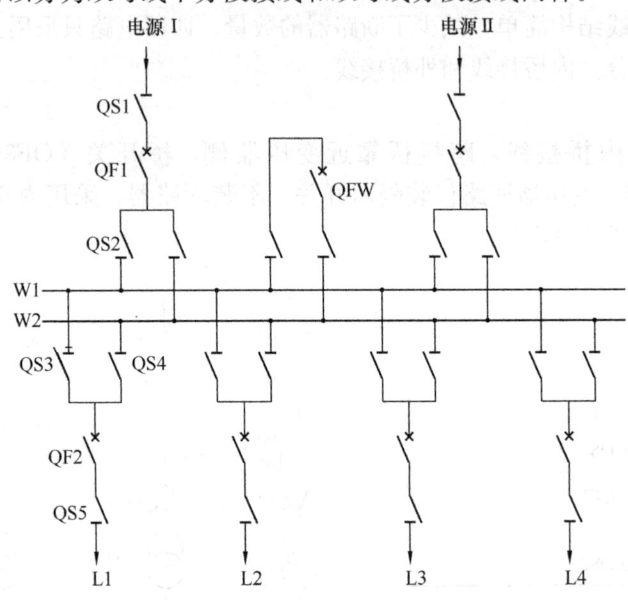

图 5-6　双母线不分段接线方式

1. 双母线不分段接线方式

双母线不分段接线方式如图 5-6 所示，它的工作方式分为两种：

(1) 两组母线分别为运行与备用状态

其中一组母线运行，一组母线备用，即两组母线互为运行或备用状态。通常情况下，W1 工作，W2 备用，连接在 W1 上的所有母线隔离开关都闭合，连接在 W2 上的所有母线隔离开关都断开；两组母线之间装设的母线联络断路器 QFW 在正常运行时处于断开状态，其两侧串接的隔离开关为闭合状态。当工作母线 W1 故障或检修时，经“倒闸操作”即可由备用母线 W2 继续供电。

(2) 两组母线并列运行

两组母线同时并列运行，但互为备用。按可靠性和电力平衡的原则要求，将电源进线与引出线路同两组母线连接，并将所有母线隔离开关闭合，母线联络断路器 QFW 在正常运行时也处于闭合状态。当某一组母线故障或检修时，可以经过“倒闸操作”，将全部电源和引出线均接到另一组母线上，继续为用户供电。

由此可见，由于双母线两组互为备用，所以大大提高了供电可靠性，也提高了主接线工作的灵活性。在轮流检修母线时，经“倒闸操作”不会引起供电的中断；当任一段工作

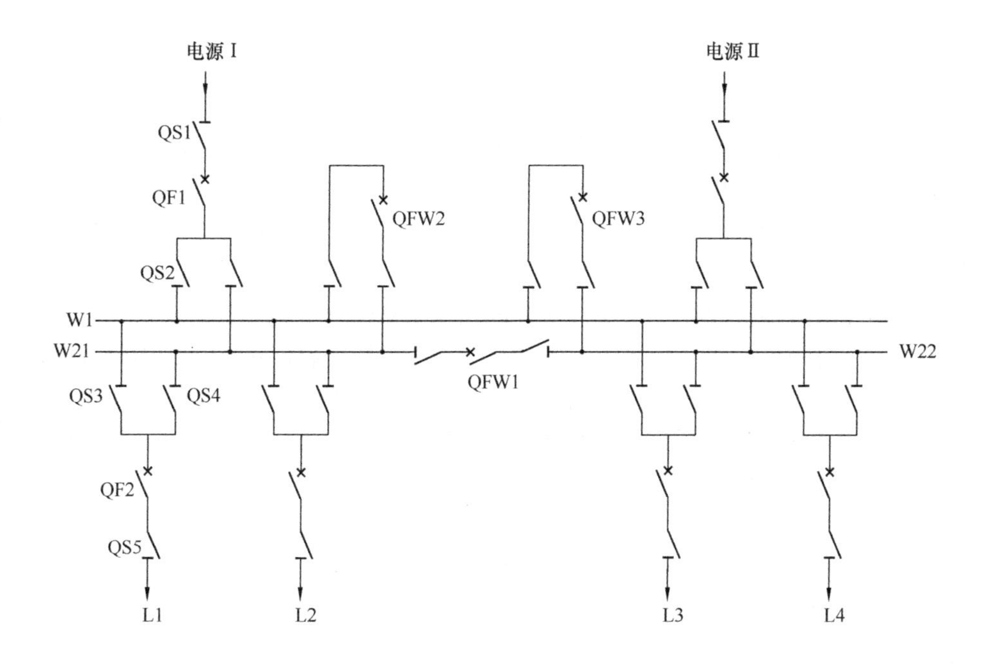

图 5-7 双母线分段接线方式

母线发生故障时，可以通过另一段备用母线迅速恢复供电；检修引出馈电线路上的任何一组母线隔离开关，只会造成该引出馈电线路上的用户停电，其他引出馈电线路不受其影响仍然可以向用户供电。在图 5-6 中，需要检修引出线上的母线隔离开关 QS3 时，先要将备用母线 W2 投入运行，工作母线 W1 转入备用，然后切断断路器 QF2，再先后断开隔离开关 QS4、QS5，此时可以对 QS3 进线检修。

2. 双母线分段接线方式

双母线不分段接线方式具有单母线分段接线所不具备的优点，向没有备用电源用户供电时更有其优越性。但是，由于“倒闸操作”程序较复杂，而且母线隔离开关被用于操作电器，在负荷情况下进行各种切换操作时，如误操作会产生强烈电弧而使母线短路，造成极为严重的人身伤亡和设备损坏事故。为了克服这一问题，保证一级负荷用电的可靠性要求，可以采用如图 5-7 所示的双母线分段接线方式。

双母线分段接线方式将工作母线分段，在正常运行时只有分段母线组 W21 和 W22 投入工作，而母线 W1 为固定备用。这样当某段工作母线故障或检修时，可使“倒闸操作”程序简化，减少误操作，使其供电可靠性得到明显提高。

总之，双母线接线方式相对于单母线接线方式的供电可靠性和灵活性提高了，但同时系统更加复杂，用电设备增多了，投资加大了，还容易发生误操作。因此这种接线只适用于对供电可靠性要求很高的大型工业企业总降压变电所的 35～110kV 母线系统和有重要高压负荷的 6～10kV 母线系统中。一般 6～10kV 变电所内不推荐使用双母线接线方式。

5.2　低压配电系统接线

低压配电系统是指电压等级在 1kV 以下的配电网络，它是电力系统的重要组成部分，是城市建设的重要基础设施。低压配电系统主要由配电线路（架空、电缆）、配电装置和用电设备等组成。用户通过柱上变压器、开闭所（开关站）、配电站（室）或者箱式变电站取得电压等级为 380/220V 的电能。

低压配电系统应能满足生产和使用所需的供电可靠性和电能质量的要求，还要注意做到接线简单、操作方便、安全，具有一定的灵活性。低压线路的供电半径不宜过大，应能满足末端电压质量的要求，市区一般为 250m，繁华地区为 150m。

合理的接线方式可以使低压配电系统灵活机动、运行经济、可靠性高、易于维护，且可以降低成本。低压配电系统常见的接线方式主要有放射式、树干式、链式和环网式四种。

5.2.1　放射式

从电源点用专用开关及专用线路直接送到用户或设备的受电端，沿线没有其他负荷分支的接线称为放射式接线，也称专用线供电。如图 5-8 所示是最简单的放射式接线。

放射式接线主要有单电源单回路放射式、双回路放射式接线。

1. 放射式接线的分类

（1）单电源单回路放射式

如图 5-8（*a*）所示。此接线方式适用于可靠性要求不高的二级、三级负荷。

（2）单电源双回路放射式

如图 5-8（*b*）所示。线路互为备用，其适用于给二级负荷供电。电源可靠时，可给一级负荷供电。

（3）双电源双回路放射式

如图 5-8（*c*）所示。两条放射式线路连接在不同电源的母线上，两条回路在最后一级配电处形成自动切换。此接线方式适用于可靠性要求高的一级负荷。

（4）具有低压联络线的放射式

如图 5-8（*d*）所示。该接线主要是为了提高单回路放射式接线的供电可靠性，从邻近的负荷点或用电设备取得另一路电源，用低压联络线引入。

该接线适用于二级、三级负荷。若低压联络线的电源取自另一路电源，则可供小容量的一级负荷。

2. 放射式接线的特点

（1）供电可靠性较高。各用户独立受电，故障范围一般仅限于本回路。各支线互不干扰，当某线路发生故障需要检修时，只切断该回路而不影响其他回路。同时回路中电动机启动引起的电压波动，对其他回路的影响也较小。

（2）配电设备集中，检修比较方便。

（3）系统灵活性较差。

（4）有色金属（线路）消耗量较多，需要的开关设备较多。

3. 放射式接线的适用范围

放射式接线主要适用于下面情况：

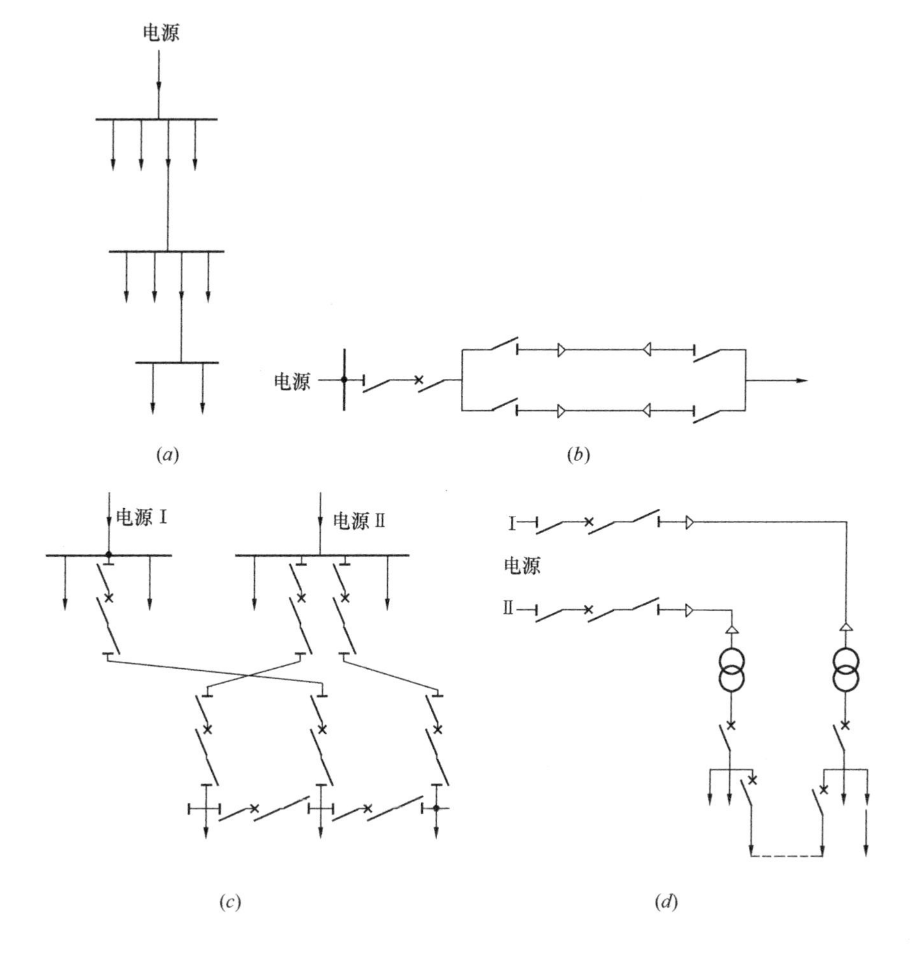

图 5-8 放射式

(a) 单电源单回路放射式；(b) 单电源双回路放射式；

(c) 双电源双回路放射式；(d) 具有低压联络线的放射式

(1) 单台设备容量较大、负荷集中或重要的用电设备。

(2) 需要集中控制的设备。

(3) 不宜将配电及控制保护设备放在有腐蚀性介质和爆炸危险等场所。

5.2.2 树干式

树干式接线指由电源母线上引出的每路出线，沿线要分别接到若干个负荷点或用电设备配电箱的接线方式。如图 5-9 所示。

1. 树干式接线的分类

(1) 直接树干式

由变电所引出的配电干线上直接接出分支线供电，如图 5-9 所示。

该接线一般适用于三级负荷。

(2) 单电源链串树干式

由变电所引出的配电干线分别引入每个负荷点，然后再引出走向另一个负荷点，干线的进出线两侧均装设开关，干线截面不变，如图 5-10 所示。

该接线一般适用于三级负荷。

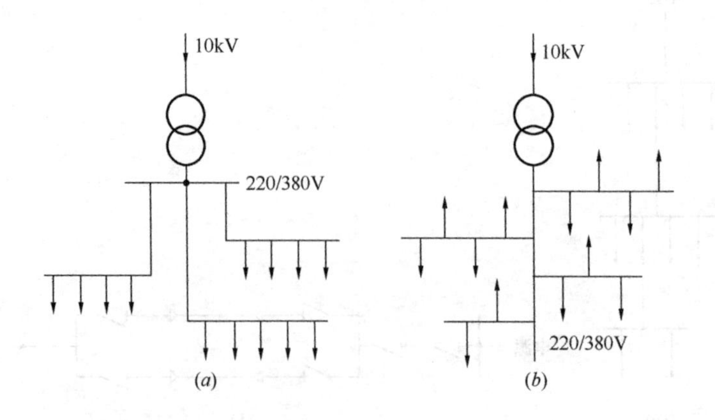

图 5-9　直接树干式

（a）低压母线放射式的树干式；（b）低压“变压器—干线组”的树干式

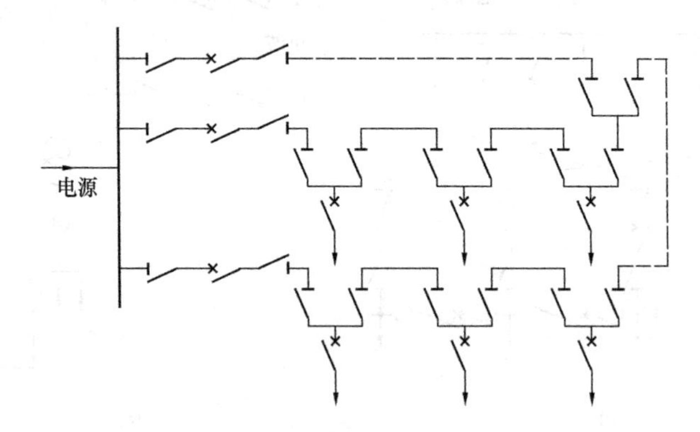

图 5-10　单电源链串树干式

（3）双电源双回路树干式

如图 5-11 所示。该接线适用于容量不大的一级、二级负荷。

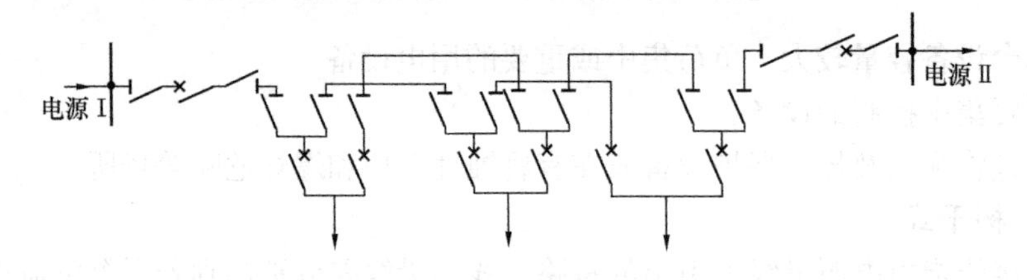

图 5-11　双电源双回路树干式

2. 树干式接线的特点

（1）优点：配电设备及有色金属消耗少、投资省、结构简单，施工方便，易于扩展，灵活性好。

（2）缺点：供电可靠性较差，一旦干线任一处发生故障，都有可能影响到整条线路，故障影响的范围较大。

3. 树干式接线的适用范围

树干式接线常用于明敷设回路，设备容量较小，对供电可靠性要求不高，用电设备布置比较均匀又无特殊要求的设备。

5.2.3 链式

链式也是指在一条供电干线上接出多条用电线路。与树干式不同的是其线路的分支点在用电设备上或分配电箱内，即后面设备的电源引自前面设备的端子，如图 5-12 所示。链式接线链接的设备一般不超过 5 台，总容量不超过 10kW。

1. 链式接线的特点

（1）优点：线路上没有分支点，采用的开关设备少，节省有色金属。

（2）缺点：线路或设备检修以及线路发生故障时，相连设备全部停电，供电的可靠性差。

2. 链式接线的适用范围

链式接线适用于供电距离较远，彼此相距较近的不重要的小容量用电设备。这种配电方式适用于暗敷设线路，供电可靠性要求不高的小容量设备，一般串联的设备不宜超过 5 台，总容量不宜超过 10kW。

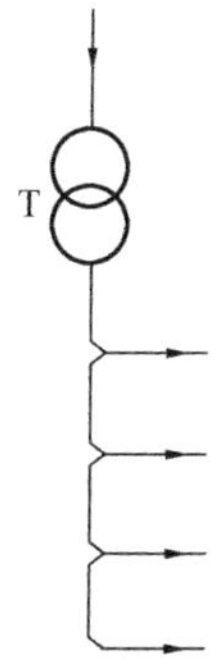

T

图 5-12　链式

5.2.4 环网式

由一个或一个以上来自不同电源（不同变电所或同一变电所的不同母段线）的高压（10kV）配电线路供电的一台或多台配电变压器作为电源，10kV 干线形成环网接线，如图 5-13（*a*）所示。低压环网式如图 5-13（*b*）所示。

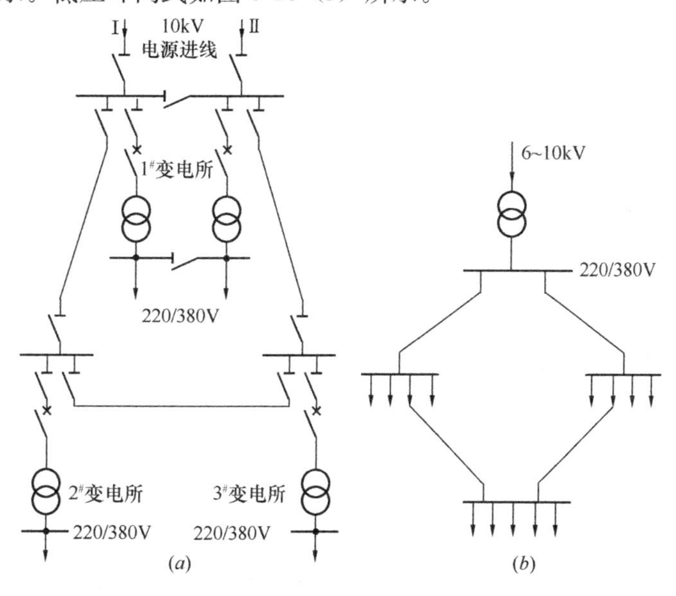

图 5-13　环网式

（*a*）高压；（*b*）低压

环网式接线的可靠性比较高，为了加强环网结构，即保证某一条线路故障时各用户仍有较好的电压水平，或保证存在更严重故障（某两条或多条线路停运）时的供电可靠性，一般可采用双线环式结构。双电源环形线路往往是开环运行的，即在环网的某一点将开关断开。此时环网演变为双电源供电的树干式线路。开环运行的目的主要是考虑继电保护装置动作的选择性，缩小电网故障时的停电范围。

开环点的选择原则是：开环点两侧的电压差最小；一般使两路干线负荷功率尽可能接近。

环网内线路导线通过的负荷电流应考虑一路故障情况下环内通过的最大负荷电流。因导线截面要求相同，故环网式线路的有色金属消耗量大，这是环网供电线路的缺点。当线路的任一线段发生故障时，切断（拉开）故障线段两侧的隔离开关，将故障线段切除后，即可恢复供电。开环点断路器可以使用自动或手动投入。

双电源环网式供电适用于一级、二级负荷供电；单电源环网式适用于允许停电半小时以内的二级负荷。

综上所述，这几种低压配电系统接线各有其优缺点。在实际应用中，应针对不同负荷采用不同的接线方式。工厂车间或建筑物内，当大部分用电设备容量不大，无特殊要求时，宜采用树干式接线方式配电；当用电设备容量大或负荷性质重要，或有潮湿、腐蚀性的车间、建筑内，宜采用放射式接线方式配电。对高层建筑，当向各楼层配电点供电时，宜用分区树干式接线方式配电；而对部分容量较大的集中负荷或重要负荷，应从低压配电室以放射式接线方式配电。对冲击性负荷和容量较大的电焊设备，应设单独线路或专用变压器进行供电。对一个工厂可分车间进行配电，对住宅小区可分块进行配电。对用电单位内部的邻近变电所之间应设置低压联络线。

5.3　建筑供配电系统实例

1. 配电室的平面图

图 5-14 是某配电室的电气平面图。

2. 高压主接线

图 5-15 是变电所的高压主接线图。

3. 低压系统图

图 5-16 是变电所的低压主接线图。

图 5-14 为某一建筑的变配电室的电气平面图，变配电室内高压配电室、变压器室、低压配电室共用一室，但进行区域划分。变配电室内有两台三相干式变压器，每台变压器容量为 1000kV·A。高压进线为两路 10kV，用 YJV22-10kV-3×240 电缆引入，到高压进线柜 1、12，进线柜为手车式，内装隔离开关；高压 2、11 号柜是互感器柜，内装电压互感器和避雷器；3、10 号柜是主进线柜，装有真空断路器；4、9 号柜是计量柜，内装电压互感器和电流互感器，作为高压计量用；5、8 号柜是高压出线柜，装有真空断路器、电流互感器和放电开关等，如图 5-15 所示。输出到变压器的高压电缆为 YJV22-10kV-3×240。高压 6、7 号柜是高压母线联络柜。高压柜左侧还有四面直流控制屏，其作用是：提供二次控制用的直流电源、变配电的继电保护及中央信号功能。

低压配电系统共有 20 个低压柜，1、20 号柜为低压总开关柜，采用抽屉式低压柜，变压器低压侧道用低压紧密式母线槽，容量为 1500A。低压供电为三相五线制（TN-S 系统）。低压进线柜装有空气断路器和电流互感器，用于分合电路、计量和继电保护，如图 5-16 所示。9、10、12 和 13 号低压柜为静电电容器柜，用于供电系统功率因数补偿。柜内装有空气断路器和交流接触器、电流互感器等。

低压输出配电柜有 13 台，采用抽屉式，用于照明、动力供电。11 号柜为联络柜，当 A 段系统或 B 段系统发生故障时，通过联络柜自动切换。

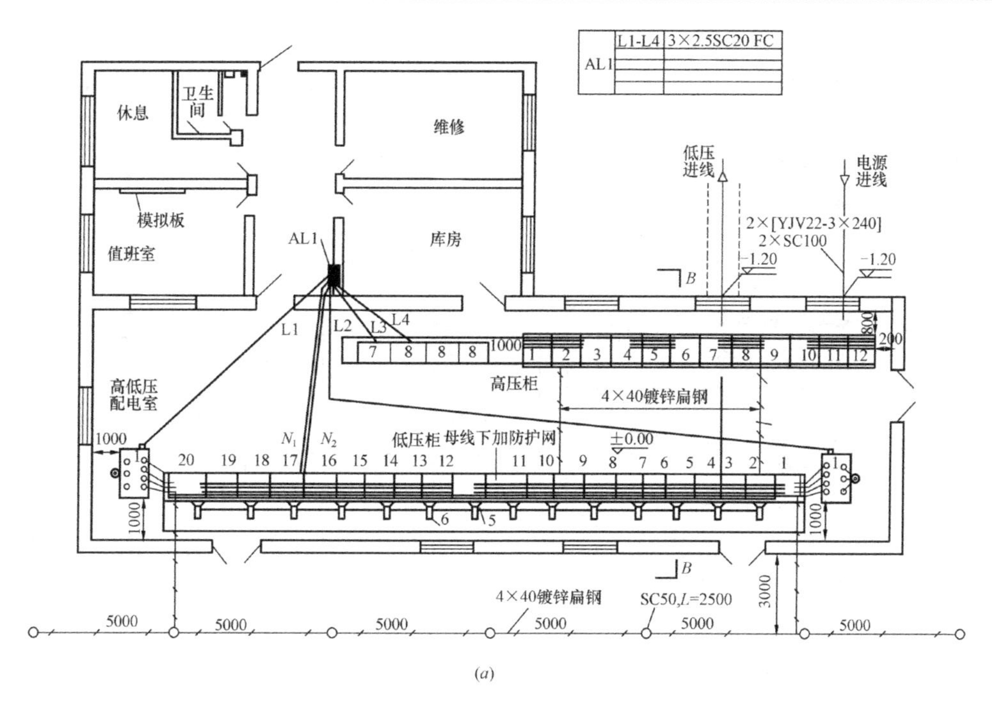

(a)

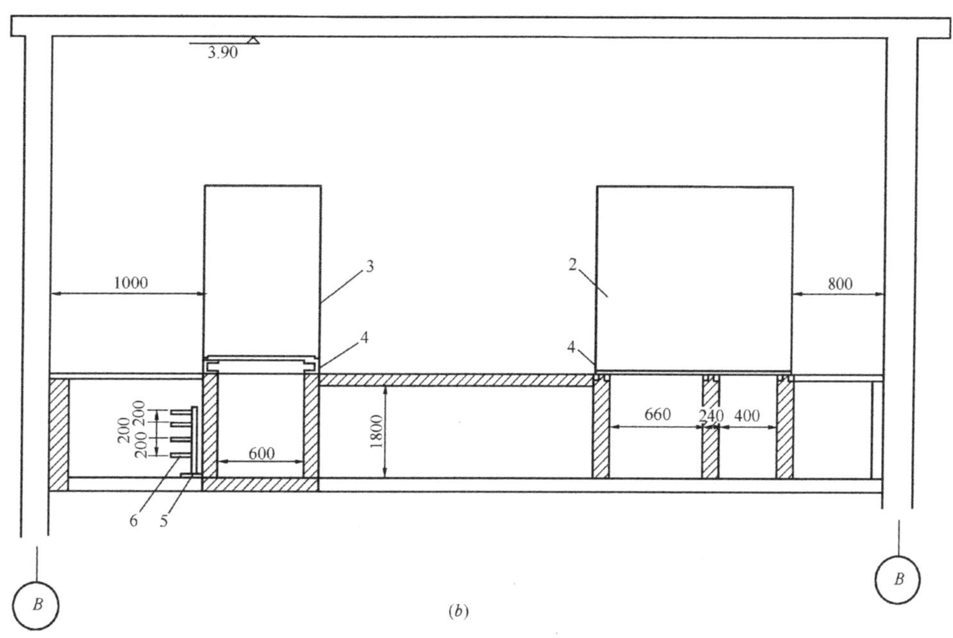

(b)

1	干式变压器	SC1-1000/10/0.4/Dyn11	如图（a）所示
2	高压柜	JYN—	
3	低压配电柜	GDB—	
4	槽钢	10号槽钢［100mm×48mm×5.3mm］	
5	立柱	GB-04a-1200	间距1.0m
6	托臂	KB-01a-300	

图5-14 配电室平面图（mm）

（a）平面图；（b）B-B剖面图

型号	1	2	3	4	5	6	7	8	9	10	11	12
柜型号（手车柜）	12改	19改	07	JL	02	07	12	02	JL	07	19改	12改
母线 TMY-3(80×8)												
一次线路方案 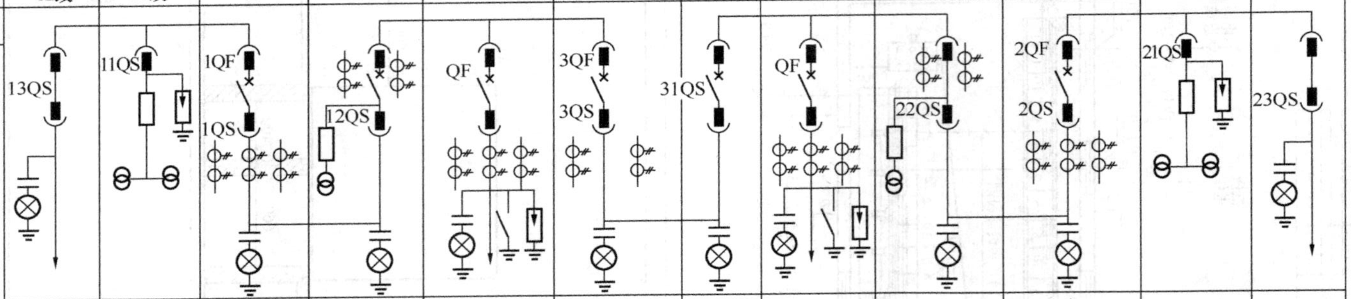	13QS	11QS	1QF 1QS	12QS	QF	3QF 3QS	31QS	QF	22QS	2QF 2QS	21QS	23QS
主要电气设备 真空断路器 ZN28-10/1250-31.5			1		1	1		1		1		
断路器电磁操作机构自带												
高压表熔断器 XRNP-12kV-1A		3		3					3		3	
避雷器 Y5W2-12.7/45		3			3			3			3	
电压互感器 JDZ-10		2		1					1		2	
电流互感器 LZZJB9-10			3×(150/5)	2×(150/5)	3×(75/5)	2×(75/5)		3×(75/5)	2×(150/5)	3×(150/5)		
电流表 64L2-A			3	3	3	3		3	3	3		
电压表 64L2-V		1		1					1		1	
电压表接相开关 LW2-5.5/F4-X		1		1					1		1	
接地开关 JN1-101					1			1				
带电显示器 CSNJ-10/T	1		1	1	1	1	1	1	1	1		1
操作机构 CD17			1		1	1		1		1		
电缆信号规格												
二次线路图号												
配电柜用盒	进线隔离	互感器	主进线	计量	变压器	母线分断	分断隔离	变压器	计量	主进线	互感器	进线隔离
备注												

图 5-15　高压系统图

柜编号	1	2				3				4				5				6				7		8						9	10
柜型号 GBD-1	03B	40				40				40				40				40				42		41						90	91
母线 TNY-3×[120×10]	1000kVA Ⓥ Ⓐ Ⓐ Ⓐ	Ⓐ Ⓐ Ⓐ Ⓐ				Ⓐ Ⓐ Ⓐ Ⓐ				Ⓐ Ⓐ Ⓐ Ⓐ				Ⓐ Ⓐ Ⓐ Ⓐ				Ⓐ Ⓐ Ⓐ Ⓐ				Ⓐ Ⓐ Ⓐ Ⓐ Ⓐ		Ⓐ Ⓐ Ⓐ						Ⓐ Ⓐ Ⓐ kVar*h	Ⓐ Ⓐ Ⓐ
一次线路方案	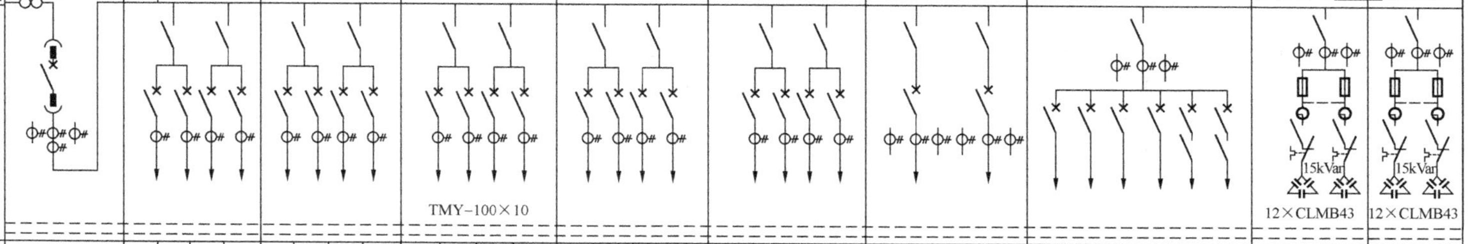									TMY-100×10																				15kVar 12×CLMB43	15kVar 12×CLMB43
分路编号 N		1	2	3	4	5	6	7	8	9	10	11	12	13	14	15	16	17	18	19	20	21	22	23	24	25	26	27	28		
柜宽/mm	1000	800				800				800				800				800				800		800						1000	1000
刀开关 QA-1000				2			2					2			2							1									
刀开关 QA-630																				2			1								
刀开关 QA-400																										1				1	1
刀开关 QA-200																															
低压断路器 M20	1600A																														
低压断路器 ME1000		630A	500A	630A	500A																	800A									
低压断路器 GM-630							500A		500A														500A								
低压断路器 GM-400						400A		400A		400A	300A	400A	300A	400A			400A	300A	300A												
低压断路器 GM-225															180A	180A				180A	180A										
低压断路器 GM-100																								100A	100A						
交流接触器 CJ40																															
电流互感器LMZJ，JMZ-0.5	2000/5	600/5	500/5	600/5	500/5	400/5	500/5	400/5	500/5	400/5	300/5	400/5	300/5	400/5	200/5	200/5	400/5	300/5	300/5	200/5	200/5	800/5	500/5	300/5						400/5	400/5
电流表 62-A	3	1	1	1	1	1	1	1	1	1	1	1	1	1	1	1	1	1	1	1	1	3	3	3						3	3
电压表 62-V，0~450V	1																														
信号灯 AD11-30/220V																								1	1	1	1	1	1		
设备容量 P_s/kW	2036																														
计算容量 P_{js}	820kW																													180kvar	180kvar
缆线型号规格																															
用电处所	进线																													电容器	电容器

图 5-16 低压系统图（一）

柜编号	11	12	13	14	15	16	17	18	19	20
柜型号 GBD-1	03	91	90	40	42	40	40	42	41	04
母线 TMY-3[120×10]	ⓋⒶⒶⒶ	ⒶⒶⒶ	⊘ⒶⒶⒶ	ⒶⒶⒶⒶ	ⒶⒶⒶⒶⒶⒶ	ⒶⒶⒶⒶ	ⒶⒶⒶⒶ	ⒶⒶⒶⒶⒶⒶ	ⒶⒶⒶ kVar•h	ⓋⒶⒶⒶ 1000kVA
一次线路方案		15kVar 12×CLMB43	15kVar 12×CLMB43		TMY-100×10			TMY-3(80×8)	3(1000/5)	
分路编号N				29 30 31 32	33 34	35 36 37 38	39 40 41 42	43 44 45 46	47 48 49 50 51 52	
柜室/mm	1000	1000	1000	800	800	800	800	600	800	1000
刀开关 QA-100				2	2	2	2	2		
刀开关 QA-630										
刀开关 QA-400		1	1						1	
刀开关 QA-200										
低压断路器 M20	1600A									1600A
低压断路器 ME1000					1000A 800A			800A 800A		
低压断路器 GM-630				630A 500A 630A 500A			500A 500A			
低压断路器 GM-400						400A 400A 300A 300A	300A 300A			
低压断路器 GM-225									200A 200A 140A	
低压断路器 GM-1030									80A 80A 50A	
交流接触器 CJ40										
电流互感器 $LMXJ_1$,LMZ_1-0.5	2000/5	400/5	400/5	600/5 500/5 600/5 500/5	1000/5 800/5	400/5 400/5 300/5 300/5	300/5 500/5 300/5 500/5	800/5 800/5	300/5	2000/5
电流表 62-A	3	3	3	1 1 1	1 3	3 3 1 1	1 1 1 1	3 3	3	3
电压表 62-V,0-450V	1									1
信号灯 AD11-30/220V	2								1 1 1 1 1 1	2
设备容量 P_e/kW										2100
计算容量 P_{js}		180kVar	180kVar							830
缆线型号规格										OK/S
用电处所	母联	电容器								进线

图 5-16　低压系统图（二）

本章小结

1. 变电所的主接线是指由各种开关电器、电力变压器、断路器、隔离开关、避雷器、互感器、母线、电力电缆、移相电容器等电气设备依一定次序相连接的具有接受和分配电能的电路。

2. 高压供配电系统主接线的基本要求是：可靠性、稳定性、灵活性、方便性、经济性、扩展性。

3. 建筑高压供配电系统典型的主接线方式为：线路一变压器组接线、单母线接线、桥式接线、双接线。

4. 建筑低压配电系统典型的接线方式为：放射式、树干式、链式、环网式。

5. 建筑供配电系统实例中给出了变电所的图纸：配电室的电气平面图、变电所的高压主接线图、变电所的低压主接线图。

习题与思考题

1. 何谓高压供配电系统的主接线？
2. 对高压供配电系统的主接线有哪些基本要求？
3. 高压供配电系统的主接线有哪些基本形式？
4. 线路一变压器组接线有什么优缺点？这种接线适用于哪些场合？
5. 单母线分段、单母线不分段与带旁路母线的单母线接线，这三种接线方式各有何优缺点？
6. 内桥和外桥接线各适用于什么样的变电所？
7. 建筑低压配电系统有哪几种典型的接线方式？
8. 试比较放射式与树干式供电的优缺点？并说明其适用范围。

第6章 建筑物防雷、接地与安全用电

【本章重点】 了解雷电形成过程、特点及危害性；熟悉建筑物防雷分类；掌握防雷装置的组成；熟悉主要的防雷措施；理解接地概念和接地装置的组成；掌握如何确定接地保护措施；熟悉等电位联结技术；了解安全用电的相关知识。

6.1 建筑物防雷

6.1.1 雷电基本知识

1. 雷电的形成

雷电的形成过程可以分为气流上升、电荷分离和放电三个阶段。在雷雨季节，地面上的水分受热变成蒸汽上升，与冷空气相遇之后凝成水滴，形成积云。云中水滴受强气流摩擦产生电荷，小水滴容易被气流带走，形成带负电的云；较大水滴形成带正电的云。由于静电感应，大地表面与云层之间、云层与云层之间会感应出异性电荷，当电场强度达到一定的值时，即发生雷云与大地或雷云与雷云之间的放电。

据测试，对地放电的雷云大多为带负电荷。随着负雷云中负电荷的积累，其电场强度逐渐增加，当达到25～30kV/cm时，使附近的空气绝缘破坏，便产生雷云放电。

2. 雷电的特点

(1) 雷电流的特点

雷电流是一种冲击波，雷电流幅值 I_m 的变化范围很大，一般为数十至数千安培。电流幅值一般在第一次闪击时出现，也称主放电。雷电流一般在1～4μs内增长到幅值 I_m，雷电流在幅值以前的一段波形称为波头；从幅值起到雷电流衰减至 $I_m/2$ 的一段波形称为波尾。雷电流是一个幅值很大，陡度很高的电流，具有很强的冲击性，其破坏性极大。

(2) 雷击的选择性

建筑物的性质及建筑物所处的位置等都对落雷有很大影响，特别是下列部位：

1) 平屋顶或坡度不大于1/10的屋面——檐角、女儿墙、屋檐，如图6-1 (*a*)、(*b*) 所示。

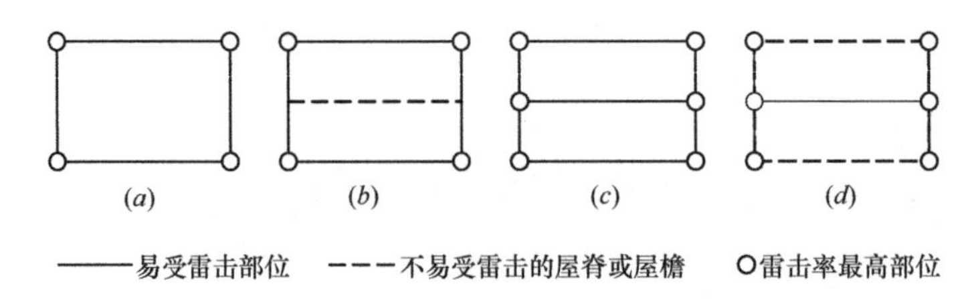

图6-1 建筑物易受雷击的部位

2）坡度大于 1/10 且小于 1/2 的屋面——屋角、屋脊、檐角、屋檐，如图 6-1（*c*）所示。

3）坡度不小于 1/2 的屋面——屋角、屋脊、檐角。见图 6-1（*d*）。

对图 6-1 中（*c*）和（*d*），在屋脊有避雷带的情况下，当屋檐处于屋脊避雷带的保护范围内时，屋檐上可不设避雷带。

3. 雷电的危害

雷电形成伴随着巨大的电流和极高的电压，在它的放电过程中会产生极大的破坏力，雷电的危害主要有以下几方面。

（1）雷电的热效应

雷电产生强大的热能使金属熔化，烧断输电导线，摧毁用电设备，甚至引起火灾和爆炸。

（2）雷电的机械效应

雷电产生强大的电动力可以击毁电杆，破坏建筑物，人畜亦不能幸免。

（3）雷电的闪络放电

雷电产生的高电压会引起绝缘子烧坏、断路器跳闸，导致供电线路停电。

6.1.2 建筑物的防雷分类

根据建筑物的重要性、使用性质以及发生雷电事故的可能性和后果，按照防雷要求将其分为三类。

1. 第一类防雷建筑物

下列建筑物属于第一类防雷建筑：

（1）凡制造、使用或贮存火炸药及其制品的危险建筑物，因电火花而引起爆炸、爆轰，会造成巨大破坏和人身伤亡者。

（2）具有 0 区或 20 区爆炸危险场所的建筑物。

（3）具有 1 区或 21 区爆炸危险场所的建筑物，因电火花而引起爆炸，会造成巨大破坏和人身伤亡者。

2. 第二类防雷建筑物

下列建筑物属于第二类防雷建筑：

（1）国家级重点文物保护的建筑物。

（2）国家级的会堂、办公建筑物、大型展览和博览建筑物、大型火车站和飞机场、国宾馆、国家档案馆、大型城市的重要给水泵房等特别重要的建筑物。

注：飞机场不含停放飞机的露天场所和跑道。

（3）国家级计算中心、国际通信枢纽等对国民经济有重要意义的建筑物。

（4）国家特级和甲级大型体育馆。

（5）制造、使用或贮存火炸药及其制品的危险建筑物，且电火花不易引起爆炸或不致造成巨大破坏和人身伤亡者。

（6）具有 1 区或 21 区爆炸场所的建筑物，且电火花不易引起爆炸或不致造成巨大破坏和人身伤亡者。

（7）具有 2 区或 22 区爆炸危险场所的建筑物。

（8）有爆炸危险的露天钢质封闭气罐。

(9) 预计雷击次数大于0.05次/a的部、省级办公建筑物和其他重要或人员密集的公共建筑物以及火灾危险场所。

(10) 预计雷击次数大于0.25次/a的住宅、办公楼等一般性民用建筑物或一般性工业建筑物。

3. 第三类防雷建筑物

下列建筑物属于第三类防雷建筑：

(1) 省级重点文物保护的建筑物及省级档案馆。

(2) 预计雷击次数大于或等于0.01次/a，且小于或等于0.05次/a的部、省级办公建筑物和其他重要或人员密集的公共建筑物，以及火灾危险场所。

(3) 预计雷击次数大于或等于0.05次/a，且小于或等于0.25次/a的住宅、办公楼等一般性民用建筑物或一般性工业建筑物。

(4) 在平均雷暴日大于15d/a的地区，高度在15m及以上的烟囱、水塔等孤立的高耸建筑物；在平均雷暴日小于或等于15d/a的地区，高度在20m及以上的烟囱、水塔等孤立的高耸建筑物。

6.1.3 防雷装置

建筑物的防雷保护措施主要是装设防雷装置。所谓防雷装置是指接闪器、引下线、接地装置、过电压保护器及其他连接导体的总和。接闪器是指直接接受雷击的避雷针、避雷线、避雷带、避雷网，以及用作接闪的金属屋面和金属构件等。引下线是指用来连接接闪器与接地装置的金属导体。接地体是指埋入土壤中或混凝土基础中做散流用的导体。接地线是指从引下线断接卡或换线处至接地体的连接导体，接地体和接地线的总合称为接地装置。

1. 接闪器

接闪器的规格及选用如表6-1所示。

接闪器的规格 **表6-1**

种类	安装部位	材料规格	备注
避雷针	屋面	针长1m以下：圆钢直径12mm 钢管直径20mm 针长1～2m以下：圆钢直径16mm 钢管直径25mm	避雷针的保护角：平原地区为45°，山区为37°
	烟囱、水塔	圆钢直径20mm；钢管直径40mm	
避雷带、避雷网	屋面	圆钢直径8mm；扁钢截面积48mm²，厚度4mm	
避雷环	烟囱、水塔顶部	圆钢直径12mm；扁钢截面积100mm²，厚度4mm	
避雷线	架空线路的杆、塔	镀锌钢绞线截面积不小于35mm²	跨度过大时，应验算机械强度

(1) 避雷针

避雷针一般采用镀锌圆钢或焊接钢管制成，通常安装在电杆或者构架、建筑物上，其下端要经引下线与接地装置连接。避雷针实质上具有引雷作用，它能对雷电场产生一个附加电场，使雷电场畸变，从而将雷云放电的通道由原来的被保护物体吸引到避雷器本身，然后经与避雷针相连的引下线和接地装置将雷电流泄放至大地而避免了被保护物遭受雷击。所以，避雷针实质是引雷针，它把雷电流引入地下，从而保护了线路、设备及建筑物。

在避雷针下方，有一个安全区域，处在这个安全区域内的被保护物遭受直接雷击的概率非常小。该区域就称为避雷针的保护范围。避雷针的保护范围以往常用“折线法”计算，目前根据《建筑物防雷设计规范》GB 50057—2010 采用“滚球法”来计算。

滚球法确定防护范围的步骤：选择一个半径为 h_r（滚球半径）的球体，沿需在防护直击雷的部分滚动。当球体触及接闪器或者同时触及接闪器和地面，而不能触及接闪器下方部位时，则该部位就在这个接闪器的保护范围之内。滚球半径 h_r 是按不同建筑物的防雷类别确定的，见表 6-2。

不同类别防雷建筑物防雷的避雷网网格尺寸及其滚球半径　　表 6-2

建筑物防雷类别	滚球半径 h_r（m）	避雷网网格尺寸（m）
第一类防雷建筑	30	≤5×5 或≤6×4
第二类防雷建筑	45	≤10×10 或≤12×8
第三类防雷建筑	60	≤20×20 或≤24×16

避雷针保护的范围见图 6-2，具体计算步骤如下：

1）当避雷针高度≤滚球半径 h_r。

① 距地面 h_r 处作一平行于地面的平行线。

② 以避雷针针尖为圆心，以 h_r 为半径，作弧线交平行线于 A、B 两点。

③ 以 A 或 B 为圆心，h_r 为半径作弧线，该两条弧线上与避雷针尖相交，下与地面相切，再将此弧线以避雷针为轴旋转 180°，形成的圆弧曲面体空间就是避雷针保护范围。

④ 避雷针在 h_r 高度 xx' 平面上的保护半径 r_x 按下列计算式确定：（单位为 m）

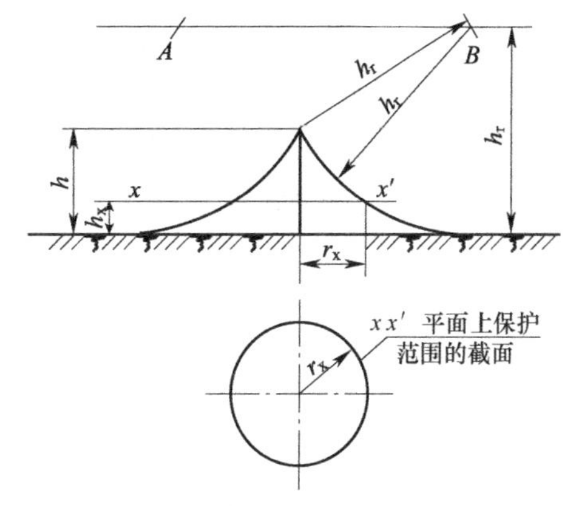

图 6-2　单根避雷针的防护范围

$$r_x = \sqrt{h(2h_r - h)} - \sqrt{h_x(2h_r - h_x)} \tag{6-1}$$

式中　r_x——避雷针在某平面上的保护半径，单位 m；

h_r——滚球半径，单位 m；

h_x——被保护物的高度，单位 m；

h——避雷针的高度，单位 m。

2）当避雷针高度 h>滚球半径 h_r 时，取 $h=h_r$，再按第 1）条方法计算。

（2）避雷线

避雷线的原理及作用与避雷针基本相同，它主要用于保护架空线路，因此又称为架空地线。避雷线的材料为 35mm² 的镀锌钢线，分单根和双根两种，双根的保护范围大一些。避雷线一般架设在架空线路导线的上方，用引下线与接地装置连接，以保护架空线路免受直接雷击。单根避雷线的保护范围按下列方法确定，如图 6-3 所示。

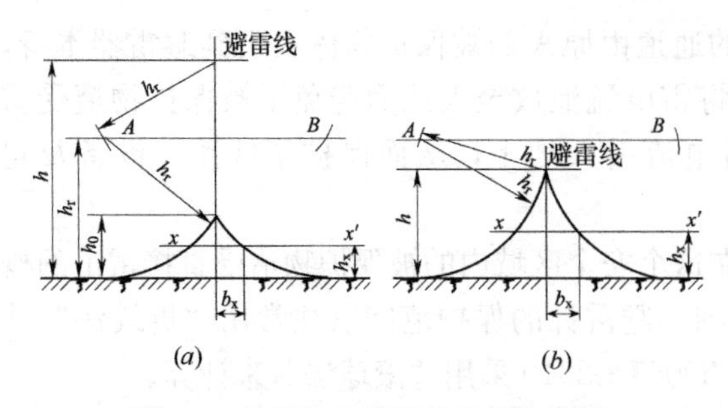

图6-3 单根架空避雷线的保护范围

(a) 当 h 小于 $2h$，但大于 h_r 时；(b) 当 h 小于或等于 h_r 时

1）距地面 h_r 处作一平行于地面的平行线。

2）以避雷线为圆心、h_r 为半径，作弧线交于平行线的 A、B 两点。

3）以 A、B 为圆心，h_r 为半径作弧线，该两弧线相交或相切并与地面相切。从该弧线起到地面止就是保护范围。

4）当避雷线的高度满足 $h_r<h<2h_r$ 时，保护范围最高点的高度 h_0 为

$$h_0 = 2h_r - h \tag{6-2}$$

式中 h_r——滚球半径，单位m。

5）避雷线在 h_x 高度 xx' 平面上的保护宽度为：

$$b_x = \sqrt{h(2h_r - h)} - \sqrt{h_x(2h_r - h_x)} \tag{6-3}$$

式中 h——避雷线高度，单位m；

h_x——被保护物的高度，单位m。

6）当避雷线的高度 $h \geqslant 2h_r$ 时，无保护范围。

（3）避雷网和避雷带

避雷网和避雷带普遍用来保护高层建筑物免遭直击雷和感应雷的侵害。避雷带采用直径不小于8mm的圆钢或截面不小于48mm²、厚度不小于4mm的扁钢，沿屋顶周围装设，高出屋面100～150mm，支持卡间距离1～1.5m。避雷网则除了沿屋顶周围装设外，屋顶上面还用圆钢或扁钢纵横连接成网状。避雷带、避雷网必须经引下线与接地装置可靠连接。

2. 引下线

防雷引下线是将接闪器接到的雷电可靠地引到接地体泄放的电气通道。一般可用圆钢或扁钢制成。

（1）引下线的要求

1）引下线应沿建筑物的外墙敷设，并经最短路径接地。建筑艺术要求较高时可进行暗敷，但截面应加大一级。

2）建筑物的金属构件、金属烟囱、烟囱的金属爬梯等可以作为引下线，但其所有部件之间均应连成电气通路。

3）利用建筑物钢筋混凝土中的钢筋作为防雷引下线时，其上部应与接闪器焊接，下部在室外地坪下0.8～1m处焊接一根直径12mm或40mm×4mm的镀锌导体，此导体伸向室外，距外墙皮的距离不宜小于1m。

4）当建筑物钢筋混凝土内的钢筋具有贯通性连接（绑扎或焊接）并满足3）的要求时，竖向钢筋可作为引下线，横向钢筋可作为均压环。

（2）引下线的规格与选用

引下线的规格与选用，见表6-3。

3. 接地装置

（1）优先利用建筑物钢筋混凝土内的钢筋和基础内的钢筋。有地梁时，应将地梁连成

环形接地装置；无地梁时，可在建筑物周边内无钢筋的闭合条形混凝土基础内用 40mm×4mm 镀锌扁钢直接敷设在槽坑外沿，形成环状接地。

(2) 人工垂直接地体宜采用角钢、钢管或圆钢；人工水平接地体宜采用扁钢或圆钢。角钢厚度不应小于 4mm；钢管壁厚不应小于 3.5mm；圆钢直径不应小于 10mm；扁钢截面不应小于 $100mm^2$，其厚度不应小于 4mm。

(3) 接地线应与水平接地体的截面相同。

引下线的规格与选用　　表 6-3

种类	安装部位	材料规格	备　注
人工引下线	外墙（经最短路径接地）	圆钢直径不小于 8mm； 扁钢截面积不小于 $48mm^2$，厚度不小于 4mm	1. 多根引下线时，为便于测量接地电阻，在各引下线上距地面 1.8m 以下设置断接卡。
建筑物的金属构件、金属烟囱、金属爬梯	烟囱、水塔等	圆钢直径不小于 12mm； 扁钢截面积不小于 $100mm^2$，厚度不小于 4mm	2. 在易受机械损伤的地方，地面上 1.7m 和地面下 0.3m 的一段引下线上用钢管或塑料管加以保护

(4) 人工垂直接地体的长度宜为 2.5m，为了减少相邻接地体的屏蔽效应，垂直接地体间及水平接地体间的距离一般为 5m。受地方限制时可适当减小。

(5) 人工接地体的埋设深度不宜小于 0.6m。接地体应远离由于砖窑、烟道等高温影响使土壤电阻率升高的地方。

(6) 为降低跨步电压，防直击雷的人工接地体距建筑物出入口或人行道不应小于 3m。当小于 3m 时应采取下列措施之一：

1) 水平接地体局部埋深不应小于 1m。

2) 水平接地体局部应包绝缘物，可采用 50～80mm 厚的沥青层。

3) 采用沥青碎石地面或在接地体上面敷设 50～80mm 厚的沥青层，其宽度应超过接地体 2m。

6.1.4 防雷措施

1. 架空线路的防雷保护

(1) 架设避雷线。运行经验表明，这是防雷的有效措施。但是它造价高，所以只在 63kV 以上的架空线路上才沿全线装设，35kV 的架空线路上只在进出变电所的一段线路上装设，而 10kV 及以下线路上一般不装避雷线。

(2) 提高线路本身的绝缘水平。在架空线路上，可采用木横担、瓷横担，或采用高一级的绝缘子，以提高线路的防雷水平，这是 10kV 及以下架空线路防雷的基本措施。

(3) 利用三角形排列的顶线兼作保护线。由于 3～10kV 线路通常是中性点不接地的系统，因此可在三角形排列的顶线绝缘子上装以保护间隙。在雷击时顶线承受雷击，击穿保护间隙，对地泄放雷电流，从而保护了下面两根导线，也不会引起线路断路器跳闸。

(4) 装设自动重合闸装置。线路上因雷击放电而产生的短路是由电弧引起的。断路器跳闸后，电弧即自动熄灭。如果采用一次自动 ARD 装置，使开关经 0.5s 或更长一点时间自动重合闸，电弧通常不会复燃，从而能恢复供电，对一般用户不会有什么影响。

(5) 个别绝缘薄弱点装设避雷器。对架空线路上个别绝缘薄弱点，如跨越杆、转角杆、分支杆、带拉线杆、木杆线路中个别金属杆或个别横担电杆等处，可装设排气式避雷器或保护间隙。

2. 变电所（配电所）防雷保护

工厂变配电所的防雷保护主要有两个重要方面，一是要防止变配电所建筑物和户外配电装置遭受直击雷；二是防止过电压雷电波沿进线侵入变电所，危及变配电所电气设备的安全。变电所的防雷保护常采用以下措施。

（1）防直击雷

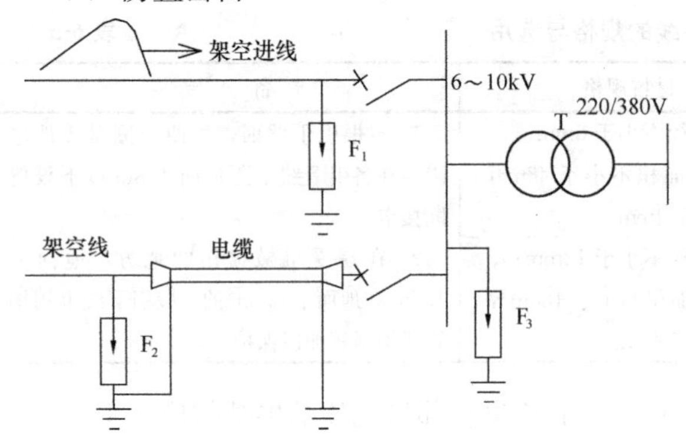

图6-4　6～10kV防雷电波侵入接线示意图

一般采用装设避雷针（线）来防直击雷。如果变配电所位于附近的高大建筑（构）上的避雷针保护范围内，或者变配电所本身是在室内的，则不必考虑直击雷的防护。

（2）雷电波的侵入

对35kV进线，一般采用在沿进线500～600m的这一段距离安装避雷线并可靠接地，同时在进线上安装避雷器，即可满足要求。对6～10kV进线可以不装避雷线，只要在线路上装设FZ型或FS型阀型避雷器即可，如图6-4所示。

图6-5中接在母线上的避雷器主要是保护变压器不受雷电波危害，在安装时应尽量靠近变压器，其接地线应与变压器低压侧接地的中性点及金属外壳在一起接地。当变压器低压侧中性点不接地时，为防止雷电波沿低压线侵入，还应在低压侧的中性点装设阀式避雷器或保护间隙。

（3）高压电机的防雷保护

高压电机的绕组由于制造条件的限制，其绝缘水平比变压器低，它不能像变压器线圈那样可以浸在油里，而只能靠固体介质来绝缘。电机绕组长期在空气中运行，容易受潮、受粉尘污染、受酸碱气体的侵蚀。另外，长时间的发热，绕组中的固体介质容易老化，所以电动机的绝缘只能达到$1.5\times\sqrt{2U_N}$。

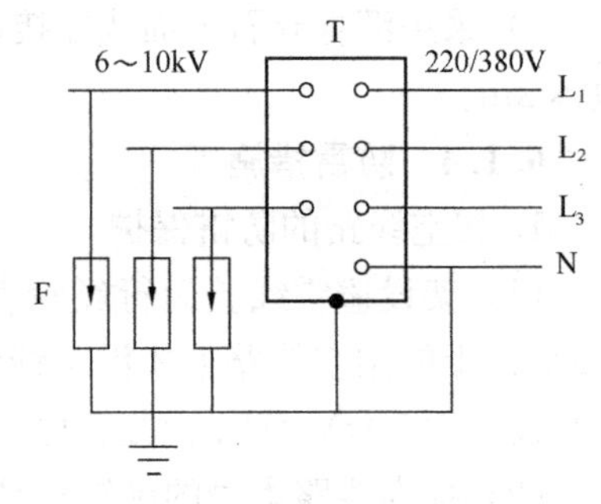

图6-5　变压器防雷保护

对高压电机一般采用如下的防雷措施：对定子绕组中性点能引出的大功率高压电机，在中性点加装相电压磁吹阀式避雷器（FCD型）或金属氧化物避雷器；对中性点不能引出的电动机，目前普遍采用FCD吹阀式避雷器与电容C并联的方法来保护。如图6-6所示，该电容器的容量可选1. 5～2μF，电容器的耐压值可按被保护电动机的额定电压选用，电容器接成星形，并将其中性点直接接地。

3. 高层建筑的防雷保护

（1）大型建筑的防雷接地系统应由内部防雷接地装置和外部防雷接地装置组成。内部防雷接地装置包括：笼式避雷网、专用接地装置。外部防雷装置包括：接地网（自然接地体）、引下线、避雷带、均压环。

(2) 利用基础底板水平钢筋搭接成接地网，与槽边四周的钢筋连接形成闭合环路，组成自然接地体。这样做具有经济、实用、可降低接地电阻、均衡电位的特点，在防雷接地系统的设计、施工中应充分利用自然接地体，尽量不设置人工接地极。

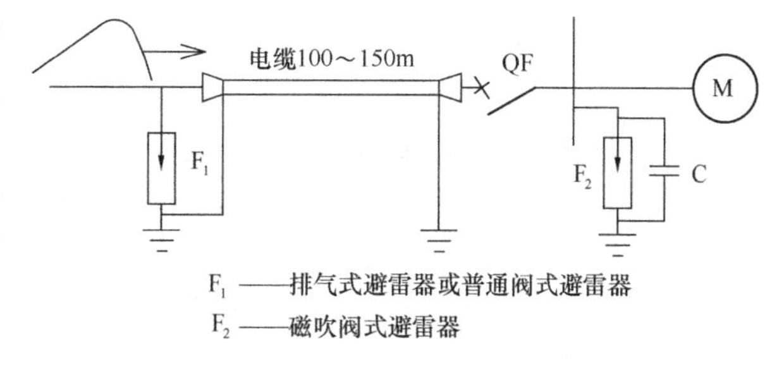

图 6-6 高压电机防雷保护的接线示意图

(3) 高层建筑的接地电阻阻值符合设计要求时，可不设置断接卡子。因为引下线暗敷在现浇混凝土内不易氧化，可延长引下线的使用寿命。尤其是公共设施（如大厦、饭馆等）外装修较为豪华，不设置断接卡子可减去对外装修面的影响，提高外装修的质量。

(4) 除烟囱、水塔等特殊用途的建筑物外，尽量不设置避雷针，减少产生电位差的内部因素。可将屋面上的各种金属管道与避雷带连接，构成建筑物的等电位体。

(5) 随着计算机、通信、控制技术的发展，对防雷接地系统提出了更高的要求，保证建筑物内的各种设备的正常工作。因为这些微电子设备具有精确度高、灵敏度强的特点，同时易受因雷电流所造成的电磁干扰。因此对机房的设计、施工应采取笼式避雷网，对外界的电磁干扰可起到屏蔽作用。在结构设计时应保证机房的顶板、底板、墙体内钢筋网格大小一致。同时在机房内设置专用接地母排，各种设备的金属外壳接地。

6.2 接 地

6.2.1 接地分类

1. 保护性接地

(1) 防雷接地将雷击瞬间大电流导入大地泄放，防止雷电对人及物体造成伤害。

(2) 保护接地短路、绝缘的作用是损坏、漏电流过大将使正常的不带电的电气设备外露可导电部分异常带电。将此异常电压、泄漏电流接地，防止电击人身，亦称防电击接地。

(3) 防静电接地的作用是将绝缘的带电体可能积累的静电荷泄放，以防静电高电位击穿空气产生电火花致灾的接地。

(4) 防电蚀接地埋设相应电极电位器金属体，替代被保护物承受电化学腐蚀，以保证埋地管线、设施不受电蚀。

2. 功能接地

(1) 工作接地是保证电力系统正常工作、运行的接地。

(2) 屏蔽接地是将本设备屏蔽罩壳接地，形成与大地等电位，抑制本设备对外产生或防止外来设备对本设备的电磁感应干扰的接地。

(3) 逻辑接地为确保基准参考电位的稳定，将电子设备的某部分（多为底板）接地，通常把它及模拟设备的接地称“直流地”。

(4) 信号接地即为保证信号具有稳定的基准公共电位的接地。

6.2.2 接地保护

1. 接触电压与跨步电压

电气设备发生接地故障时，人站在地面上，手触及设备带电外壳的某一点，此时手与脚所站的地面上的那一点之间所呈现的电位差称为接触电压 U_{tou}。由接触电压引起的触电称为接触电压触电。人在接地故障点周围行走，两脚之间的电位差，称之为跨步电压 U_{step}，由跨步电压引起的触电称为跨步电压触电。上述两种电压示意图，如图 6-7 所示。

2. 重复接地

在中性点直接接地的 TN 系统中，为确保公共 PE 线或 PEN 线安全可靠，除在中性点进行工作接地外，还必须在 PE 线和 PEN 线的一些地方进行多次接地，这就是所谓重复接地。

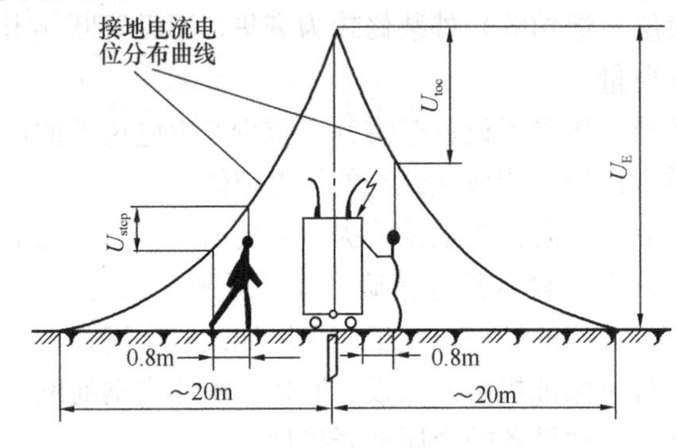

图 6-7 接触电压与跨步电压示意图

当未进行重复接地时，在 PE 线或 PEN 线发生断线并有一相与电气设备外壳相碰时，接在断线后面的所有电气设备外壳上，都存在着近乎相电压的对地电压，如图 6-8（*a*）所示，这是很危险的。如果实施了重复接地，如图 6-8（*b*）所示，断线后面的 PE 线对地电压 $U_E=I_ER_E$。

在发生触电事故时，除直接接触带电体触电外，还有接触电压触电与跨步电压触电两种形式。

若电源中性点接地电阻 R_E 与重复接地电阻 R'_E 相等，则断线后的 PE 线（PEN 线）对地电压为 $U'_E=R_EU_\Phi/(R_E+R'_E)=U_\Phi/2$，危险性大大下降。但是 $U_\Phi/2$ 的电压，对人体而言仍然是不安全的，而且在大多数情况下，R'_E 均大于 R_E，也就是说，人体接触电压高于 $U_\Phi/2$。因此，在施工安装和运行过程中，应尽量避免 PE 线或 PEN 线的断线故障。

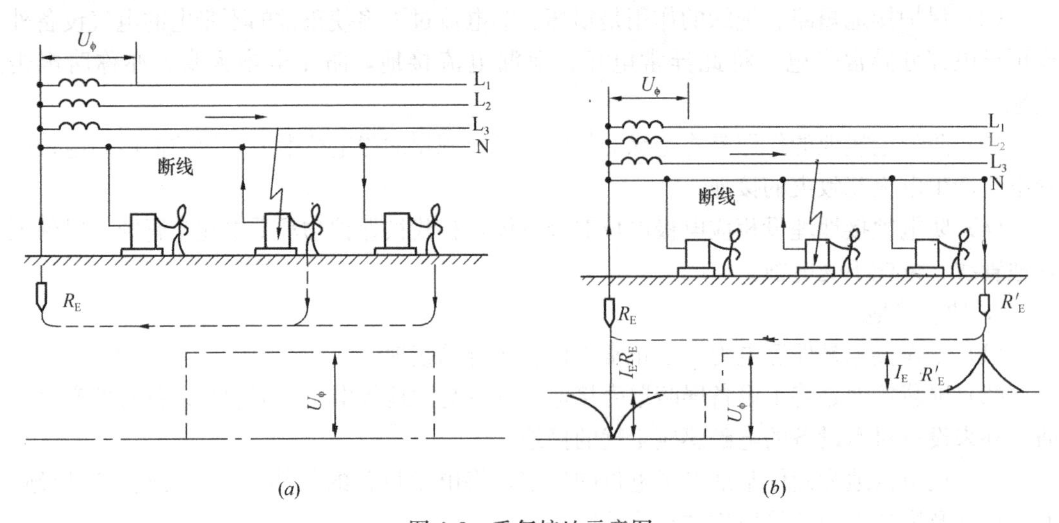

图 6-8 重复接地示意图

（*a*）未重复接地；（*b*）已重复接地

另一个问题同样要注意，即在同一个保护系统中，不允许一部分电气设备采用 TN 制，而将另一部分设备采用 TT 制。假如在 TN 系统中，有个别位置遥远的电动机为了节省 PEN 线而采用直接接地的措施（相当于采用 TT 制），如图 6-9 所示，当采用直接接地的电动机一旦发生绝缘损坏而漏电时（过电流保护装置未动作），接地电流通过大地与变压器的接地极形成回路，使整个 PEN 线出现了约为 $U_{\Phi}/2$ 的危险电压。这样若人接触到采用 PEN 线保护的用电设备外壳均带有 $U_{\Phi}/2$ 的电压，这将严重威胁到工作人员的人身安全。

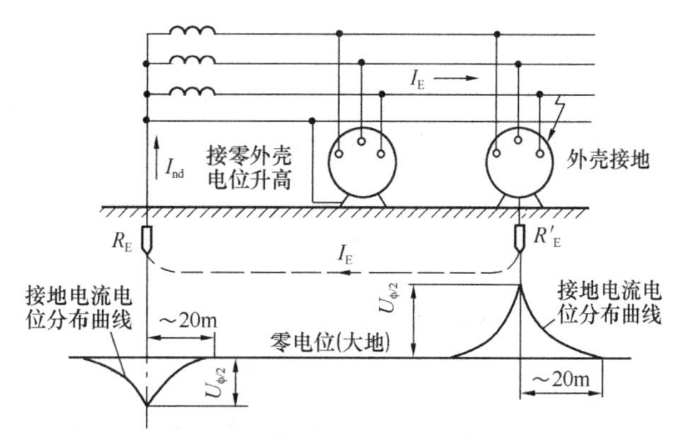

图 6-9 同一系统中采用不同保护措施的危险性

6.3 等 电 位 联 结

6.3.1 等电位联结概述

等电位联结技术是在我国 20 世纪 90 年代出现的新技术，至今已经有 10 多年的历史。什么是等电位联结呢？等电位联结，顾名思义是“使各外露可导电部分和装置外可导电部分电位基本相等的电气连接”。在具体的实践中，等电位连接就是把建筑物内附近的所有金属物，如建筑物的基础钢筋、自来水管、煤气管及其金属屏蔽层，电力系统的零线、建筑物的接地系统，用电气连接的方法连接起来，使整座建筑物成为一个良好的等电位体。配置有信息系统的机房内的电气和电子设备的金属外壳、机柜、机架、计算机直流接地、防静电接地、屏蔽线外层、安全保护接地及各种 SPD（浪涌保护器等）接地端均应以最短的距离就近与等电位网络可靠连接。

等电位联结的目的就是使整个建筑物的正常非带电导体处于电气连通状态，防止设备与设备之间、系统与系统之间危险的电位差，确保设备和有关人员的安全。

等电位联结技术对用电安全、防雷以及电子信息设备的正常工作和安全使用，都是十分必要的。国际电工委员会（IEC 标准）把等电位联结作为电气装置最基本的保护。我国有关电气装置设计规范已将建筑物内作等电位联结规定为强制性的电气安全措施。2002 年建设部发布实行了新的《等电位联结安装标准设计图集》，详尽介绍了设计、施工的具体方法、质量检验标准。

6.3.2 等电位联结的分类

在一个建筑工程中，等电位联结技术包括如下三种类型：

1. 总等电位联结（MEB）

总等电位联结作用于全建筑物，它在一定程度上可以降低建筑物内间接接触电压和不同金属部件间的电位差，并消除自建筑物外经电气线路和各种金属管道引入的危险故障电压的危害，它应通过进线配电箱近旁的总等电位联结端子板（接地母排）将下列导电部分互相连通：进线配电箱的 PE（PEN）母排；公用设施的金属管道，如上、下水、热力、煤气等管道及建筑物金属结构；如果做了防雷接地，也包括其接地极引线。建筑物每一电源进线都应做总等电位联结，各个总等电位联结端子板应互相连通。图 6-10 显示了在建筑物中将各个要保护的设备连接到接地母排上形成总等电位联结的示意图。

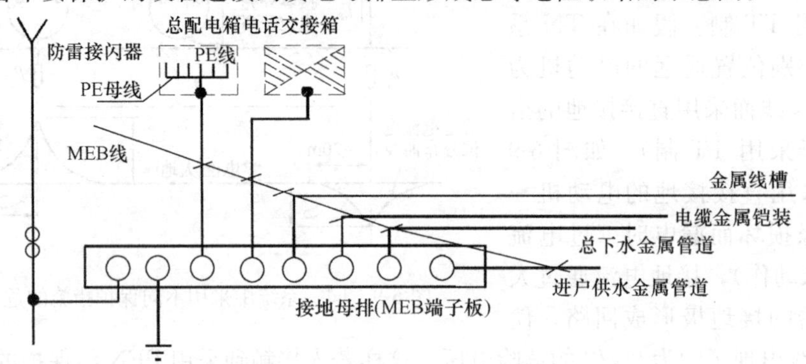

图 6-10　总等电位联结示意图

2. 辅助等电位联结（FEB）

将两导电部分用导线直接作等电位联结，使故障接触电压降至接触电压限值以下，称作辅助等电位联结。

3. 局部等电位联结（LEB）

在一局部场所范围内将各导电部分连通，称作局部等电位联结。可通过局部等电位联结端子板将下列部分互相连通，以简便地实现该局部范围内的多个辅助等电位联结，包括：PE 母线或 PE 干线，公用设施的金属管道，建筑物金属结构等。

下列情况下需做局部等电位联结：电源网络阻抗过大，使自动切断电源时间过长，不能满足防电击要求时；自 TN 系统同一配电箱供给固定式和移动式两种电气设备，而固定式设备保护电器切断电源时间不能满足移动式设备防电击要求时；为满足浴室、游泳池、医院手术室等场所对防电击的特殊要求时；为满足防雷和信息系统抗干扰的要求时。

6.4　安　全　用　电

6.4.1　人体触电类型

在现代社会里，电力已经成为国民经济和人民生活必不可少的二次能源。电力在造福社会的同时，也给人们带来灾害。因此，在用电的时候，防止触电事故的发生，以保证人身、电气设备、供电系统三方面的安全。

1. 人体触电事故类型

当人体接触带电体或人体与带电体之间产生闪络放电，并有一定电流通过人体，导致人体伤亡现象，称之为触电。

以是否接触带电体分类，可分为直接触电和间接触电。前者是人体不慎接触带电体或是过分靠近高压设备，后者是人体触及因绝缘损坏而带电的设备外壳或与之相连接的金属构架。

以电流对人体的伤害不同可分为电击和电伤。电击主要是电流对人体内部的生理作用，表现在人体的肌肉痉挛、呼吸中枢麻痹、心室颤动、呼吸停止等；电伤主要是电流对人体外部的物理作用，常见的形式有电灼伤、电烙印、皮肤渗入熔化的金属物等。除上述分类之外，还有以人体触电方式分类，以伤害程度分类等。

2. 人体触电事故原因

人体触电的情况比较复杂，其原因是多方面的。

(1) 违反安全工作规程。如在全部停电和部分停电的电气设备上工作，未落实相应的技术措施和组织措施，导致误触带电部分。又如错误操作（带负荷分、合隔离开关等）、使用工具及操作方法不正确等。

(2) 运行维护工作不及时。如架空线路断线导致误触电；电气设备绝缘破损使带电体接触外壳或铁心，从而导致误触电。再如接地装置的接地线不合标准或接地电阻太大等导致误触电。

(3) 设备安装不符合要求。主要表现在进行室内外配电装置的安装时，不遵守国家电力规程有关规定，野蛮施工，偷工减料，采用假冒伪劣产品等，均是造成事故的原因。

3. 电流强度对人体的危害程度

触电时人体受害的程度与许多因素有关，如通过人体的电流强度、持续时间、电压高低、频率高低、电流通过人体的途径以及人体的健康状况等。诸多因素中最主要的因素是通过人体电流强度数值的大小。当通过人体的电流越大，人体的生理反应越明显，致命的危险性也就越大。按通过人体的电流对人体的影响，对电流大致分为三种。

(1) 感觉电流。它是人体有感觉的最小电流。

(2) 摆脱电流。人体触电后能自主地摆脱电源的最大电流称为摆脱电流。

(3) 致命电流。在较短的时间内，危及生命的最小电流称为致命电流。一般情况下通过人体的工频电流超过 50mA 时，心脏就会停跳，发生昏迷，很快使人致死。

人体触电时，若电压一定，则通过人体的电流由人体的电阻值决定。不同类型、不同条件下的人体电阻不尽相同。一般情况下，人体电阻可高达几十千欧，而在最恶劣的情况下（如出汗且有导电粉尘）可能降至 1000Ω，而且人体电阻会随着作用于人体的电压升高而急剧下降。

人体触电时能摆脱的最大电流称为安全电流，我国规定为 30mA（工频电流）。按安全电流值和人体电阻值，大致可求出其安全电压数值。我国规定允许人体接触的安全电压，如表 6-4 所示。

安全电压 **表 6-4**

安全电压（交流有效值）(V)	选用举例	安全电压（交流有效值）(V)	选用举例
65	干燥无粉尘地面环境	12	对于特别潮湿或有蒸汽游
42	在有触电危险场所使用手提电动工具		离物等极其危险的环境
36	矿井有多导电粉尘时使用行灯等	6	水下作业等场所

6.4.2 安全用电措施

1. 安全用电的一般措施

(1) 电工安全教育。触电事故与各部门电气工人的业务水平、安全工作意识有直接关系。因此，电气工作人员应该了解本行业的安全要求；熟悉本岗位的安全操作规程。新职工上岗前则应经三级（厂、车间、班组）的安全教育和日常安全教育，力争将事故消灭在萌芽状态。

（2）建立和健全规章制度。必要而合理的规章制度是从长期的生产实践中总结出来的，是保证安全生产的有效手段。凡事做到有章可依，才可为企业安全、连续、高效的生产保驾护航。

（3）加强电气安全检查。电气装置长期带缺陷运行、电气工人违章操作，这些均为事故隐患，应该加强正常运行维护工作和定期检修工作，发现和消除隐患；教育电气工作人员严格执行安全操作规程，以确保安全用电。

（4）采用电气安全用具。为了防止电气工人在工作中发生触电事故，必须使用电气安全用具。通常将安全用具分成基本安全用具和辅助安全用具两大类。基本安全用具指安全用具的绝缘强度能长期承受工作电压，如绝缘棒、绝缘夹钳、低压试电笔、绝缘手套。辅助安全用具是指其绝缘强度不能长期承受工作电压，常用于防止接触电压、跨步电压、电弧灼伤等对电气工人的危害，如高压绝缘手套、绝缘垫等。

2. 安全用电技术措施

在供电系统的运行、维护过程中，电气工作人员在全部停电或部分停电的电气设备上工作，必须采取下列技术措施。

（1）停电。停电时，必须把来自各途径的电源均断开，且各途径至少有一个明显的断开点（如隔离开关，刀开关等）。工作人员在工作时，应与带电部分保持一定的安全距离。

（2）验电。通过验电可以明显地验证停电设备确实无电压，从而防止重大事故发生。验电时，工作人员应戴绝缘手套，使用电压等级合适、试验合格、试验期限有效的验电器。在验电前，还必须将验电器在带电设备上检验是否良好。

（3）装设临时接地线。装设临时接地线是为了防止工作地点突然来电，以保证人身安全的可靠措施。装设临时接地线必须先接接地端，后接设备端。拆掉临时接地线的顺序与此相反。装拆临时接地线应使用绝缘棒或戴绝缘手套。

（4）悬挂标志牌和装设临时遮拦。标志牌用来对所有人员提出危及人身安全的警告以及应注意的事项，如“禁止合闸，有人工作”、“高压危险”等。临时遮拦是为防止工作人员误碰或靠近带电体，以保证安全检修。

3. 安全用电的组织措施

安全用电的组织措施，是为保证人身和设备安全而制定的各种制度、规定和手续。

（1）工作票制度。工作票是准许在电气设备或线路上工作的书面命令，也是执行安全技术措施的书面依据。工作票主要内容应包括：工作内容、工作地点、停电范围、停电时间，许可开始工作时间，工作终结及安全措施等。

（2）操作票制度。在全部停电或部分停电的电气设备或线路上工作，必须执行操作票制度。该制度是人身安全和正确操作的重要保证。操作票的内容应包括：操作票编号、填写日期、发令人、受令人、操作开始和结束时间、操作任务、顺序、项目、操作人、监护人以及备注等。

（3）任务交底制度。此制度规定在生产之前应做好各项准备工作，以保证人身安全及施工进展顺利。在工作开始前，应根据工作票的内容向全体人员交代工作的任务、时间、要求以及各种安全措施。

（4）工作许可制度。此制度是为了进一步加强工作责任感。工作许可人负责审查工作票所制定的措施是否正确完备，是否符合现场条件，在确认安全措施到位后，与工作负责人在工作票上分别签字。工作负责人和工作许可人任何一方不得擅自改变安全措施和工作项目。

（5）工作监护制度。该制度是保护人身安全及操作正确的主要措施。监护人的主要职责是监护工作人员的活动范围、工具使用、操作方法正确与否等。

（6）工作间断及工作转移制度。在工作时如遇间断（如吃饭休息等），间断后重新开始工作无需再通过工作许可人的许可。工作地点如果发生转移，则应通过工作许可人的许可，办理转移手续。

（7）工作终结及送电制度。全部工作完毕后，工作人员应清理现场、清点工具。一切正确无误后，全体人员撤离现场。宣布工作终结后，方可办理送电手续。

6.4.3 触电救护

因某种原因发生人员触电事故时，对触电人员的现场急救是抢救过程的一个关键。如果正确并及时处理，就可能使因触电而假死的人获救；反之则可能带来不可弥补的后果。因此，从事电气工作的人员必须熟悉和掌握触电急救技术。

1. 采取措施

（1）对于低压触电事故

1）如果电源开关就在附近，应迅速切断电源。

2）如果电源开关不在附近，可用电工钳、干燥木柄的斧头、铁锹等利器切断电源线。

3）如果导线搭落在触电者的身上或压在身下时，可用干燥的木棒竹竿挑开导线，使其脱离电源。

4）触电者的衣服如果是干燥的且没有紧缠在身上，救护者可以抓住其衣服，使触电者脱离电源，此时救护人最好脚踏干燥的木板等绝缘物，单手操作为宜。

（2）对于高压事故

1）应立即电话通知有关部门停电。

2）带上绝缘手套，穿上绝缘靴，用相应电压等级的绝缘工具拉开高压开关。

3）抛掷裸金属导线使线路短路、接地，迫使保护装置动作，断开电源。

采取以上措施时，需要注意：救护人不可直接用手或其他导电及潮湿的物件作为救护工具，必须使用适当的绝缘工具；要防止触电者脱离电源后可能的摔伤。

2. 急救处理

触电者脱离电源后，应立即移至干燥通风的场所，通知医务人员到现场并作好送往医院的准备工作，同时根据不同的症状进行现场急救。

（1）如果触电者所受伤害不太严重，只是有些心悸、四肢发麻、全身无力，或是一度昏迷但未失去知觉，此时应使触电者静卧休息，并严密观察，以等医生到来或送往医院。

（2）如果触电者出现呼吸困难或心脏跳动不正常，应及时进行人工呼吸。若心脏停止跳动，应立即进行人工呼吸和胸外心脏挤压。如现场只有 1 个人，可将人工呼吸和胸外心脏挤压交替进行（挤压心脏 1～2 次，吹气 2～3 次）。现场救护要不停地进行，不能中断，直到医生到来或送往医院。

本 章 小 结

1. 雷电的形成过程、特点及危害性。

2. 建筑物防雷分为第一类、第二类、第三类建筑物防雷。

3. 建筑物的防雷保护措施主要是装设防雷装置。防雷装置是指接闪器、引下线、接地装置、过电压保护器及其他连接导体的总和。

4. 架空线路、变配电所、高层建筑的防雷保护措施。

5. 接地保护是防止间接触电的安全措施，通常有两种形式：一种将设备外壳通过各自的接地体与大地紧密相接；另一种是将设备外壳通过公共的PE线或PFN线接地。在中性点直接接地的TN系统中，为确保公共PE线或PEN线安全可靠，除在中性点进行工作接地外，还必须在PE线和PEN线的一些地方进行多次接地，即重复接地。

6. 等电位联结是使各外露可导电部分和装置外可导电部分电位基本相等的电气连接。等电位联结分为总等电位联结（MEB）、辅助等电位联结（FEB）、局部等电位联结（LEB）。

7. 人体触电事故类型：以是否接触带电体分，可分为直接触电和间接触电；以电流对人体的伤害分，可分为电击和电伤。

8. 人体触电事故原因：违反安全工作规程、运行维护工作不及时、设备安装不符合要求。

9. 按通过人体的电流对人体的影响，对电流大致分为三种：感觉电流、摆脱电流、致命电流。

10. 安全用电措施包括：一般措施、技术措施、组织措施。

习 题 与 思 考 题

1. 雷电危害对供电系统主要表现在哪几个方面？

2. 为什么说避雷针实际上是引雷针？

3. 电气设备越靠近独立避雷针，其保护效果越好吗？为什么？

4. 避雷器的主要功能是什么？

5. 建筑物按防雷分为几类？

6. 什么叫接地体和接地体装置？什么叫接触电压和跨步电压？

7. 架空线路的防雷保护措施有哪些？

8. 什么叫工作接地？什么叫保护接地？习惯上所称的保护接零指的是什么？为什么同一低压系统中不能有的采取保护接地有的采取保护接零？

第7章 电气照明基础知识

【本章重点】 理解光通量、发光强度和照度等光的基本度量；了解介质对光的吸收、反射和透射性能；熟悉常用建筑材料的反射比；掌握照明电光源的分类；理解常用照明电光源的结构、原理、特性、使用场所和电光源的选用。

7.1 光的电磁理论及度量

7.1.1 光的电磁理论

光是能量的一种存在形式。当一个物体（光源）发射出这种能量，即使没有任何中间媒质，也能向外传播。这种能量形式的发射和传播过程，就称为辐射。光在一种介质（或无介质）中传播时，它的传播路径将是直线，并称之为光线。

现代物理证实，光在传播过程中主要是显示出波动性，而在光与物质的相互作用中，主要显示出微粒性，即光具有波动性和微粒性的二重性。与之相对应的，关于光的理论也有两种，即光的电磁理论和光的量子理论。

光的电磁波波动理论认为光是能在空间传播的一种电磁波。电磁波的实质是电磁振荡在空间的传播。电磁波可以用电场矢量 E、磁场矢量 H 和传播速度矢量 C 来表征。电场矢量和磁场矢量以相同的位相，在两个相互垂直的平面内振荡。传播速度矢量与电磁波传播方向重合，并垂直于 E 和 H。电磁波的上述性质说明电磁波是一种横波。

所有的电磁波在真空中传播时具有相同的传播速度，即

$$C = \frac{1}{\sqrt{\varepsilon_0 \mu_0}} \tag{7-1}$$

式中，ε_0 和 μ_0 分别为真空的介电常数和磁导率。

$$\varepsilon_0 = \frac{1}{4\pi \times 8.98755 \times 10^9} (\mathrm{F/m})$$

$$\mu_0 = 4\pi \times 10^{-7} (\mathrm{H/m})$$

由此可得电磁波在真空中的传播速度

$$C = 2.997925 \times 10^8 \mathrm{m/s} \approx 3 \times 10^8 \mathrm{m/s}$$

不同的电磁波在真空中的传播速度虽然都相等，但它们的振动频率和波长各不相同，三者的关系为

$$C = \lambda\nu \tag{7-2}$$

式中，λ 为电磁波的波长（m），ν 为电磁波的频率（Hz）。

电磁波的频率由辐射源决定，在介质中传播时将不随介质而变，但传播速度将随介质而变。在介质中电磁波的传播速度为：

$$v = \frac{\lambda\nu}{n} \tag{7-3}$$

式中　v——电磁波在介质中的传播速度（m/s）；

n——介质的折射率。

将各种电磁波按波长（或频率）依次排列，可画出电磁波的波谱图，如图7-1所示。波长不同的电磁波，其特性也会有很大的差别。通常，这些不同波段的电磁波是由不同的辐射源产生，它们对物质的作用也不同，因此具有不同的应用和不同的测量方法。但相邻波段的电磁波并没有明显的界限，因为波长的较小差别不会引起特性的突变。

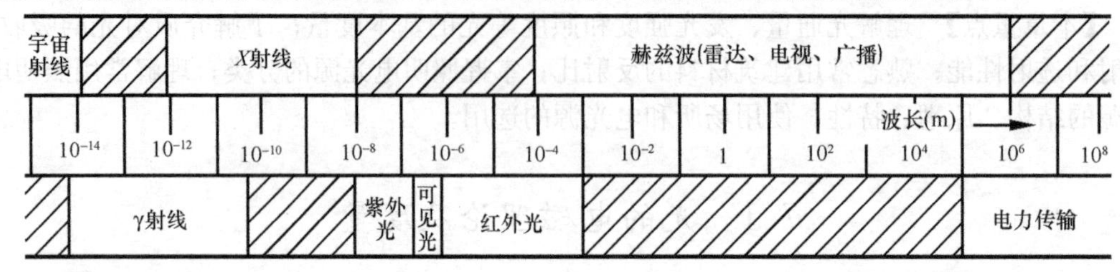

图7-1　电磁波波谱图

电磁波的波长范围极其宽阔，而可见光只占其中极狭窄的一个波段。可见光与其他电磁波最大的不同是它作用于人的肉眼时能引起人的视觉。可见光的波长范围约从380nm到780nm。可见光波长不同时会引起人的不同色觉。将可见光按波长从380mm到780nm依次展开，光将分别呈现紫、蓝、青、绿、黄、橙、红色。

波长小于380nm（约1～380nm）的电磁辐射叫紫外线，波长大于780nm（约780nm～1mm）的称为红外线。紫外线和红外线虽然不能引起人的视觉，但其他特性均与可见光极相似。通常把紫外线、红外线和可见光统称为光。

7.1.2　光的度量

在照明设计和评价时，必然会遇到光的定量分析、测量和计算，因此有必要介绍光的一些基本物理量。

光的度量主要有两种方法。第一种方法是用辐射度学的物理量来度量光。辐射度学的物理量简称辐射度量，是纯客观的物理量，不考虑人的视觉效果。第二种方法是用光度学的物理量来度量光。光度学的物理量简称光度量，是考虑了人的视觉效果的生理物理量。辐射度量与光度量之间有着密切的联系，前者是后者的基础，后者可由前者导出。

1. 辐射度量——辐射通量

某物体单位时间内发射或接收的辐射能量，或在介质（也可能是真空）中单位时间内传递的辐射能量都称为辐射通量，或称辐射功率，通常用符号Φ_e表示。

在上述定义中，发射、接收或传递的辐射能量并未指明一定是可见光的能量，实际上可以包括任意波长的电磁辐射的能量。当辐射的能量用焦耳（J）为单位，时间用秒（s）为单位，则辐射通量的单位为瓦特（W）。

2. 光通量

光通量的实质是用眼睛来衡量光的辐射通量。显然，光通量和辐射通量所描述的是同一个物理概念，只是辐射通量是从纯物理的角度来度量光，而光通量是通过人的眼睛来描述光。按照我国《建筑照明设计标准》GB 50034—2004，光通量是根据辐射对标准光度观察者的作用导出的光度量。光通量用Φ表示，单位为流明（lm）。

3. 发光强度

发光强度是光度学的一个基本物理量。在讨论发光强度之前，先介绍一下立体角的概念。

（1）立体角

以一点为原点作一射线，该射线围绕原点在空间运动，且最终仍回到初始位置，则射线所扫过的形成一个锥面，该锥面所包围的空间称为立体角。

若以原点为球心作一半径为 r 的球面，则上述立体角锥面在球面上截得面积为 dA 的面元，立体角的定义式为：

$$d\Omega = \frac{dA}{r^2} \tag{7-4}$$

立体角的单位为球面度（sr）。

因为整个球面的面积为 $A=4\pi r^2$，所以整个球面对应于球心的立体角

$$\Omega = \frac{A}{r^2} = \frac{4\pi r^2}{r^2} = 4\pi$$

同理，半球面对应球心的立体角为 2π。

（2）发光强度

发光体在给定方向上的发光强度是该发光体在该方向的立体角元 $d\Omega$ 内传输的光通量 $d\Phi$ 除以该立体角元所得之商，即单位立体角的光通量，其公式为：

$$I = \frac{d\Phi}{d\Omega} \tag{7-5}$$

发光强度可简称为光强，符号为 I，单位为坎德拉（cd），1cd=1lm/sr。

4. 照度

光通量和光强主要用来表征光源或发光体发射光的强弱，而照度是用来表征被照面上接收光的强弱。

表面上一点的照度是入射在包含该点的面元上的光通量 $d\Phi$ 除以该面元面积 dA 所得之商，即

$$E = \frac{d\Phi}{dA} \tag{7-6}$$

照度的符号为 E，单位为勒克斯（lx），$1lx=1lm/m^2$。

7.2 材料的光学性质

光在真空或均匀介质中传播时，总是沿直线方向行进。当光在行进过程中遇到不同的介质时会出现反射、折射和透射等现象。光在介质中传播时还会出现吸收现象。

光在介质中传播时，它的强度将越来越弱，这是因为一部分光的能量被介质吸收，并转换成其他形式的能量（例如热能），这种现象称为介质对光的吸收。介质对光的吸收作用可采用吸收比 α 来表征。吸收比是被介质吸收的光通量 Φ_α 与入射到介质的初始光通量 Φ_i 之比。即

$$\alpha = \frac{\Phi_\alpha}{\Phi_i} \tag{7-7}$$

影响介质对光的吸收作用的主要因素有如下几种：

一是介质的性质，不同性质的介质对光的吸收作用也不同。例如透明材料对光的吸收作用较小，而非透明的表面粗糙的且颜色较深的物质对光的吸收作用较大。即使都是透明材料，对光的吸收作用也不同，例如空气比水对光的吸收作用要小。

二是光程，即光在介质中传播的路程长短对光的吸收有一定的影响。一般来说，光程越长，即光在介质中传播的路程越长，则介质对光的吸收就越强。例如清澈的水是透明度极高的介质，光可透过水直射水底。但当水很深时，例如在深海中，由于光在水中逐渐被吸收，到水下光已被完全吸收，因此深海的海底就成了黑暗世界。

另外，介质对光的吸收作用还与光的入射方式、光的波长等因素有关。

当光从一种介质射向另一种介质时，有一部分光将从两种介质的分界面射回原来的介质中，这种现象称为光的反射。

物质对光的反射作用可以用反射比 ρ 表征。反射比是从物质反射的光的光通量 Φ_ρ 与入射到物质上的光的光通量 Φ_i 之比，即

$$\rho=\frac{\Phi_\rho}{\Phi_i} \tag{7-8}$$

影响物质反射比的主要因素是物质本身的性质，其中最主要的是物质表面的光滑程度、颜色和透明与否。物质表面越光滑反射比就越大，颜色越浅反射比越大，透明度越小反射比越大。另外也与光的入射方式和光的波长等因素有关。

光投射在某介质上，有部分光穿透该介质，这种现象称为光的透射。光穿透物质的能力用透射比 τ 表征。透射比是从介质穿透的光的光通量 Φ_τ 与投射到介质上的光的光通量 Φ_i 之比，即

$$\tau=\frac{\Phi_\tau}{\Phi_i} \tag{7-9}$$

影响透射比的因素主要是物质的性质和尺寸。透明材料的透射比大，透明度越高透射比就越大；非透明材料的透视比为0。同一种透明材料，厚度越大，透射比就越小。另外，入射方式和光的波长等因素也将影响物质的透射比。

光投射到介质时可能同时发生介质对光的吸收、反射和透射现象，即入射光通量 Φ_i 中有一部分被介质吸收（Φ_α），另一部分被介质反射（Φ_ρ），还有一部分透过介质（Φ_τ）。根据能量守恒原理应有

$$\Phi_\alpha+\Phi_\rho+\Phi_\tau=\Phi_i$$

若等式两边同时除以 Φ_i，则可得

$$\alpha+\rho+\tau=1$$

即光投射至介质上，介质对光的吸收比、反射比和透射比之和等于1。

表7-1列出了一些常用建筑材料的反射比和透射比。

常用建筑材料的反射比和透射比　　**表7-1**

材料名称		颜色	厚度（mm）	反射比	透射比
透光材料	普通玻璃	无	3	0.08	0.82
	普通玻璃	无	5～6	0.08	0.78
	磨砂玻璃	无	3～6	0.28～0.33	0.55～0.60
	乳白玻璃	白	1	—	0.60

续表

材料名称		颜色	厚度（mm）	反射比	透射比
透光材料	压花玻璃	无	3	—	0.57～0.71
	小波玻璃钢瓦	绿	—	—	0.38
	玻璃钢采光罩	本色	3～4层布	—	0.72～0.74
	聚苯乙烯板	无	3	—	0.78
	聚氯乙烯板	本色	2	—	0.60
	聚碳酸酯板	无	3	—	0.74
	有机玻璃	无	2～6	—	0.85
建筑饰面材料	石膏	白	—	0.90～0.92	—
	乳胶漆	白	—	0.84	—
	大白粉刷	白	—	0.75	—
	调和漆	白、米黄	—	0.70	—
	调和漆	中黄	—	0.57	—
	水泥砂浆抹面	灰	—	0.32	—
	混凝土地面	深灰	—	0.20	—
	水磨石	白	—	0.70	—
	水磨石	白间绿	—	0.66	—
	水磨石	白间黑灰	—	0.52	—
	水磨石	黑灰	—	0.10	—
	塑料贴面板	浅黄木纹	—	0.36	—
	塑料贴面板	深棕木纹	—	0.12	—
	塑料墙纸	黄白	—	0.72	—
	塑料墙纸	浅粉色	—	0.65	—
	胶合板	木色	—	0.53	—
金属材料及饰面	光学镀膜的镜面玻璃	—	—	0.88～0.99	—
	阳极氧化光学镀膜的铝	—	—	0.75～0.97	—
	普通铝板抛光	—	—	0.60～0.65	—
	酸洗或加工成毛面的铝板	—	—	0.70～0.85	—
	铬	—	—	0.60～0.65	—
	不锈钢	—	—	0.55～0.65	—
	搪瓷	白	—	0.65～0.80	—

7.3 常用电光源及其选用

7.3.1 常用电光源

照明电光源可以按工作原理、结构特点等进行分类。根据其由电能转换光能的工作原理不同，大致可分为热辐射光源、气体放电光源、场致发光灯、感应灯等。热辐射光源是利用物体通电加热而辐射发光的原理制成的，如白炽灯、卤钨灯等。气体放电光源是利用气体放电时发光的原理制成的，如荧光灯、荧光高压汞灯、高压钠灯、霓虹灯、氙灯和金属卤化物灯等。常见电光源的分类见表 7-2。

常见电光源的分类　　**表 7-2**

<table>
<tr><td rowspan="17">常用电光源</td><td rowspan="2">热辐射光源</td><td colspan="3">白炽灯</td></tr>
<tr><td colspan="3">卤钨灯</td></tr>
<tr><td rowspan="10">气体放电光源</td><td rowspan="2">低压气体放电光源</td><td colspan="2">荧光灯</td></tr>
<tr><td colspan="2">低压钠灯</td></tr>
<tr><td rowspan="8">高压气体放电光源</td><td colspan="2">高压汞灯</td></tr>
<tr><td colspan="2">高压氙灯</td></tr>
<tr><td colspan="2">高压钠灯</td></tr>
<tr><td rowspan="3">金属卤化物灯</td><td>镝灯</td></tr>
<tr><td>钪钠灯</td></tr>
<tr><td>钠铊铟灯</td></tr>
<tr><td rowspan="2">辉光放电灯</td><td>霓虹灯</td></tr>
<tr><td>氖灯</td></tr>
<tr><td rowspan="2">场致发光灯</td><td colspan="3">发光二极管（LED 灯）</td></tr>
<tr><td colspan="3">场致发光屏</td></tr>
<tr><td rowspan="2">感应灯（无极灯）</td><td colspan="3">感应放电灯</td></tr>
<tr><td colspan="3">微波灯</td></tr>
<tr><td colspan="4">混光光源</td></tr>
</table>

1. 白炽灯

白炽灯的结构如图 7-2 所示，由灯头、灯丝和玻璃外壳组成。灯头有螺纹口和插口两种形式，可拧进灯座中。对于螺口灯泡的灯座，相线应接在灯座中心接点上，零线接到螺纹口端接点上。

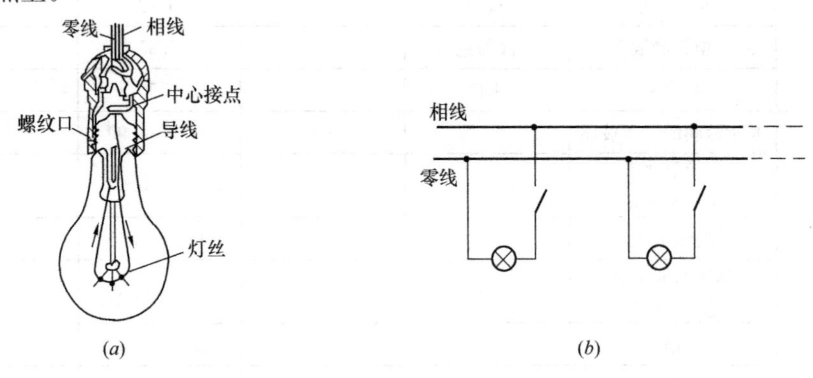

图 7-2　白炽灯

(a) 白炽灯构造；(b) 接线

灯丝由钨丝制成，当电流通过时加热钨丝，使其达到白炽状态而发光。一般 40W 以下的小功率灯泡内部抽成真空，60W 以上的大功率灯泡先抽真空，再充以氩气等惰性气体，以减少钨丝发热时的蒸发损耗，提高使用寿命。

白炽灯构造简单，价格便宜，使用方便。在交流电场合使用时白炽灯的光线波动不大，如能选配合适的灯具使用对保护眼睛较有利。除普通白炽灯泡外，玻璃外壳可以制成各种形状，玻壳可以透明、磨砂和涂白色、彩色涂料，以及镀一层反光铝膜的反射型照明灯泡。由于各种用途形式的现代灯具出现，白炽灯仍得到广泛采用。它的主要缺点是发光效率很低，只有2%～3%的电能转换为可见光，其余都以热辐射形式损失了。

近年来出现了一些新型的普通白炽灯，例如灯丝用双螺旋甚至三螺旋钨丝制成，可以提高白炽灯的发光效率。又如采用充氪气制成的普通白炽灯，可以减小对流损失和抑制钨的蒸发，进一步提高了光效和延长了寿命。

目前国内最新型的普通白炽灯是密封聚束灯，又称为PAR（Parabolic Aluminized Reflector）灯。PAR灯的玻璃壳不像一般普通白炽灯那样吹制而成，而是用热稳定性很好的硬质硼硅玻璃压制而成。玻璃壳分成两部分，即内壁蒸涂了一层铝膜的抛物面形反射碗和压制成凸面形状的并有防眩花纹的棱镜前盖，两者通过熔封粘合在一起。PAR灯内装有双螺旋钨丝灯丝，灯丝被精确地安装在反射碗的焦点上。PAR灯射出的光束可以控制在一定的角度内，即可制成光束角小的聚光型灯，也可以制成宽光角度的泛光型灯，光束角一般控制在十几度到三十几度。前棱镜盖还可以涂不同的透明色彩涂料，制成各种不同颜色的彩灯。PAR灯大多制成额定电压为110V和220V的成品，使用方便，且这种灯的平均寿命约为一般普通白炽灯的2倍，性能稳定，因此可用于商店、展览馆、宾馆及住宅建筑中，也可直接用于露天和水下。

PAR灯的派生产品主要有三种。一种是节能型PAR灯，它能将前盖外沿处的杂散光汇集到光束角内，提高了光通量利用率。另一种是反射碗蒸涂有介质反射膜，能过滤掉70%左右的红外线，因此称为冷光PAR灯。第三种是卤钨型PAR灯，即把属于普通白炽灯的PAR灯改进成卤钨灯的PAR灯。

2. 卤钨灯

卤钨灯属于热辐射光源，工作原理基本上与普通白炽灯一样，但结构上有较大的差别。最突出的差别就是卤钨灯泡内所填充的气体含有部分卤族元素或卤化物。

(1) 卤钨灯的结构

卤钨灯是由钨丝、充入卤素的玻璃泡和灯头等构成。卤钨灯有双端、单端和双泡壳之分。图7-3为常用卤钨灯的外形。

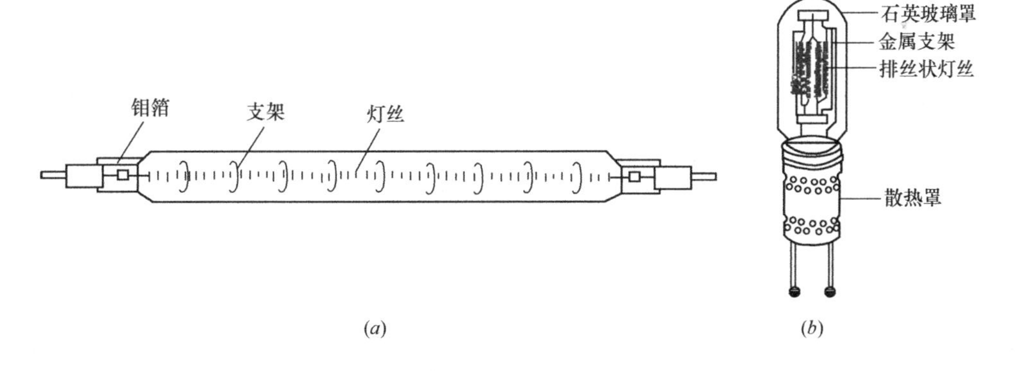

图7-3 卤钨灯的外形

(a) 两端引出；(b) 单端引出

图7-3 (a) 为双端管状卤钨灯的典型结构，灯呈管状，功率为100～2000W，灯管的直径为8～10mm，长80～330mm。两端采用磁接头，需要时在磁管内还装有保险丝。这

种灯主要用于室内外泛光照明。

图7-3（*b*）为单端引出的卤钨灯，这类灯的功率有75W、100W、150W和250W等多种规格，灯的泡壳有磨砂的和透明的，单端型灯头采用E27。

500W以上的大功率卤钨灯一般制成管状。为了使生成的卤化物不附在管壁上，必须提高管壁的温度，所以卤钨灯的玻璃管一般用耐高温的石英玻璃或高硅氧玻璃制成。

目前国内用的卤钨灯主要有两类：一类是灯内充入微量的碘化物，称为碘钨灯；另一类是灯内充入微量的溴化物，即为溴钨灯。

(2) 卤钨灯的分类

卤钨灯按充入灯泡内的不同卤素可分为碘钨灯和溴钨灯。

卤钨灯按灯泡外壳材料的不同可分为硬质玻璃卤钨灯、石英玻璃卤钨灯。

卤钨灯按工作电压的高低不同可分为市电型卤钨灯（220V）和低电压型卤钨灯(6V/12V/24V)。

卤钨灯按灯头结构的不同可分为双端、单端卤钨灯。

(3) 卤钨灯的工作原理

当充入卤素物质的灯泡通电工作时，从灯丝蒸发出来的钨，在灯泡壁区域内与卤素化合，形成一种挥发性的卤钨化合物。卤钨化合物在灯泡中产生扩散运动，当扩散到较热的灯丝周围区域时，卤钨化合物分解成卤素和钨，释放出来的钨沉积在灯丝上，而卤素再继续扩散到其温度较低的灯泡壁区域与钨化合，形成卤钨循环。

由于卤钨循环有效地抑制了钨的蒸发，所以可以延长卤钨灯的使用寿命，同时可以进一步提高灯丝温度，获得较高的光效，并减小了使用过程中的光通量的衰减。

(4) 卤钨灯的工作特性

1）发光效率。卤钨灯与普通白炽灯相比，其光效要比普通白炽灯高出许多倍。另外，由于卤钨灯工作时是采用卤钨循环原理，较好地抑制了钨的蒸发，从而防止卤钨灯泡的发黑，使得卤钨灯在寿命期内的光维持率基本维持在100%。

2）色表和显色性。卤钨灯属低色温光源，其色温一般为2800～3200K，与普通白炽灯相比，光色更白一些，色调更冷一些，但显色性较好，显色指数R_a=100。

3）调光性能。卤钨灯也可以进行调光，但当灯的功率下调到某一值时，由于其玻璃泡的温度下降较多，于是卤钨循环不能进行，这时相当于做白炽灯使用。同时由于卤钨灯的玻璃泡很小，此时玻璃泡容易发黑；另外游离的溴要腐蚀灯丝，因此一般不主张对卤钨灯进行调光。常见卤钨灯参数见表7-3。

常见卤钨灯电光参数　　表7-3

灯头型号	功率（W）	电压（V）	光通量（lm）	平均寿命（h）
LZG220-300	300	220	4800	1000
LZG220-500	500	220	8500	1000
LZG220-1000	1000	220	22000	1500
LZG220-1500	1500	220	33000	1000
LZG220-2000	2000	220	44000	1000

(5) 卤钨灯的应用

由于卤钨灯与白炽灯相比，其光效高、体积小、便于控制，且具有良好的色温和显色性，寿命长、输出光通量稳定、输出功率大，所以在各个照明领域中都有广泛的应用，尤其是被广泛地应用在大面积照明与定向投影照明场所，如建筑工地施工照明，展厅、广场、舞台、影视照明和商店橱窗照明及较大区域的泛光照明等。

(6) 卤钨灯在使用时应注意以下问题

1) 为了使在灯泡壁生成的卤化物处于气态，卤钨灯不适用于低温场合。双端卤钨灯工作时，灯管应水平安装，其倾斜角度不得超过4°，否则会缩短其使用寿命。

2) 由于卤钨灯工作时产生高温(管壁温度600℃)，因此卤钨灯附近不准放易燃物质，且灯脚引入线应用耐高温的导线。另外，由于卤钨灯灯丝细长又脆，卤钨灯使用时，要避免振动和撞击，也不宜作为移动照明灯具。

3. 荧光灯

(1) 荧光灯的结构

荧光灯的结构见图7-4。

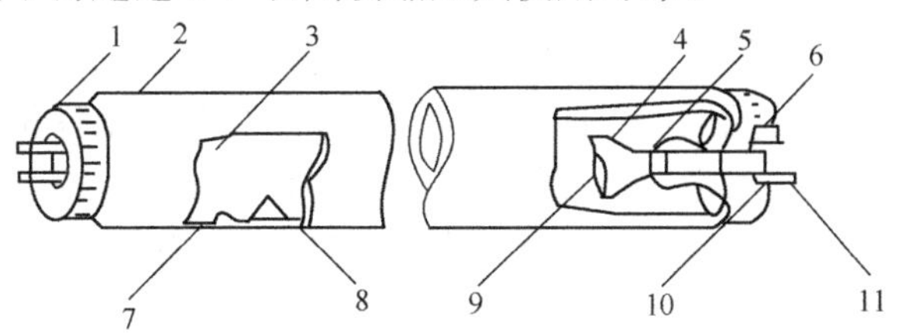

图7-4 荧光灯的结构

1—灯头；2—玻璃管；3—稀有气体；4—镍丝；5—芯柱；6—排气管；7—汞；8—荧光粉膜；9—灯丝(涂敷电子发射物质)；10—灯头胶粘；11—灯头插销

我们常用的荧光灯主要分为直管型荧光和紧凑型节能荧光灯两大类。

直管型荧光灯的长度通常随灯的功率大小而不同，它的标准尺寸和额定功率已经在国际电工委员会81号文(1984)中作了规定：从150mm长、15mm直径的4W管到2400mm长、38mm直径的125W管。在市售照明中广泛使用的荧光灯管的长度有：600、1200、1500、1800和2400mm。照明工程中，常用“T”来描述灯管的直径，每一个“T”数表示1/8in(相当于3.175mm)。比如“T8”管就是1in直径，而“T12”管就是1.5in的直径。

图7-4为直管型荧光灯的典型结构。在玻管的两端封接芯柱，用导线支撑双螺旋或三螺旋的钨灯丝，在灯丝上涂敷电子发射物质(以钡、锶、钙为主体的气化物)。管内经排气抽真空后，封入汞粒和稀有气体。为了减少灯在报废时对环境的污染，充汞量应严格控制在最低限度，能使灯点燃时管内能有最合适的汞蒸气压(约为0.67Pa)。充入管内的稀有气体通常是270～400Pa的氧气，在灯的两端用焊泥将灯头固定。

最早的荧光灯都是按照38mm的直径(T12)设计的，但规范中已明确规定尽量少用。这种荧光灯多数是涂卤磷酸盐荧光粉，填充氧气。

近期才开始生产的T8、T5的灯管，灯内充填的是氪、氩混合气体(一般氪∶氩为75∶25)。因为使用了细管径并填充了氪、氩混合气体，要比只充氩的T12灯管的效率高，主要是灯管中的氪气体使电极损耗减少的缘故。由于T8要比T12荧光灯节能省电，因此已被广泛采用。

T5荧光灯管是一种新的类型，这种灯管也是使用三基色荧光粉，再配合电子镇流器使用。这种细管径、小功率的荧光灯特别适用在应急照明中，并且在高性能灯具的设计中有许多光学上的优点。

紧凑型荧光灯，就像它的名字一样，这种荧光灯的确是做得很紧凑，可以替代普通的白炽灯。灯管是使用10～16mm的细玻璃管弯曲或熔接制成非常紧凑的多种多样的形状。它在达到同样光输出的前提下，只需耗费白炽灯用电的1/4，从而可以节约大量的照明用电和费用，因此称它为节能灯。普通白炽灯的寿命约为1000h左右，而紧凑型荧光灯的寿命却可达8000～10000h。推广使用紧凑型荧光灯更对环境保护具有深远的意义。

紧凑型荧光灯（节能灯），代表了荧光灯技术的一大突破，虽然它的品种很多，但最主要的可分为两种基本类型：1）一体化紧凑型荧光灯；2）在灯具中与控制电路可分离的灯管。

第一种灯自带镇流器（有电感型或电子型）、启辉器等全套控制电路，电路一般封闭在一个外壳里，而且有的灯管外面也会装一个保护罩。保护罩可以是透明的、棱镜式的、乳白色的或带一个反射器，并有各种形状与大小。一体化紧凑型荧光灯可以直接安装在标准的白炽灯座上，直接替代白炽灯。若有损坏时，不能修理或部分更换，而只能全套更新。

第二种灯，灯管可以从灯具中拆卸下来，这种灯的灯头有两针和四针两种。这样的灯具和电路可以保证灯管的长寿命，而且即使灯管损坏也可以很容易地进行更换。

紧凑型荧光灯的控制电路有两大类：电感型与电子型。电感镇流器一般比电子镇流器重，而且功耗大，但它很坚固且寿命长。

（2）荧光灯的发光原理

荧光灯的放电形式是热阴极弧光放电。在灯的阳极和阴极之间为正柱区，即为等离子区。在正柱区内的电子，由于正柱电场而产生加速，电子在平均自由程中和汞原子碰撞，使汞原子电离和激发，激发原子在短时间内又回到低能量的基态。这时原子将以辐射的形式发射出紫外线。

涂敷在管壁的荧光粉接受紫外线的辐射，发出波长比紫外线要长的荧光。由于荧光粉中加入了激活剂等物质，所以在禁区产生了激活剂能级，激活剂的原子吸收了紫外线，它的电子从基态高能级跃迁，再返回基态。由于这种位置的转换产生了能量差，就发出了荧光。当然，还有更为复杂的能级跃迁状态存在，也会发出荧光。在禁区的这些能级位置，决定荧光的色调。荧光的光谱能量分布是随着荧光的基质和激活剂而变化的。荧光灯可以通过选择不同的荧光粉组合，而发出具有各种不同光谱功率分布的光。

作为荧光灯常用的荧光粉是卤磷酸钙，在用253.7nm紫外线激发时，具有较高的发光效率，而且价格便宜，宜于大量生产。这种荧光粉，如改变锑（Sb）和锰（Mn）的比例，就可以得到色温为6500K的日光色至3000K的暖白色之间的任意色调的荧光粉。通常选择不同的荧光粉组合，可以发出比较理想光色的高显色性荧光灯和三基色荧光灯等。

（3）荧光灯的光电特征

1）电压特性

电源电压的变化会引起各种特性的变化。无论电压过高或过低都会缩短灯的寿命，因为电源电压增高，使灯电流增大，灯管会黑化，寿命缩短；而电源电压降低，电极温度降低，灯不易启动，促使电极物质溅散，也使寿命缩短，所以要求电源电压的波动范围必须为额定值的±6%以内，同时灯用镇流器的选择和匹配也非常重要。

2）灯的工作特性

随着点灯时间的延长，荧光粉会老化，同时由于管内残留不纯气体的作用，也会使荧光粉黑化，并且由于电极物质的蒸发，会造成管端黑化，玻璃的析钠黑化等都使荧光灯的光通量下降。一般在最初 100h 下降很快，以后就比较缓慢，总光通量下降到初始光通量的 70%以下（高显色性的荧光灯下降到 60%以下）的点灯时间定义为灯的寿命。

荧光灯的工作特性，还取决于管内汞的蒸气压，因此也受环境温度影响，特别是对启动特性和亮度影响最大。在低温下，汞原子的电离几率下降，启动困难。

用交流电点荧光灯时，在半周期内，随着电流的增减，光通量发生相应的变化而出现灯光闪烁，即“频闪”，其频率与电流频率成倍数关系。还因荧光粉的余晖性能而异，通常频闪是以 100Hz 变化，眼睛不易感觉，但用荧光灯照射快速移动的物体，只能看到模糊的影像，因此在应用上尽量避免频闪效应。

3）荧光灯的发展前景

荧光灯的发展相当迅速，灯管和控制电路的改进使灯管的光效从 1940 年的 35lm/W 发展到现在的 100lm/W 左右，灯管寿命从 2000h 到现在的 15000h。三基色荧光粉的出现增加了灯管的光效，改善了灯管的流明维持特性，并大大提高了荧光灯的显色性。涂敷多光谱带荧光粉的荧光灯有极高的显色性（R_a 达到 90 以上）和高光效，它已经取代了较老式的灯管。

现在有的荧光灯在涂敷荧光粉之前，先在灯管内壁涂一层保护膜，这层保护膜可以阻止玻管内的钠元素扩散到荧光粉中，从而显著地改善了灯的流明维持特性，同时保护膜还能反射紫外线，从而有利于减少荧光粉用量。保护膜还可以显著地减少每根荧光灯内需要的汞量，像 T5 直管荧光灯的汞注入量仅为 3mg。

把电子线路改进得更加小巧并使价格更低也是今后的发展方向之一。

4. 低压钠灯

（1）低压钠灯的结构

低压钠灯是由抽成真空的玻璃壳（内壁涂以氧化铟红外反射层）、放电管、电极和灯头构成。如图 7-5 所示，把抗钠玻璃管制成的 U 形放电管放在圆桶形的外套管内，放电管内除放入钠以外，还充入氖氩混合气体以便于启动。为减少热损失提高发光效率，外套管内部抽成真空，且在管内壁涂上氧化氟之类的透明性红外反射层；在放电管内封入一对电极，电极是三螺旋结构，能储存大量的氧化物电子发射材料。低压钠灯的灯头采用插口灯头。

（2）低压钠灯的工作原理

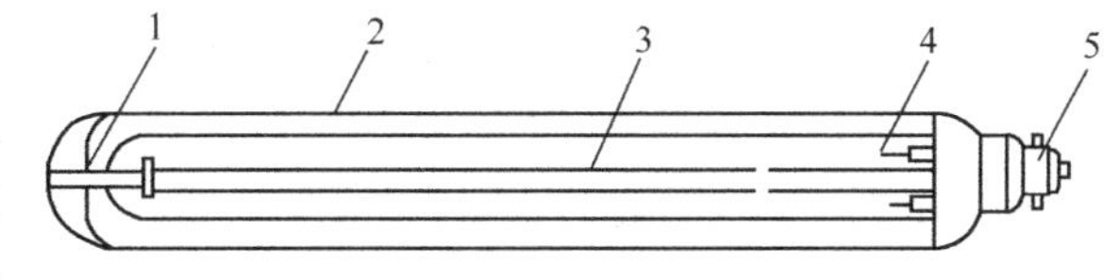

图 7-5 低压钠灯的结构

1—固定弹簧；2—玻璃壳；3—放电管；4—电极；5—灯头

低压钠灯是在低气压钠蒸气放电中钠原子被激发而产生放电发光，放电时大部分辐射能量都集中在共振线上，钠的共振线波长为 589nm 和 589.6nm。低压钠灯的启动电压高，目前大多数钠灯利用开路电压较高的漏磁式变压器直接启动，触发电压在 400V 以上。从启动到稳定需要 8～10min。

（3）低压钠灯的特点

低压钠灯的光色呈现橙黄色，显色性差，但发光效率很高（150lm/W 以上），低压钠灯是现今所有电光源中光效最高的一种光源。低压钠灯的使用寿命较长，可达 2000～

5000h。低压钠灯的光电参数见表7-4。

低压钠灯的光电参数　　表7-4

型　号	额定功率（W）	电源电压（V）	工作电流（A）	光通量（lm）	灯头型号
ND35	35	220	0.60	4800	B22
ND55	55		0.59	8000	
ND90	90		0.94	12500	
ND135	135		0.95	21500	

（4）使用场所

由于低压钠灯具有耗电省、发光效率高、穿透云雾能力强等优点，常用于铁路、公路、广场照明。

5. 高压氙灯

高压氙灯是利用高压氙气放电产生强光的电光源，其显色性很好，发光效率比较高，功率大。氙灯需用触发器启动。氙灯有“小太阳”的美称。氙灯由于功率大、发光效率高、显色性好，常用于建筑施工现场、广场、车站、码头等需要高照度、大面积照明的场所。

氙灯的放电管是由耐高温的石英玻璃制成。放电管的两端装有钍钨棒状电极，管内充入高纯度的氙气。氙灯分为长弧和短弧两种。长弧灯是圆柱形石英玻璃管；短弧灯则为椭圆形石英玻璃管，但两端仍有圆柱形伸长部分。

氙灯是一种弧光放电灯。光的辐射包括了在放电过程氙被激发而产生的线光谱辐射和被电离的离子与电子复合产生的连续光谱辐射。因此，氙灯的辐射光谱是在连续光谱上重叠着线光谱。

氙灯有直流和交流两种形式。在交流下工作会产生频闪现象，在直流下工作则可避免频闪。

氙灯的发光效率只有20～50lm/W，使用寿命一般为1000～5000h。

氙灯在启燃时需要较高的电压，故启燃时应采用触发器。灯管工作时还应接入镇流器。

氙灯在使用时应注意：当作为室内照明时，为了防止紫外线对人体的伤害，应装设滤光玻璃。因为该光源亮度较高，为避免眩光，应装置在视线不及的高度。一般3kW灯管不低于12m，10kW不低于20m，20kW不低于25m。电压波动限制在±5%。氙灯安装时要注意参考说明书，使用时必须和相应的附件配套。

6. 高压汞灯

高压汞灯是利用汞蒸气放电发光原理制成气体放电灯。按汞蒸气压的大小不同，汞灯可分成低压汞灯、高压汞灯、低压水银荧光灯、高压水银荧光灯、超高压汞灯等。汞灯的光色为蓝青色，显色性差，并且光效较低。汞灯由于使用一定量的汞，不利于环保，普通汞灯已逐步被钠灯等其他气体放电灯取代。

7. 高压钠灯

高压钠灯是利用高压钠蒸气放电发光的一种高强度气体放电光源，广泛应用于对显色性要求不高的场所。

(1) 高压钠灯的结构

高压钠灯是由放电管、硬玻璃外壳、双金属片、铌帽金属支架、电极和灯头构成。

放电管是用半透明的氧化铝陶瓷或全透明刚玉制成，耐高温。放电管两端各装有一个工作电极。管内排除空气后充入钠、汞和氙气。在放电管外还套装一个透明的玻璃外管，并抽成真空。双金属片继电器是由两种膨胀系数不同的金属材料压制而成。高压钠灯的灯头和普通白炽灯相同，因此可以通用。高压钠灯结构见图 7-6。

(2) 高压钠灯的工作原理

高压钠灯启动时，附件和镇流器产生 3kV 的脉冲电压将钠灯点亮，开始时通过氙气和汞进行放电，随着放电管内温度的上升，氙气和汞放电向高压钠蒸气放电转移，钠蒸气气压升高，钠的共振辐射线加宽，光色改善，约 5min 左右趋于稳定，在稳定工作时可发出一种金白色的光。当工作电流、工作电压均稳定在额定值时，启动过程结束。

高压钠灯的触发方式可分为内触发、外触发两种。

外触发高压钠灯是采用电子触发器在电源接通瞬间，灯管两端获得高压脉冲将灯管点燃。

内触发高压钠灯是在灯泡壳内安装一双金属片开关和加热电阻丝，其工作原理是当接通电源时，电流经过加热电阻丝和双金属片开关时对其加热，由于双金属片正反面的膨胀系数不同，在达到一定温度时，双金属片产生弯曲变形，触点分离，在分离的瞬间，在镇流器电感线圈上产生数千伏自感电动势加在灯的两端，将钠灯点亮。灯工作后，由于电弧管的热辐射，外壳内温度升高，使开关触点维持在断开状态。

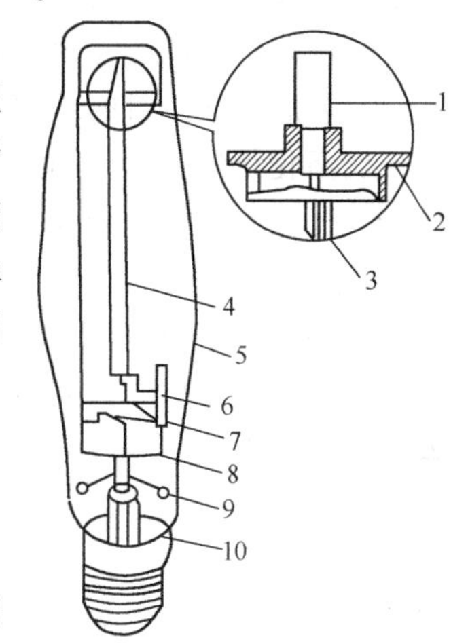

图 7-6 高压钠灯结构

1—金属排气管；2—铌帽；3—电极；4—放电管；5—玻璃外壳；6—管脚；7—双金属片；8—金属支架；9—钡消气剂；10—焊锡

(3) 高压钠灯的基本性能

高压钠灯工作蒸气压为 26.67kPa，光色为金黄色，色温为 2100K，显色指数为 $R_a=30$，故显色性较差，但发光效率比较高。国产高压钠灯的光效可达 70～130lm/W。高压钠灯的特点是光效接近低压钠灯，光色优于低压钠灯，体积小、功率密度高、亮度高、紫外线辐射少、寿命长，属于节能型电光源，光色偏黄、透雾性能好。

(4) 高压钠灯的应用

由于高压钠灯的发光效率高、寿命长、透雾性能好，所以被广泛用于高大厂房、车站、广场、体育馆，特别是城市道路等处照明。常用高压钠灯的主要特性见表 7-5。

常用高压钠灯的主要特性　　表 7-5

型　号	额定功率（W）	光通量（lm）	灯头型号	电源电压（V）	寿命（h）
NG100	100	6000	E27/35×30	220	10000
NG250	250	25500	E40/45		
NG360	360	32400	E40/45		
NG400	400	38000	E40/45		
NG1000	1000	100000	E40/75×54		

高压钠灯在使用时应注意的问题是：电源电压波动对灯的正常工作影响较大，电压升高易引起灯的自行熄灭；电压降低则光通量减少，光色变坏；灯的再启动时间较长，一般在10～20min以内，故不能作应急照明或其他需要迅速点亮的场所；高压钠灯不宜用于需要频繁开启和关闭的地方，否则会影响其使用寿命。

8. 金属卤化物灯

金属卤化物灯是在高压汞灯的基础上，在放电管中加入了各种不同的金属卤化物，它依靠这些金属原子的辐射，提高灯管内金属蒸气的压力，有利于发光效率的提高，从而获得了比高压汞灯更高的光效和显色性。

(1) 金属卤化物灯的结构与原理

金属卤化物灯的结构和高压汞灯极其相似，是由电弧管（石英玻璃管或陶瓷管）、玻璃外壳、电极和灯头等构成。

在金属卤化物灯管中虽然像高压汞灯那样也充入有汞，但这些金属的激发电位低于汞，因此在放电辐射中金属谱线占主要地位。由于金属卤化物比汞难蒸发，充入汞的作用就是为了使灯容易启燃。刚启燃时，金属卤化物灯就如高压汞灯；启燃后，金属卤化物被蒸发，放电辐射的主导地位转移到金属原子的辐射。

由于能充入放电管内金属元素的种类很多，各种原子各有自己的特征谱线，所以只要选择适当比例，金属卤化物灯可以制成多种光色不同的光源。目前广泛应用的有钠-铊-铟灯、镝灯、钪钠卤化物灯等，如白色型光源钠-铊-铟灯、日光型光源铊灯、绿光光源铊灯、蓝光光源铟灯等。

(2) 金属卤化物灯的分类

金属卤化物灯按渗入的金属原子种类分为碘化钠-碘化铊-碘化铟灯（简称钠铊铟灯）、镝灯、卤化锡灯与碘化铝灯等。金属卤化物灯按其特点可分为紧凑金属卤化物灯、中大功率金属卤化物灯、陶瓷金属卤化物灯。

金属卤化物灯按结构可分为双泡壳单端型、双泡壳双端型和单泡壳双端型。

金属卤化物灯按发光颜色分为白色金属卤化物灯和彩色金属卤化物灯。

(3) 金属卤化物灯的特性

金属卤化物灯工作时需要镇流器，但不需要特殊设计。对钠铊铟灯可以采用高压汞灯的镇流器，而对很多稀土金属卤化物灯和卤化锡灯也可以采用高压钠灯镇流器。

金属卤化物灯熄灭后，由于灯内气压太高，不能立即再启燃，一般需要5～20min后才能再启燃。

金属卤化物灯发光效率较高，可达70lm/W，一般为荧光高压汞灯的1.5～2倍。显色性较好，显色指数R_a=60～80。金属卤化物灯的型号及参数见表7-6。

金属卤化物灯型号及参数　　表7-6

型　号	电压（V）	功率（W）	光通量（lm）	平均寿命（h）	灯头型号
ZJD175	220	175	14000	10000	E40
ZJD250		250	20500		
ZJD400		400	34000		
ZJD175（绿）		175	11000	2000	
ZJD250 V（蓝）		250	15000		

续表

型　号	电压（V）	功率（W）	光通量（lm）	平均寿命（h）	灯头型号
ZJD400HO（红）	220	400	20000	3000	E40
ZJD400ZI（紫）		400	10000		
DDQ1800（镝灯）	380	1800	126000	1000	

（4）金属卤化物灯的应用

金属卤化物灯具有发光体积小、亮度高、重量轻、光色接近太阳光、显色性较好、发光效率高等特点，所以该光源具有很好的发展前途。

这类光源常作为室外场所的照明，如广场、车站、码头等大面积照明场所。

金属卤化物灯在使用时应注意：电源电压波动限制在±5%；金屑卤化物灯在安装或设计造型时应注意，该灯有向上、向下和水平安装方式，要注意参考使用说明书的要求；这类灯的安装高度一般都比较高，如 NTY 型灯的安装高度最低要求为 10m，最高要求为 25m。

9. 霓虹灯

霓虹灯是一种辉光放电光源，它用细长、内壁涂有荧光粉的玻璃管在高温下煨制成各种图形或文字，然后抽成真空，在灯管中充入少量的氩、氦、氙和汞等气体。在灯管两端安装电极，配以专用的漏磁式变压器产生 2kV 左右高压。霓虹灯在高电压作用下，霓虹灯管产生辉光放电现象发出各种鲜艳的光色。霓虹灯的发光色彩和玻璃管内的气体及玻璃管颜色的关系见表 7-7。

霓虹灯的色彩和玻璃管内的气体及玻璃管颜色的关系　　表 7-7

灯光色彩	管内气体	荧光粉颜色	灯光色彩	管内气体	荧光粉颜色
红色	氖	无色	白色	氩、少量汞	白色
橘黄色		奶黄色	奶黄色		奶色
橘红色		绿色	玉色		玉色
玫瑰色		蓝色	浅玫瑰红		浅玫瑰红
蓝色	氩、少量汞	蓝色	金黄色		金黄色加奶黄粉
绿色		绿色	浅绿色		绿白混合粉

霓虹灯的玻璃管直径一般为 6～20mm，灯管的长度越长，管径越细，阻抗越大，需要的电压越高。一般霓虹灯管的长度在 8～10m 时，就需要一个专用的漏磁式变压器供电。

霓虹灯的各种形状灯管，在电子程序控制器的控制下，产生多种循环变化的灯光彩色图案，给人一种美丽动感的气氛和广告效果。霓虹灯常常用作装饰性的营业广告或作为指示标记牌。

10. 场致发光灯（屏）

场致发光灯（LE 灯）是利用场致发光现象制成的发光灯（屏）。场致发光屏的厚度仅几十微米。场致发光灯（屏）的结构如图 7-7 所示。

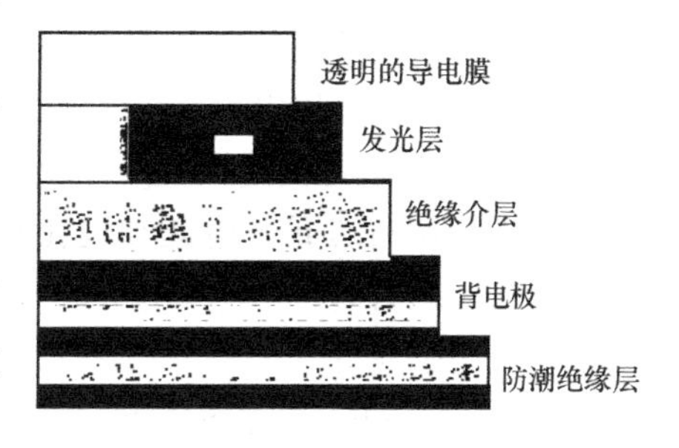

图 7-7　场致发光灯（屏）的结构

场致发光屏在电场强度（>10V/cm）的作用

下，自由电子被加速到具有很高的能量，从而激发发光层，使之发光。场致发光屏的发光效率为15lm/W，寿命长，而且耗电少。

场致发光屏可以通过分割，做成各种图案与文字，因此场致发光灯可用在指示照明、广告、电脑显示屏、飞机、轮船仪表的显示器（仪）。

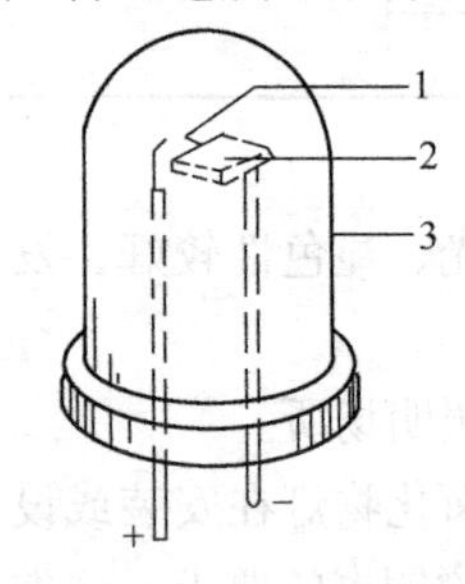

图7-8　发光二极管的结构图

1—引线；2—P-N结芯片；3—环氧树脂帽

11. 发光二极管（LED灯）

发光二极管（LED灯）的发光原理：对二极管P-N结加正向电压时，N区的电子越过P-N结向P区注入，与P区的空穴复合，而将能量以光子形式放出。发光二极管的结构见图7-8。

发光二极管体积小、重量轻、耗电省、寿命长、亮度高、响应快。通过组合，发光二极管常用于广告显示屏、计算机、数字化仪表的显示器件。

12. 感应灯

早在100多年前，汤普森、泰斯勒等已发明了感应灯（又叫无极灯），只是在最近几十年中，感应灯所需的高频电源的生产才达到足够可靠而且价格低廉，使得感应灯可以开始作为商品。

感应灯的使用将带来许多好处：(1) 灯型的局限性与那些带电极的灯不同。感应灯可以做成与白炽灯相似的形状；由于没有电极，灯可在瞬间启动，且可多次开关而不会像普通带有电极放电灯中的光衰现象；(2) 感应灯没有电极，所以寿命很长，可以跟灯具的寿命相一致，这给照明设计带来新的希望；(3) 填充物可使用与电极材料化学不相容的材料，这对高强度气体放电类型的光源尤其重要。

感应灯有四种截然不同的激发类型，目前只有两种已应用于实际照明工程：感应放电和微波放电。

(1) 感应放电灯的原理

其工作原理是：低压汞和稀有气体混合放电产生的紫外辐射经泡壁涂敷的荧光粉使紫外线转换成可见光。高强度气体放电灯形成的感应灯在技术上还不成熟，目前尚未用于实际。

感应灯通常也被称为ICD（感应耦合放电）、SEF（螺旋管电场）灯或放电灯。

等离子体与电路是磁力线耦合，而线圈中的交变电流会在放电区产生交变磁场。改变磁通量将产生一个围绕线圈的角向电场 E_{Φ}，这就恰如在荧光灯中径向电场驱动放电一样，正负电场在灯中经向电场 E_{Φ} 驱动放电。其中放电线圈可以放在放电体内部或外部，甚至可以放在放电区域里面。

初级电离的光子在角向电场 E_{Φ} 的作用下，形成环形闭合的H型放电。H型放电产生后，电流不再受寄生电容的限制，而能增大到一个由电路阻抗决定的值。从击穿状态到建立稳定的H型放电的过渡期间，E_{Φ} 的值必须大于每个H型放电电流上的H放电所需的维持电场。初始的 E 放电通常也在几毫秒后稳定。因此，使用者感觉不到从开灯到光出现之间的延迟时间。

(2) 实用感应灯

1994年通用电气公司推出了“Genura”光源，也是第一只紧凑型无极感应灯(图7-9)。

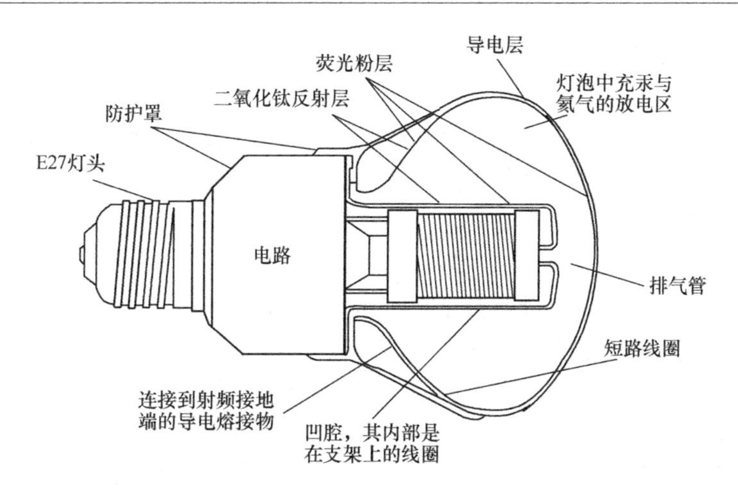

图 7-9 Genura 灯的结构

在此之前，都在使用 1991 年日本的 Matsnshita“永亮灯”和 Philips QL 灯。

长寿命灯照明系统的市场潜力在于它适合安装在那些维护费用昂贵且较为危险的地方。如在桥上、塔上、摩天大楼的外部、路标及人难以到达的地方等。

(3) 微波灯

微波灯的设计是各式各样的，但其主要部分有：1）微波发光器，它通常是一只工作在 2450MHz 的磁控管。微波发生器的制造成本不高，但其输出功率受元件本身的限制不能太大；2）一个带有良好导电性能管壁的微波谐振腔，腔内的放射管一般为充有选定的填充剂的石英球泡。这个谐振腔的作用就是建立电磁场驻波，使极强的电磁场能量集中在放电石英球泡区内，同时达到较好屏蔽电磁场的目的。谐振腔兼用作光学反射器，同时还必须有一个透明的正面，使光线能射出去。用导电材料制成带孔的金属网罩，其孔的尺寸远远小于 12cm，能把微波屏蔽，而光线则可以畅通无阻。

直到 1994 年美国融合公司宣布制成功率为 3100W 的微波灯。该灯内是一个直径为 28mm 的石英球泡，工作时像一个非常亮的高强度气体放电灯，石英泡内由 10 个大气压的硫蒸气的分子辐射出白光，其光效为 1201m/W，色温为 6500K，显色指数为 86。这种很新颖的硫元素之类的充填物，用在有电极的灯内是根本不可能的。这类灯的光辐射主要来自硫分子。在常规下，硫分子仅辐射紫外线，但在达到高压强状态下，硫分子的紫外线辐射会形成等离子自吸收现象，从而促成发射可见光。这种灯放电光谱在可见区域中是连续的，从而保证了有极好的显色性，同时，它只包含了少量的紫外和红外辐射。另外，灯内采用单元素充填剂有利于发光颜色的控制，但是难以根据使用要求而随意调整颜色。

微波硫灯的每单位体积功率是高强度气体放电灯的十倍，所以必须采取强迫风冷，为维持温度均匀，故电灯泡还需以 400r/min 转动。尽管整个系统的效率（考虑微波效率后）仅为 72lm/W，但这种灯的主要优点在于罕见的高亮度和达到 400000lm 的高光通量输出。有人利用这种高光通输出与光导纤维结合起来作为照明可以达到既有令人欢愉的美感，又有高的节能效率，大大推广了这种灯的用途。

最近有人又开发一种新型的微波硫灯，其负载功率为 $30W/cm^2$，这种小型化后的灯不需要强迫风冷，只需保留旋转就行。该灯的系统光效可达 100lm/W，输出总光通量达到 131000lm。目前这种灯价格昂贵，是否能被广泛接受使用，还需要看将来的发展状况而定。

7.3.2 电光源的命名方法

各种电光源型号的命名包括以下五部分：

第一部分为字母，由电光源名称主要特征的三个以内汉语拼音字母组成。如PZ220-40，PZ是汉语拼音“普通照明”两词的第一个字母的组合。

第二部分和第三部分一般为数字，主要表示光源的电参数。如PZ220-100表示灯泡额定工作电压为220V，额定功率为100W。

第四部分和第五部分为字母或数字，表示灯结构（玻璃壳形状或灯头型号）特征的1～2个汉语拼音字母和有关数字组成。规定E表示螺口，B表示插口。数字表示灯头的直径（mm）。如PZ220-100-E27，E27表示螺口式灯头，灯头的直径为27mm。第四和第五部分中的补充部分，可在生产或流通领域中使用时灵活取舍。

电光源型号的各部分按顺序直接编排。当相邻部分同为字母或数字时，中间用短横线“-”分开（外资产品的命名方式有所不同）。

例如，20W直管荧光灯的型号为YZ20RR，第一部分YZ指的是直管荧光灯，第二部分20表示灯的额定功率，第三部分RR说明灯的发光色为日光色。常用电光源型号命名方法见表7-8。

常用电光源型号命名方法　　表7-8

<table>
<tr><th rowspan="2">电光源名称</th><th colspan="4">型号的组成</th></tr>
<tr><th>第一部分</th><th>第二部分</th><th>第三部分</th><th>举例</th></tr>
<tr><td>白炽普通照明灯泡</td><td>PZ</td><td rowspan="4">额定电压</td><td rowspan="4">额定功率</td><td>PZ220-40</td></tr>
<tr><td>反射照明灯泡</td><td>PZF</td><td>PZF220-40</td></tr>
<tr><td>装饰灯泡</td><td>ZS</td><td>ZS220-40</td></tr>
<tr><td>卤钨灯</td><td>LJG</td><td>LJG220-500</td></tr>
<tr><td>摄影灯泡</td><td>SY</td><td>—</td><td>—</td><td>SY6</td></tr>
<tr><td>直管形荧光灯</td><td>YZ</td><td rowspan="14">额定功率</td><td rowspan="4">颜色特征
RN暖白色
RL冷白色
RR日光色</td><td>YZ40RN</td></tr>
<tr><td>U形荧光灯</td><td>YU</td><td>YU40RL</td></tr>
<tr><td>环形荧光灯</td><td>YH</td><td>YH40RR</td></tr>
<tr><td>自整流荧光灯</td><td>YZZ</td><td>YZZ40</td></tr>
<tr><td>紫外线灯管</td><td>ZW</td><td>—</td><td>ZW40</td></tr>
<tr><td>荧光高压汞灯泡</td><td>GGY</td><td>—</td><td>GGY50</td></tr>
<tr><td>自整流荧光高压汞灯泡</td><td>GYZ</td><td>—</td><td>GYZ250</td></tr>
<tr><td>低压钠灯</td><td>ND</td><td>—</td><td>ND35</td></tr>
<tr><td>高压钠灯</td><td>NG</td><td>—</td><td>NG150</td></tr>
<tr><td>管形氙灯</td><td>XG</td><td>—</td><td>XG1500</td></tr>
<tr><td>环形氙灯</td><td>XQ</td><td>—</td><td>XQ1000</td></tr>
<tr><td>金属卤化物灯</td><td>ZJD</td><td>—</td><td>ZJD100</td></tr>
<tr><td>管形镝灯</td><td>DDG</td><td>—</td><td>DDG1000</td></tr>
</table>

7.3.3 常用电光源的性能比较与选用

1. 电光源性能比较

电光源的性能指标主要是发光效率、使用寿命和显色性。表 7-9 给出了常用电光源的性能指标。从表中可以看出，发光效率较高的有高压钠灯、金属卤化物灯和荧光灯等；显色性较好的有白炽灯、卤钨灯、荧光灯、金属卤化物灯等；使用寿命较长的有高压汞灯、高压钠灯等；启动性能较好的（能瞬时启动和再启动）光源有白炽灯和卤钨灯等；显色性最差的为低压钠灯和高压汞灯。

在常用的电光源中，电压变化对电光源光通输出影响最大的是高压钠灯，其次是白炽灯和卤钨灯，影响最小的是荧光灯。由实验得知，维持气体放电灯正常工作不至于自行熄火的供电电压波动最低允许值荧光灯为 160V，高强度气体放电灯为 190V。

气体放电灯受电源频率影响较大，频闪效应较为明显。而热辐射光源（白炽灯、卤钨灯）的发光体（灯丝）热惰性大，闪烁感觉不明显，所以在机械加工车间常常用白炽灯作局部重点照明，以减少频闪效应的影响。

电光源能瞬时启动和再启动时间短的有白炽灯、卤钨灯和荧光灯。高压气体放电灯由于气压缓慢上升等因素影响，启动时间和再启动时间较长，如高压钠灯再启动时间为 10～20min。

常用电光源性能参数比较　　表 7-9

光源名称	白炽灯	卤钨灯	荧光灯	荧光高压汞灯	高压钠灯	低压钠灯	金属卤化物灯
额定功率范围（W）	10～1000	500～2000	5～125	50～1000	35～1000	18～180	100～1000
光效（lm/W）	6.5～19	19.5～21	30～67	30～50	60～120	100～175	60～80
平均寿命（h）	1000	1500	2500～5000	2500～5000	16000～24000	2000～3000	2000
一般显色指数 R_a	95～99	95～99	70～80	30～40	20～25	20～25	65～85
启动稳定时间	瞬时	瞬时	0～3s	4～8min	4～8min	7～15min	4～8min
再启动时间	瞬时	瞬时	0～3s	5～10s	10～20min	5min 以上	10～15min
功率因数	1	1	0.45～0.8	0.44～0.67	0.3～0.44	0.44	0.4～0.61
频闪效应	不明显		明显				
表面亮度	大	大	小	较大	较大	不大	大
电压变化对光通量影响	大	大	较大	较大	大	大	较大
环境温度对光通量影响	小	小	大	较小	较小	小	较大
耐振性能	较差	差	好	好	好	较好	好
所需附件	无	无	镇流器、起辉器	镇流器	镇流器	镇流器	镇流器、触发器
色温（K）	2400～2900		3000～6500		2000～4000	2000～4000	4500～7000

2. 电光源的选用

选用电光源首先要满足照明场所的使用要求，如照度、显色性、色温、启动和再启动时间等。尽量优先选择新型、节能型电光源，其次考虑环境条件要求，如光源安装位置、装饰和美化环境的灯光艺术效果等，最后综合考虑初投资与年运行费用。

（1）按照明设施的目的和用途选择电光源

不同场所照明设施的目的和用途不同。对显色性要求较高的场所，应选用平均显色指数≥80的光源，如美术馆、商店、化学分析实验室、印染车间等常选用日光灯、金属卤化物灯等。对照度要求较低时（一般＜100lx）宜选用低色温光源。照度要求较高时（＞200lx)宜采用高色温光源，如室外广告照明、城市夜景照明、体育馆等高照度照明常选用高压气体放电灯。

在下列工作场所可选用白炽灯：

1）局部照明场所，如金属加工工作台的重点照明。

2）无电磁波干扰的照明场所，如电子、无线电工作室。

3）照度要求不高，且经常开关灯的照明场所，如地下室照明。

4）应急照明。

5）要求有温暖、华丽的艺术照明场所，如大厅、会客室、宴会厅、饭店、咖啡厅、卧室等。

由于高压钠灯的发光效率很高，光色偏黄色，在下列工作场所可选用高压钠灯：

1）显色性要求不高的照明场所，如仓库、广场等照明。

2）多尘、多雾的照明场所，例如码头、车站。

3）城市道路照明。

（2）按环境要求选择电光源

环境条件常常限制了某些电光源的使用。在选择电光塬时必须考虑环境条件是否许可该类型电光源，如低压钠灯的发光效率很高，但显色性较差，所以低压钠灯不适合要求显色性很高的场所。

低温场所不宜选用电感镇流器的荧光灯和卤钨灯，以免启动困难。在空调的房间内不宜选用发热量大的白炽灯、卤钨灯等，以减少空调用电量。在转动的工件旁不宜采用气体放电灯作为局部照明，以免产生频闪效应，造成事故。有振动的照明场所不宜采用卤钨灯（灯丝细长而脆）等。

在有爆炸危险的场所，应根据爆炸危险介质的类别和组别选择相应的防爆灯。在多灰尘的房间，应选择限制尘埃进入的防尘灯具。在使用有压力的水冲洗灯具的场所，必须采用防溅型灯具。在有腐蚀性气体的场所，宜采用耐腐蚀材料制成的密封灯具。

（3）按投资与年运行费选择电光源

选择电光源时，在保证满足使用功能和照明质量的要求下，应重点考虑灯具的效率和经济性，并进行初始投资费、年运行费和维修费的综合计算。其中初始投资费包括电光源的购置费、配套设备和材料费、安装费等；年运行费包括每年的电费和管理费；维修费包括电光源检修和更换费用等。

在经济条件比较好的地区，可设计选用发光效率高、寿命长的新型电光源，并综合各种因素考虑整个照明系统，以降低年运行费和维修费用。常用电光源的特点和应用场所见

表 7-10。

常用电光源的特点和应用场所 表 7-10

光源名称	发光原理	特 点	应用场所
白炽灯	钨丝通过电流时被加热而发光的一种热辐射光源	结构简单、成本低、显色性好、使用方便、有良好的调光性能	日常生活照明、工矿、酒吧、应急照明
卤钨灯	白炽灯中充入微量的卤素，利用卤素的循环提高发光效率	显色性好、使用方便	建筑工地、电视摄影等照明
荧光灯	氩气、汞蒸气放电发出可见光和紫外线，使荧光粉发光	光效高、显色性好、寿命长	家庭、学校、办公室、医院、图书馆、商业等照明
紧凑型荧光灯	发光原理同荧光灯，但光效比荧光灯高	集中白炽灯和荧光灯的优点，光效高、寿命长、体积小、显色性好、使用方便	家庭、宾馆等
高压汞灯	发光原理同荧光灯	光效较白炽灯高、寿命长、耐振性较好	街道、车站等室外照明，但不推荐应用
金属卤化物灯	在灯泡中充入金属卤化物，金属原子参与气体放电发光	发光效率高、寿命长、显色性好	体育场馆、展览中心、广场、广告等照明
高压钠灯	在灯泡中充入钠元素，高压钠蒸气参与气体放电发光	发光效率很高、寿命长、透雾性能好、使用方便	道路、车站、广场、工矿企业等照明
管形氙灯	电离的氙气激发而发光	功率大、发光效率高、触发时间短、不需镇流器、使用方便	广场、港口、机场、体育馆、城市夜景照明

本 章 小 结

1. 可见光的波长范围约从 380nm 到 780nm。可见光波长不同时会引起人的不同色觉。将可见光按波长从 380nm 到 780nm 依次展开，光将分别呈现紫、蓝、青、绿、黄、橙、红色。

2. 辐射通量——辐射通量

某物体单位时间内发射或接收的辐射能量，或在介质（也可能是真空）中单位时间内传递的辐射能量都称为辐射通量，或称辐射功率，通常用符号 Φ_e 表示。

3. 光通量

光通量的实质是用眼睛来衡量光的辐射通量。光通量用 Φ 表示，单位为流明（lm）。

4. 发光强度

发光体在给定方向上的发光强度是该发光体在该方向的立体角元 $d\Omega$ 内传输的光通量 $d\Phi$ 除以该立体角元所得之商，即单位立体角的光通量，发光强度可简称为光强，符号为 I，单位为坎德拉（cd）。

5. 照度

表面上一点的照度是入射在包含该点的面元上的光通量 $d\Phi$ 除以该面元面积 dA 所得之商，照度的符号为 E，单位为勒克斯（lx）。

6. 光在真空或均匀介质中传播时，总是沿直线方向行进。当光在行进过程中遇到不同的介质时会出现反射、折射、透射和吸收等现象。

7. 常用电光源的分类

电光源根据由电能转换光能的工作原理不同，大致可分为热辐射光源、气体放电光源、场致发光灯、感应灯等。热辐射光源是利用物体通电加热而辐射发光的原理制成的，如白炽灯、卤钨灯等。气体放电光源是利用气体放电时发光的原理制成的，如荧光灯、荧光高压汞灯、高压钠灯、霓虹灯、氙灯和金属卤化物灯等。常见电光源的分类见表 7-2。

8. 白炽灯、卤钨灯、荧光灯、低压钠灯、高压氙灯、高压汞灯、高压钠灯、金属卤化物灯、霓虹灯、场致发光灯（屏）、发光二极管（LED 灯）和感应灯等常用电光源的结构、原理、特性、使用场所。

9. 电光源的命名方法。

10. 常用电光源的性能比较与选用。

习题与思考题

1. 辐射通量、光通量、发光强度、照度的概念是什么？单位是什么？
2. 常用的照明电光源可以分哪几类？
3. 常用电光源有哪些光电参数？
4. 简述电光源型号的命名方法。
5. 高压钠灯的最大优点是什么？常用在哪些场合？
6. 分别简述高压钠灯和金属卤化物灯的特性。
7. 霓虹灯的工作电压为多少，它的颜色与什么有关？
8. 气体放电光源为什么在工作时要在其电路中串入镇流器？
9. 电光源 NG100 在工作时，发出光通量为 9500lm。另一电光源 ZJD250 工作时，发出光通量为 20500lm。试比较两种电光源的发光效率。

第8章 照明器及布置

【本章重点】 理解照明器的光强分布、亮度分布及保护角、光输出比等特性；了解照明器按结构、安装方式、配光及配光的宽窄的分类；掌握照明器布置应满足的要求，包括照明器最低悬挂高度和“距高比”等；了解常用的建筑化照明方式。

8.1 照明器的组成及特性

照明器是根据人们对照明质量的要求，重新分布光源发出的光通，防止人眼受强光作用的一种设备，包括光源，控制光线方向的光学器件（反射器、折射器）、固定和防护灯泡以及连接电源所需的组件，供装饰、调整和安装的部件等，是光源和灯具的总称。灯具的主要作用就是固定和保护电光源，并使之与电源安全可靠地连接，合理分配光输出，装饰和美化环境。

照明设计的一个重要环节就是根据照明要求和环境条件，选择合适的照明器或照明装置，并且要求照明功能和装饰效果的协调和统一。

8.1.1 照明器的特性

照明器的特性通常以光强分布、亮度分布及保护角、光输出比3项指标来描述。

1. 光强的空间分布

照明器的光强空间分布是照明器的重要光学特性，也是进行照明计算的主要依据。照明器的光强在空间分布特性是用曲线来表示的。

有关配光的术语，如图8-1所示。

（1）配光

照明器在空间各个方向的光强分布称为配光，意即光的分配。光源本身也有配光，当光源装入灯具后，由于灯具的作用，光源原先的配光将会发生改变，成为照明器的配光。

（2）光特性

光源或照明器的光强在空间各方向上的分布可以用多种方法表示，例如可以用数学解析式表示、用表格表示或用曲线表示等。无论用哪一种方法表示的光强分布都可以认为是光源或照明器的配光特性。如果用曲线表示，则该曲线称为配光特性曲线，简称配光曲线。

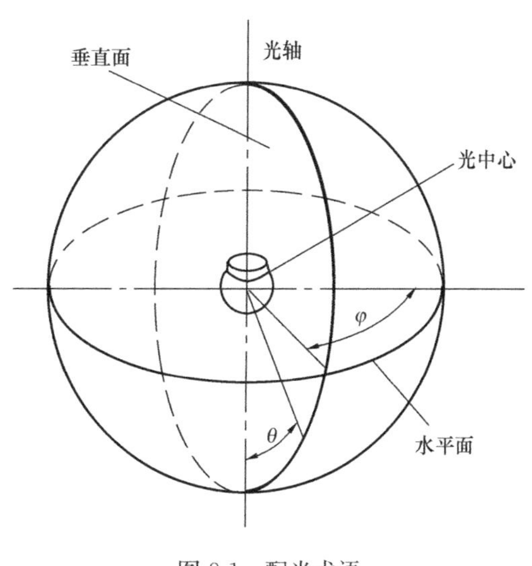

图8-1 配光术语

(3) 中心

把一个光源（或照明器）看成是一个点，该点所在的位置就称为光中心。大多数情况下，发光体的光中心就是该发光体的几何中心，对于敞开式的非透明灯罩组成的照明器，光中心指的是出光口的中心。

(4) 光轴

通过光中心的竖垂线称为光轴。

(5) 垂直角与垂直面

观察光中心的方向与光轴向下方向所形成的夹角称为垂直角，常用 θ 或 H 来表示。垂直角所在的平面称为垂直面。凡是包含光轴的任何平面均称为垂直面。

(6) 水平角与水平面

如果选一垂直面为基准面，那么观察方向所在的垂直面与基准垂直面之间形成的夹角就是水平角，常用 φ 或 C 来表示。垂直于光轴的任意面均称为水平面。观察方向所在的垂直面与任意水平面的交线和基准垂直面与该水平面的交线之间的夹角就是水平角。

2. 配光特性表示

照明器配光特性的表示方法有多种，它们各有各的特点和用途。这里只介绍室内照明中目前最常用的几种配光特性表示方法。

(1) 极坐标表示法

极坐标表示法是应用最多的一种照明器光强空间分布的表示方法，它最适合于具有旋转对称配光特性的照明器。例如装有普通白炽灯、高压汞灯、高压钠灯及部分金属卤化物灯的照明器，只要其中灯具形状具有旋转对称性，则照明器的光强空间分布相对于光轴呈旋转对称形式。

具有对称配光特性的照明器，只要取其中一个垂直面，将照明器在这个垂直面上的光强分布画出来，再将画有光强分布的垂直面绕光轴旋转1周，就可以得到该照明器的光强空间分布了。现以乳白玻璃水晶吊灯为例来说明配光特性的极坐标表示法。这种照明器内装的光源是普通白炽灯，灯具形状又旋转对称，因此它发出的光强在空间的分布基本上是旋转对称，如图8-2所示。

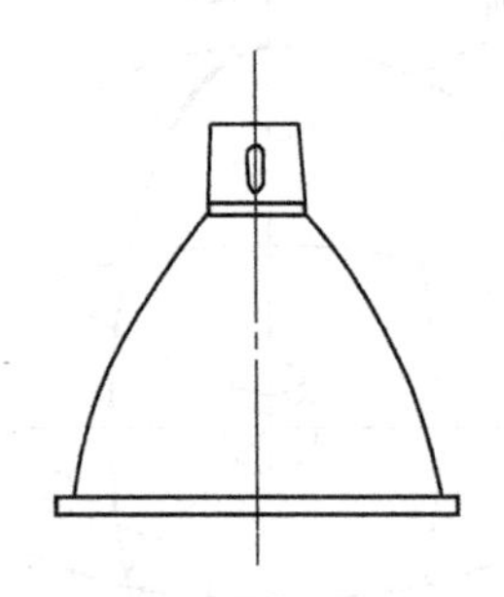

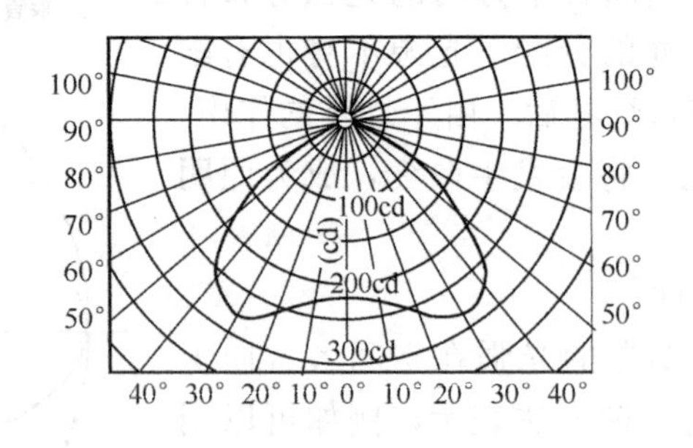

图8-2 旋转轴对称灯具的配光曲线

对具有非对称配光特性的照明器，例如直管荧光灯照明器，其光强空间分布还可以对光轴呈旋转对称，则应画出多个测光面的配光曲线。也可以采用等光强曲线（等烛光图）来表示其光分布，如图8-3所示。

室内照明灯具多数采用极坐标配光曲线来表示其光强的空间分布。

（2）直角坐标表示法

照明器的特性也可以表示在直角坐标上，纵坐标表示光强，横坐标表示垂直角。用直角坐标表示配光比较窄的照明器（聚光灯等），其坐标表示的光强分布与空间位置相一致，因此比较形象，如图 8-4 所示。

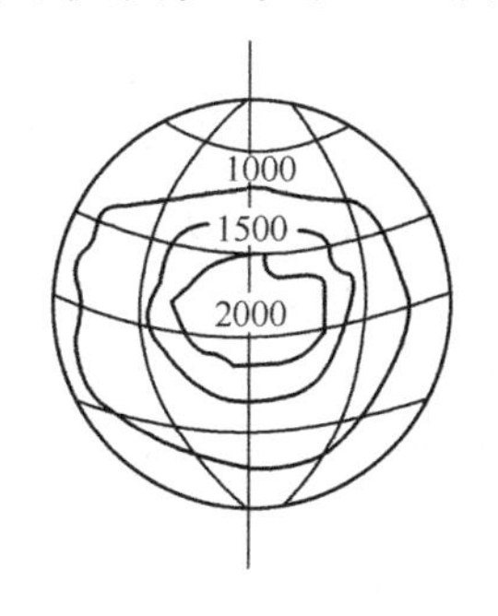

图 8-3　等光强曲线圈

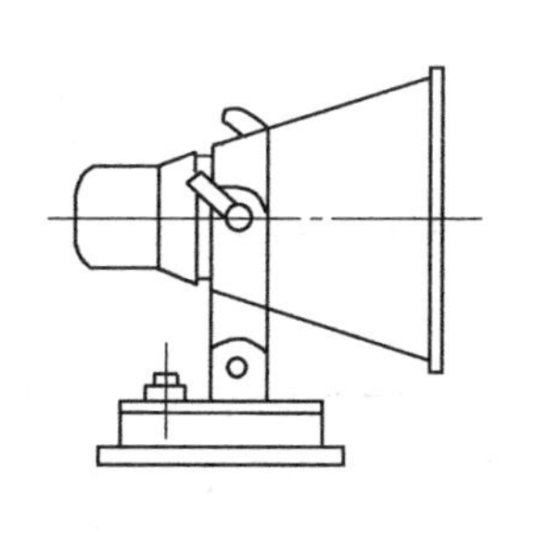
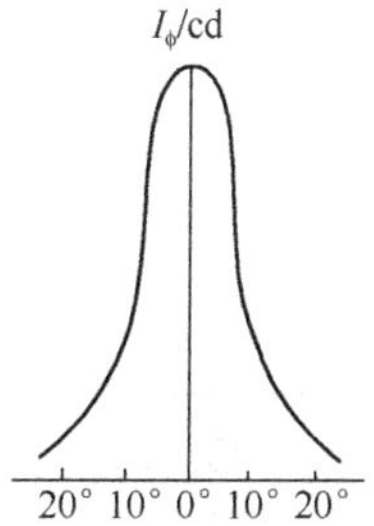

图 8-4　直角坐标配光曲线

3. 照明器的亮度分布和保护角

照明器的亮度分布和保护角对照明质量的影响较大，它是评价视觉舒适感的重要依据。

（1）照明器的亮度分布

照明器的亮度分布是指照明器在不同观察方向上的亮度与表示观察方向的垂直角间的关系。照明器的亮度分布可以用极坐标或直角坐标表示。在实际应用中，照明器的亮度对照明质量产生影响主要发生在垂直角 45°及其以上的范围内，因此常常只需画出该垂直角范围内的亮度分布曲线。CIE（国际照明委员会）给出了亮度限制曲线，如图 8-5 所示图（*a*）适用于①所有无发光侧面的灯具；②有发光侧面的长条形的灯具，从纵向看（C_{90}～

质量等级	使用照度/lx							
Ⅰ	2000	1000	500	≤300				
Ⅱ			2000	1000	500	≤300		
Ⅲ				2000	1000	500	≤300	

A B C D E F G
85° 75° 65° 55° 45° γ
8 6 4 3 2 1 a/h_2
0.8 10^3 2 4 5 6 8 10^4 2 3 4
$L/(\mathrm{cd \cdot m^{-2}})$

(*a*)

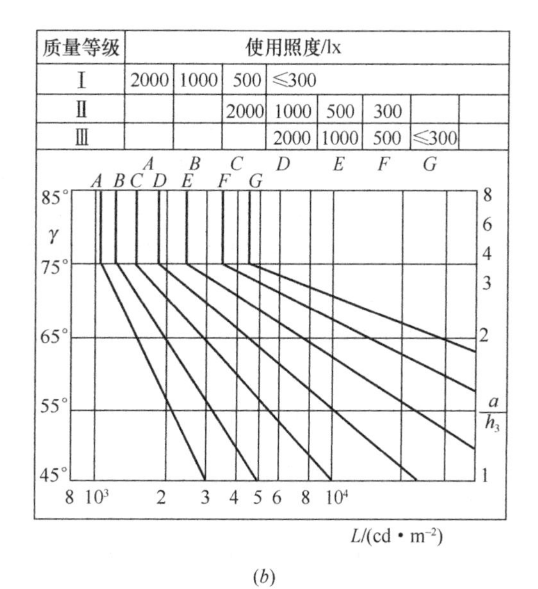

(*b*)

图 8-5　照明器的亮度限制曲线

C_{270})。图(b)适用于①有发光侧面的所有非长条形灯具;②有发光侧面的长条形灯具,从横向看(C_0～C_{180})。

(2)照明器的保护角

照明器的保护角α是指照明器出光口遮蔽光源发光体,使之完全看不见的方位与水平线的夹角,如图8-6所示。

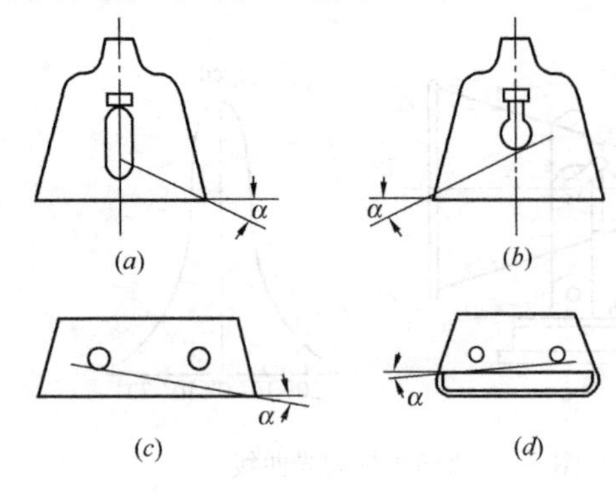

图8-6 照明器的保护角

(a)透明灯泡;(b)乳白灯泡;

(c)双臂荧光灯下敞口控照型照明器;

(d)双管荧光灯下口透明控照型照明器

一般情况下,照明器的保护角α是光源的发光体与灯具出光口下沿的连线和水平线之间的夹角。格栅式灯具的保护角计量方法与一般照明器不同,它是一片格片上沿与相邻格片下沿的连线和水平线的夹角。

从提高照明质量的要求出发,希望照明器的亮度低一些,保护角大一些为好,最好能达到45°。但保护角大的照明器,光源发出的光很大一部分将被灯具吸收,因此照明器的输出光通量被减少。一般来说,照明器的保护角范围应选在15°～30°范围内,这样就能控制照明器在60°～75°范围内的亮度。格栅式灯具的保护角常取25°～45°,保护角越大,照明器的光输出就越小。

4. 照明器的效率

照明器的效率η(亦称光输出比)是照明器的主要质量指标之一。光源在照明器内由于灯腔温度较高,光源发出的光通量比裸露点燃时或少或多,同时光源辐射的光通量经过照明器光学部件的反射和透射必然要引起一些损失,但总的来说,照明器光输出比总是小于1的,其值可用下式计算:

$$\eta=\frac{\Phi_1}{\Phi_s}\times 100\% \tag{8-1}$$

式中 Φ_1——照明器出射的光通量;

Φ_s——照明器裸露点燃时出射的光通量。

照明器的效率很大程度上取决于灯具,即使更换照明器内的光源,只要光源的形状和尺寸变化不大,那么照明器的效率也变化不大。照明器的效率与灯具的形状、所用的材料和光源在灯具内的位置有较大的关系。

投光灯(泛光灯)常用有效效率来表示,它是指照明器发出的光束中,光强不小于1/10峰值光强范围内光束光通量与照明器内光源发出的总光通量之比。

5. 照明器的眩光

当电光源的亮度过大或与人眼的距离过近时,刺目的光线使人眼难以忍受,使人发生晕眩及危害视力的现象称为眩光。它可能使人看不见其他东西,失去了照明的作用;也可能对可见度并无影响,但人感到很不舒服。因此,在建筑电气照明设计时必须注意限制眩光。通常采用如下措施:

(1)为限制直接眩光的作用,室内照明器的悬挂高度应符合表8-1的规定。

照明器距地面最低高度的规定 **表 8-1**

光源种类	照明器型式	保护角 α	灯泡功率（W）	最低悬挂高度（m）
白炽灯	有反射罩	0°～30°	≤60	2
			100～150	2.5
			200～300	3.5
			≥500	4
	有乳白玻璃漫反射罩	—	≤100	2
			150～200	2.5
			200～300	3
卤钨灯	有反射罩	30°～60°	≤500	6
			1000～2000	7
低压荧光灯	有反射罩	0°～10°	＜40	2
			＞40	3
	无反射罩	—	≥40	2
高压荧光灯	有反射罩	10°～30°	≤125	3.5
			250	5
			≥400	6
金属卤化物灯	搪瓷反射罩	10°～30°	400	6
	铝抛光反射罩		1000	14
高压钠灯	搪瓷反射罩 铝抛光反射罩	10°～30°	250	6
			400	7

灯罩提供的保护角，是为了保护视力不受或少受眩光的影响，因为眩光的强弱与视角存在着一定的关系，如图 8-7 所示。

（2）局部照明的光源应具有不透明材料或漫反射材料制成的反射罩。光源的位置高于人眼的水平视线时，其保护角应大于 30°，若低于眼睛的水平视线时，不应小于 10°。

（3）当工作面或识别物体表面呈现镜面反射时，应采取防止反射至眼内的措施，例如加大保护角，采用漫射型或带磨砂灯泡的照明器。

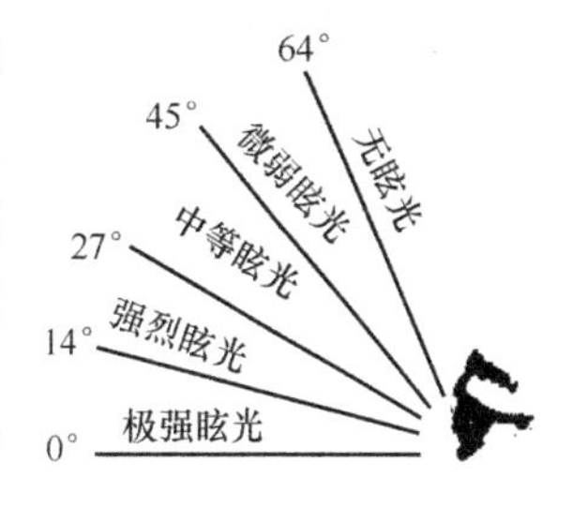

图 8-7 眩光与视角的关系

8.2 照明器的分类及选择

8.2.1 照明器的分类

1. 按结构分

（1）开启型。光源裸露在外，灯具是敞口的或无灯罩的。

（2）闭合型。透光罩将光源包围起来的照明器。但透光罩内外空气能自由流通，尘埃易进入罩内，照明器的效率主要取决于透光罩的透射比。

（3）封闭型。透光罩固定处加以封闭，使尘埃不易进入罩内，但当内外气压不同时空气仍能流通。

(4) 密闭型。透光罩固定处加以密封，与外界可靠地隔离，内外空气不能流通。根据用途又可分为防水防潮型和防水防尘型，适用于浴室、厨房、潮湿或有水蒸气的车间、仓库及隧道、露天堆场等场所。

(5) 防爆安全型。这种照明器适用于在不正常情况下可能发生爆炸危险的场所。其功能主要使周围环境中的爆炸性气体进不了照明器内，可避免照明器正常工作中产生的火花而引起爆炸。

(6) 隔爆型。这种照明器适用于在正常情况下可能发生爆炸的场所。其结构特别坚实，即使发生爆炸，也不易破裂。

(7) 防腐型。这种照明器适用于含有腐蚀性气体的场所。灯具外壳用耐腐蚀材料制成，且密封性好，腐蚀性气体不能进入照明器内部。

2. 按安装方式分类

(1) 吸顶式。照明器吸附在顶棚上，适用于顶棚比较光洁且房间不高的建筑内。这种安装方式常有一个较亮的顶棚，但易产生眩光，光通利用率不高。

(2) 嵌入式。照明器的大部分或全部嵌入顶棚内，只露出发光面，适用于低矮的房间。一般来说顶棚较暗，照明效率不高。若顶棚反射比较高，则可以改善照明效果。

(3) 悬吊式。照明器挂吊在顶棚上。根据挂吊的材料不同可分为线吊式、链吊式和管吊式。这种照明器离工作面近，常用于建筑物内的一般照明。

(4) 壁式。照明器吸附在墙壁上。壁灯不能作为一般照明的主要照明器，只能作为辅助照明，富有装饰效果。由于安装高度较低，易成为眩光源，故多采用小功率光源。

(5) 枝形组合型。照明器由多枝形灯具组合成一定图案构成，俗称花灯，一般为吊式或吸顶式，以装饰照明为主。大型花灯灯饰常用于大型建筑大厅内，小型花灯也可用于宾馆、会议厅等。

(6) 嵌墙型。照明器的大部分或全部嵌入墙内或底板面上，只露出很小的发光面。这种照明器常作为地灯，用于室内起夜灯用，或作为走廊和楼梯的深夜照明灯，以避免影响他人的夜间休息。

(7) 台式。主要供局部照明用，如放置在办公桌、工作台上等。

(8) 庭院式。主要用于公园、宾馆花园等场所，与园林建筑结合，无论是白天或晚上都具有艺术效果。

(9) 立式。立灯又称落地灯，常用于局部照明，摆设在沙发和茶几附近。

(10) 道路、广场式。主要用于广场和道路照明。

另外还有建筑化照明，即将光源隐藏在建筑结构或装饰内，并与之组合成一体。通常有发光顶棚、光带、光梁、光柱、光檐等。

3. 按配光分类

根据照明器上射光通量和下射光通量占照明器输出光通量的比例进行分类，又称为CIE配光分类。

(1) 直接型。上射光通量占0%～10%，下射光通量占100%～90%。灯具由反光良好的非透明材料制成，如搪瓷、抛光铝或铝合金板和镀银镜面。直接型照明器的效率较高，但因上射光通量几乎没有，故顶棚很暗，与明亮的灯容易形成强烈的对比，又因光线方向性强，易产生较重的阴影。

(2) 半直接型。上射光通量占10%～40%，下射光通量占90%～60%。这种照明器的灯具常用半透明材料制成，下方为敞口形，它能将较多的光线直接照射到工作面，又可使空间环境得到适当的亮度，改善了房间内的亮度比。

(3) 直接间接型（漫射型）。上射光通量占40%～60%，下射光通量占60%～40%。上射光通量和下射光通量基本相等的照明器即为直接间接型。照明器向四周均匀透光的型式称为漫射型，它是直接间接型的一个特例。乳白玻璃球形照明器属于典型的漫射型。这类照明器采用漫射材料制成封闭式的灯罩，造型美观，光线均匀柔和，但是光损失较多，光通量利用率较低。

(4) 半间接型。上射光通量占60%～90%，下射光通量占40%～10%。半间接型的灯具上半部分用透明材料或敞口形式，下半部分用漫射材料制成。由于上射光通量的增加，增强了室内散射光的照明效果，使光线更加均匀柔和。在使用过程中，灯具上部很容易积灰，照明器效率较低。

(5) 间接型。上射光通量占90%～100%，下射光通量占10%～0%。这类照明器光线几乎全部经顶棚反射到工作面，因此能很大程度地减弱阴影和眩光，光线极其均匀柔和。但用这种照明器照明时，缺乏立体感，且光损失很大，极不经济，常用于剧场、美术馆和医院。若与其他型式的照明器混合使用，可在一定程度上扬长避短。

4. 按配光的宽窄来分

这种分类方法是根据照明器的允许距高比λ的值来分，也叫按距高比分类。

(1) 特深照配光型。光通量和最大发光强度值集中在0°～15°的狭小立体角内。

(2) 深照配光型。光通量和最大发光强度值集中在0°～30°的狭小立体角内。

(3) 配照配光型。又称余弦配光型。发光强度I_θ与角度θ的关系符合余弦定律。

$$I_\theta = I_0 \cos\theta \tag{8-2}$$

式中　I_0——灯具正下方$\theta=0°$时的发光强度最大值。

(4) 漫射配光型。又称均匀配光型，光线在各个方向上发光强度基本相同。

(5) 广照配光型。光线的最大发光强度分布在较大角度上，可在较广的面积上形成均匀的照度。

此外，还可以按照外壳的防护等级（IP）来分类。照明器按照用途来分可分为以功能为主的灯具、以装饰为主的灯具以及专业用灯具；照明器还可以按触电保护等级分类、按安装面材料的可燃与不可燃性等要求来分类。

随着电光源工业的发展，新的高效节能灯具的出现，对各种照明场所、照明原理的深入研究，新的作业场所的出现，新技术和新工艺的使用，新型灯具不断涌现，给灯具工业的发展提供了有利的条件。

8.2.2 照明器的选择

照明设计中选用照明器的基本原则：

1. 符合使用场所的环境条件。

2. 合适的光特性：光强分布、照明器的表面亮度、保护角等。

3. 外形与建筑相协调。

4. 经济性：照明器光输出比、电气安装容量、初投资及维护运行费用等。

灯具在室内起着重要的装饰作用，因此在选择灯具时应符合室内空间的用途和格调，要同室内空间的体量和形状相协调，还应根据个人的爱好、结合房间的总体设计加以考虑。民用灯具种类很多，其造型、图案及与房间所体现的风格有很大关系。如果房间的总体设计偏向于古朴典雅，可尽量选用具有我国民族传统的以仿古宫灯、有国画图案的，或灯座用竹片、藤芯制作的灯具；如果房间的总体设计偏向于活泼、明快，可选择有现代感、造型明快简洁、有几何图案的各类灯具；需要装饰华丽的场所，可选用仿金电镀灯架及透明或刻花喷金的玻璃灯罩等。

灯具的大小应当和居室面积以及家具规格的大小相适应，以求整体布局的和谐。

美国在1991年正式提出绿色照明工程计划，目的是为了节约照明用电和减少生产和使用期间以及使用后的环境污染。照明节电的概念是在不降低人们生活环境照明质量的前提下采用的措施。目前照明节电的途径有二：其一是合理设计布局照明，减少无效照明；其二是大量采用高效节能灯具和新光源及节能器件，达到实用、高效、艺术、节能的目的。我国近年来也逐步推行绿色照明工程。

8.3 照明器的布置方式与要求

灯具的布置应能满足工作面上最低的照度要求，照度均匀，光线射向适当，无眩光、无阴影，检修维护方便与安全，光源安装容量减至最小，并且总体布置应该整齐、美观以及与建筑协调。

8.3.1 竖向布置

照明器的竖向布置（即悬挂高度），除了考虑到安全及灯具的光通利用率，还需要考虑限制直接眩光作用，照明器悬挂高度应满足表8-1中所规定的最低高度的要求。

8.3.2 水平布置

照明器的水平布置可分为选择性布置和均匀布置。布置应满足的要求是：

1. 规定的照度。
2. 工作面上的照度均匀。
3. 光线的射向适当，无眩光，无阴影。
4. 光源安装容量减至最小。
5. 维护方便。
6. 布置整齐美观，并与建筑空间相协调。

照明器布置是否合理，主要取决于灯具的间距 S 和计算高度 h 的比值，在 h 已定的情况下，S/h 值小，经济性差，S/h 值大，则不能保证照度均匀度。通常每个照明器都有一个“最大允许距高比”，表8-2列出了部分照明器的最大允许距高比。

常用照明器的最大允许距高比　　表8-2

灯具	型号	光源种类及容量（W）	最大允许距高比 S/h_{RC}		最低照度系数
			A-A	B-B	
配照型照明器	GC1-A GC1-B	B150 G125	1.25 1.41		1.33 1.29

续表

灯 具	型 号	光源种类及容量（W）	最大允许距高比 S/h_{RC}		最低照度系数
			A-A	B-B	
广照型照明器	GC3-A/B-2	G125 B200，150	0.98 1.02		1.32 1.33
深照型照明器	GC5-A/B-3	B300 G250	1.40 1.45		1.29 1.32
	GC5-A/B-4	B300，500 G400	1.40 1.23		1.31 1.32
筒式荧光灯	YG1-1 YG2-1 YG2-2	1×40 1×40 2×40	1.62 1.42 1.33	2.22 1.28 1.28	1.28 1.29 1.29
吸顶式荧光灯	YG6-2 YG6-3	2×40 3×40	1.48 1.5	1.22 1.26	1.29 1.30
嵌入式荧光灯	YG15-2 YG15-3	2×40 3×40	1.25 1.07	1.20 1.05	— 1.30
搪瓷罩卤钨灯	DD3-1000 DD1-1000 DD6-1000	1000	1.25 1.08 0.62	1.40 1.33 1.33	—
房间较低且反射条件较好		灯排数≤3 灯排数>3	—		1.15～1.2 1.10
其他白炽灯合理布置时			—		1.1～1.2

在实际设计中，因为要考虑房间的设备位置、屋架、大梁型式、建筑结构等因素，一般很难求得理想的 S/h 值，只能做到尽量合理。实际上要经过反复计算才能确定较合理的 S/h 值。

为了使整个房间有较好的亮度分布，照明器的布置除选择合理的距高比外，还应注意与顶棚的距离。当采用均匀漫反射配光的照明器时，照明器与顶棚的距离和工作面与顶棚的距离之比宜在 0.2～0.5。照明器布置要与建筑结构形式、工艺设备，其他管道布置情况相适应以及满足安全维修等要求。厂房内照明器一般安装在屋架下弦，但在高大厂房中，为了节能以及提高垂直照度，也可采用顶灯和壁灯相结合的形式，但不能只装壁灯而不装顶灯，造成空间亮度明暗悬殊。在民用公共建筑中，特别是大厅、商店等场所，不能要求照度均匀，而主要考虑装饰美观和体现环境特点，以多种形式的光源和灯具作不对称布置，造成琳琅满目的繁华活跃气氛。

传统意义上的照明设计，以工作面达到规定的水平照度为设计目标，忽视灯光环境的质量。现代灯光环境设计认为，无论对视觉作业的光环境，还是用于休息、社交、娱乐的光环境，都要从深入分析设计对象入手，全面考虑对照明有影响的功能、形式、心理和经济等因素，在此基础上再制订设计方案。由此可见，灯光环境是通过照明来实现的，照明器的位置、方向、大小、形式以及和音乐、背景的配合，与建筑结构、建筑装饰的配合都有很大的关系。

8.4 照明器布置与建筑结构、装饰的配合

照明器的布置还应与建筑形式相结合。例如高大厂房内的灯具经常采用顶灯和壁灯相结合的形式；宾馆大厅、商场等场所不能简单地采用均匀布置灯具，而应采用多种形式的光源和灯具作不均匀布置，突出富丽堂皇、琳琅满目的装饰艺术和环境美观、豪华的视觉效果。

照明器布置与建筑结构、装饰的配合，即建筑化照明。建筑化照明是指光源或灯具与建筑结构合为一体，或与室内装饰结合为一体的照明形式。一方面，对建筑及室内的设计效果来说，可以达到完整统一，不会破坏室内装饰的整体性；另一方面，光源一般都比较隐蔽，可以避免眩光，产生良好的光照环境。常用建筑化照明有以下几种方式：

1. 发光顶棚

室内吊顶部分或大部分为透光材料，并在吊顶内部均匀设置光源，这种可发光的吊顶叫发光顶棚。

发光顶棚应具有均匀的亮度，吊顶内的光源要求排列均匀，并保持合理的间距，间距过大发光顶棚的亮度就不均匀，间距过小又浪费能源，并使顶棚过亮。设计发光顶棚时还要注意考虑灯具与顶棚的距离等。

发光顶棚内的光源，一般选用荧光灯。顶棚表面材料可选各类格栅、漫射型透光板，如有机玻璃板、磨砂玻璃等。发光顶棚的优点是使室内空间能获得均匀的照度，无眩光、无阴影，整个空间开放、明亮。

2. 暗灯槽

它是利用建筑结构或室内装修结构对光源进行遮挡，使光投向上方或侧方，并通过其反射使室内得到照明，光线柔和、有层次感。

发光灯槽所采用的光源多为荧光灯，有时也用白炽灯、霓虹灯及发光二极管等。发光灯槽主要起装饰作用，不宜作为室内的主要照明。

3. 光带

在顶棚空间一部分区域装设格栅、透光板，形成带状、块状、矩形、椭圆形等发光部分。

4. 檐口照明

利用不透光的檐板遮住光源，使墙面或某个装饰立面明亮的照明形式。檐口照明富有层次感，并使比较狭窄的空间产生通透感，从而改善空间的视觉尺度感，同时也可以强调装饰品、壁画、布幔等，以达到更好的装饰效果。

本章小结

1. 照明器的特性通常以光强分布、亮度分布及保护角、光输出比3项指标来描述。

2. 照明器按结构分为开启型、闭合型、封闭型、密闭型、防爆安全型、隔爆型、防

腐型等。

3. 照明器按安装方式分为吸顶式、嵌入式、悬吊式、壁式、枝形组合型、嵌墙型、台式、庭院式、立式、道路、广场式等。

4. 照明器按配光分为直接型、半直接型、直接间接型（漫射型）、半间接型、间接型等。

5. 照明器按配光的宽窄来分为特深照配光型、深照配光型、配照配光型、漫射配光型、广照配光型等。

6. 照明器的竖向布置（即悬挂高度），除了考虑到安全及灯具的光通利用率，还需要考虑限制直接眩光作用，照明器悬挂高度应满足最低高度的要求。

7. 照明器的水平布置可分为选择性布置和均匀布置。布置应满足的要求是：

（1）规定的照度。

（2）工作面上的照度均匀。

（3）光线的射向适当，无眩光，无阴影。

（4）光源安装容量减至最小。

（5）维护方便。

（6）布置整齐美观，并与建筑空间相协调。

8. 照明器布置是否合理，主要取决于灯具的间距和计算高度的比值，即“距高比”。照明器的布置应满足“最大允许距高比”的要求。

9. 照明器的布置还应与建筑结构、装饰的配合，即建筑化照明。常用的建筑化照明有：发光顶棚、暗灯槽、光带、檐口照明等。

习 题 与 思 考 题

1. 描述照明器特性的指标主要有哪些？
2. 按照结构分类，照明器分为哪些类型？
3. 按照安装方式分类，照明器分为哪些类型？
4. 按照配光分类，照明器分为哪些类型？
5. 按照配光的宽窄来分，照明器分为哪些类型？
6. 照明器的布置应满足哪些要求？
7. 常用的建筑化照明有哪些方式？

第9章 照明的方式、种类及照明的质量、照度标准

【本章重点】 掌握照明的方式；了解照明的种类；理解衡量照明质量好坏的指标：照度、亮度及其分布、照度均匀度、阴影、眩光、光的颜色、光源的显色性、照度的稳定性等；熟悉我国现行的《建筑照明设计标准》GB 50034—2004。

9.1 照明方式和照明种类

9.1.1 照明方式

照明器按其布局方式或使用功能而构成的基本形式，称为照明方式。照明方式有一般照明、分区一般照明、局部照明及混合照明等。

1. 一般照明

为照亮整个场地设置的基本均匀布置的照明方式，一般照明可获得均匀的水平照度。如车间、办公室、体育馆、教室、会议室、营业大厅等。

2. 分区一般照明

根据工作面布置的实际情况，将照明器集中或分组集中，均匀布置在工作区上方，根据需要提高特定区域照度的一般照明称为分区一般照明，可有效地节约能源。

3. 局部照明

以满足照明范围内某些部位的特殊需要而设置的照明称为局部照明，例如局部地点需要高照度或对照射方向有要求等。局部照明仅限于照亮一个有限的工作区，通常采用从最适宜的方向装设台灯、射灯或反射型灯泡。如工厂检验、划线、钳工台及机床照明，民用建筑中的卧室、客房的台灯、壁灯等。

4. 混合照明

由一般照明和局部照明共同组成的照明称为混合照明。其实质是在一般照明的基础上，在另外需要提供特殊照明的局部，采用局部照明。

9.1.2 照明种类

照明有正常照明、应急照明、值班照明、警卫照明、障碍照明、装饰照明、艺术照明、泛光照明、景观照明、水下照明及定向照明、适应照明、过渡照明、造型照明、立体照明等类型。

1. 正常照明

为满足正常工作而设置的室内、外照明称为正常照明。它起着满足人们基本视觉要求的功能，是照明设计中的主要照明。一般可单独使用，也可与应急照明、值班照明同时使用，但控制线路必须分开。

2. 应急照明

按照《建筑照明设计标准》GB 50034—2004，应急照明是因正常照明的电源失效而

启用的照明，包括疏散照明、安全照明、备用照明。详见第11章应急照明。

3. 值班照明

在非工作时间供值班人员观察用的照明称为值班照明。可利用正常照明中能单独控制的一部分或应急照明的一部分或全部作为值班照明。值班照明宜在非三班制生产的重要车间、仓库或大型商场、银行等处设置。

4. 警卫照明

用于警卫地区内重点目标或周界附近的照明称为警卫照明。可按警戒任务的需要，在警卫范围内装设，宜尽量与正常照明合用。

5. 障碍照明

装设于飞机场附近的高层建筑、烟囱上或船舶航行的河流两岸的建筑物上。

6. 装饰照明

为美化和装饰某一特定空间而设置的照明称为装饰照明。装饰照明有着丰富空间内容、装饰空间艺术、渲染空间气氛的作用，一般用于宾馆、饭店、商场、娱乐场所、展览会大厅内外等场所，大型建筑物立面照明、大型树木泛光照明等也属于装饰照明，装饰照明在广告中得到广泛应用，如各种装饰灯箱。装饰照明可以是正常照明或局部照明的一部分，以纯装饰为目的的照明，不兼作一般照明和局部照明。

7. 艺术照明

通过运用不同的灯具、不同的投光角度和不同的光色，制造出一种空间气氛的照明称为艺术照明。光与影本身就是一种特殊的艺术，光影的造型是千变万化的，在恰当的部位，以恰当的形式，突出主题思想，获得良好的艺术照明效果。一般多用于专业摄影场所、舞台、商业场所，如橱窗等。

9.2 照明质量

照明设计的优劣主要是用照明质量来衡量。在进行照明设计时应全面考虑和恰当处理下列各种照明质量的指标：

1. 工作面上的照度

建筑照明设计时，最核心的问题是如何保证工作面上的照度，以使人易于识别所从事的工作的细节，同时消除或适当控制那些会造成视觉不舒适的因素。

工作面上的被视物体（比如教室、办公室、设计室里桌面上的书刊，商店里的货架和柜台上的商品等）的背景照度直接影响着人的视觉能力的发挥。在不改变被视物体与背景亮度的情况下，人的视觉能力可随着工作面上的照度提高而提高。例如在灯光下看书时，会感觉到字迹清晰，而且阅读流畅。这说明在不单独改变背景亮度或被视物体亮度的情况下，背景与被视物体之间的亮度对比随着整个工作面照度的改变而改变着。因此，工作面上得到相应的照度，是评价照明质量的一个主要特征。

2. 亮度及其分布

作业环境中各表面上的亮度及其分布是照明设计的补充，是决定物体可见度的重要因素之一。

在室内环境中，如果背景有亮度过大的情况时，当人的视觉从一处转向另一处时，眼睛被迫要经过一个适应过程。如果这个适应过程次数过多，就会引起视觉疲劳。因此，视野内有合适的亮度分布是舒适视觉的必要条件。相近环境的亮度应当尽可能低于被观察物的亮度，CIE推荐被观察物的亮度如为它相近环境的3倍时，视觉清晰度较好，即相近环境与被观察物本身的反射比最好控制在0.3～0.5的范围内。

在设计工作中，为了使室内环境能获得适当的亮度分布，同时又避免繁琐的计算工作，通常用照度对比和墙面、顶棚、地面等的反射比来作为设计应达到的要求。我国民用建筑照明设计标准推荐：视觉工作对象照度比为1，顶棚照度比为0.25～0.9，墙面照度比为0.4～0.8，地面照度比为0.7～1.0，顶棚反射比为0.7～0.8，墙面反射比为0.5～0.7，地面反射比为0.2～0.4，家具反射比为0.25～0.45。

3. 照度均匀度

根据我国国标，照度均匀度可用给定工作面上的最低照度与平均照度之比来衡量，即E_{min}/E_{av}。CIE推荐，在一般情况下，工作区域最低照度与平均照度之比通常不应小于80%，工作房间整个区域的平均照度一般不应小于工作区平均照度的33%，相邻房间的平均照度不应超过5∶1的变化。例如照度为100lx的办公室外面的走廊的照度至少要有20lx。但对于室外道路照明等，照明均匀度可允许更低的数值。按《建筑照明设计标准》GB 50034—2004的确定：公共建筑的工作房间和工业建筑作业区域内的一般照明照度均匀度，不应小于0.7，而作业面邻近周围的照度均匀度不应小于0.5；房间或场所内的通道和其他非作业区域的一般照明的照度值不宜低于作业区域一般照明照度值的1/3。

为了获得满意的照明均匀度，灯具布置间距不应大于所选灯具最大允许距高比。当要求更高时，可采用间接型、半间接型照明器或光带等方式。

若工作面上另加局部照明，则整体照明在工作面上产生的照度不宜小于$\frac{1}{3}\sim\frac{1}{5}$工作面上的总照度。

4. 阴影

定向光照射到物体上将产生阴影及反射光，此时应根据具体情况分别评价其好坏。当阴影构成视看的障碍时，对视觉是有害的；当用阴影可把物体的造型和材质感表现出来时，适当的阴影对视觉又是有利的。

在要求避免阴影的场合宜采用漫射光照明。在设计工业厂房照明时，要尽量避免工业设备或其他构件形成的阴影。对以直射光为主的照明可使用宽配光的照明器均匀布置，以获得适当的漫射照明。

利用阴影“造型”要注意物体上最亮的部分与最暗的部分的亮度比，以3∶1最为理想。而且“造型”效果的好坏与光的强弱、方向以及观察者视线方向等有关。当被照物体表面凹凸不平时，可以利用照明的效果将其所产生的细小阴影突出出来，以此表现出不同质地的材质感。一般情况下，用指向性光源从斜方向照射，即能达到这种效果。此外，对检验照明、建筑物立面照明、商店照明等都应注意有效地利用阴影，以取得较好的视觉效果和心理效果。

5. 眩光

眩光是照明设计质量非常重要的指标之一。因此，抑制眩光就成为设计人员首要考虑的问题。

眩光是在视野内有亮度极高的物体或强烈的亮度对比时所引起的视觉不舒适感、视觉降低的现象。眩光可以是直射的，也可以是反射的。直射眩光是由于观察者在正常视觉范围内出现过亮的表面引起的。如果观察者看到一个光源在光滑表面的映像，那么这就是反射眩光。眩光对人的生理和心理都有明显的影响，而且会较大地影响工作效率和生活质量，严重的还会产生恶性事故，所以对眩光的研究有着非常重要的意义。

在室内照明的实践中，不舒适眩光出现的机率要比失能眩光多。眩光可能产生多种感觉，从轻度的不舒适到瞬间失明，感觉的大小与眩光光源的尺寸、数目、位置、亮度的大小以及眼睛所适应的亮度有关。

直接型照明器应根据灯的亮度和限制眩光等级选择适当的保护角。我国规定的最小保护角见相应手册。

控制直射眩光的方法不一定对反射眩光有效，受遮挡而看不见的光源，有可能会在光滑的工作面上或附近的镜反射看到，特别是在作业面相对于发光面的位置不正确时。当在工作面上出现反射光影，其反射清晰度并不是很高，反射的发光面部分是模糊的，像是一层由光组成的幕布，使物体细部变得模糊，这称为光幕反射。最好的解决办法是使反射光不在人的视觉范围之内，光的入射方向可以和观看方向相同或从侧边入射到工作面上。

在复杂的环境中，比如有许多人并且具有不同性质的工作环境，以某部分人的工作位置来设计总体照明就很难满足所有的工作位置和方向，这时低亮度的灯具就有助于减少出现眩光的机会，而对于工作面可以增加局部照明，以满足工作面所需照度。另外，无论什么地方都应该尽可能避免有光泽的或高反射比的表面。

产生眩光的另一个原因是视觉范围内不合理的亮度分布，周围环境的亮度（顶棚、墙面、地面等）与照明器的亮度形成强烈的对比就会产生眩光，对比数值越大，尤其是顶棚，眩光越严重。解决这一眩光现象的方法是提高顶棚和墙面的亮度，可以采用较高反射比的饰面材料。另外还可以采用半直接型照明、半间接型照明、漫射照明、吊灯、吸顶灯等，以增加顶部的亮度，并使整个空间布光均匀。

我国规定民用建筑照明对直射眩光的质量等级分为 3 级，控制直射眩光主要是控制光源在 γ 角 45°～90°范围内的亮度。对此有 2 种办法：

（1）选择透光材料，即用漫射材料或表面做成一定的几何形状的材料将光源遮蔽，γ 角范围内靠上边的部分施加严格的限制。

（2）控制保护角，使 $90^\circ \sim \gamma$ 部分变得小于受灯具结构控制的预定的保护角。

由于照明器造型复杂等原因，在计算照明器亮度确有困难时，可通过限制照明器的最低悬挂高度来限制直射眩光。

对工作面的反射眩光和作业面上的光幕反射要加以有效抑制。抑制最有效的方法是适当安排工作人员和光源的位置，力求使工作照明来自适宜的方向，使光源反射的光线不是指向人眼而是指向远处或侧方。也可使用发光表面面积大、亮度低的照明器和在视线方向反射光通小的特殊配光照明器。同时视觉工作对象和工作房间应尽量采用粗糙的表面。

6. 光的颜色

室内的色彩设计是影响室内的视觉舒适感的一个重要因素。

应用颜色对比能提高视觉舒适感。尤其是在亮度对比差的时候，在同一场所可采用合适光谱的 2 种或 2 种以上的光源混合的混光照明。颜色对比除取决于灯的显色性能外，还包括环境及人们对色彩的爱好，需要考虑光色的物理效果、心理效果、生理效果。

为了得到高效率的照明，主要表面应该采用淡颜色，顶棚通常是白色或近似白色，其他如墙面、地面、家具、陈设等表面通常是有色的。虽然人对色彩的喜好随年龄、性别、气候、社会风气甚至种族差异而不同，但还是能够总结出许多关于表面颜色和光源色标的一般规律来。

(1)“暖色”表面的物体在“暖色”光照射下比在“冷色”光照射下看起来要更愉快些，而缺乏短波能量的暖色光或多或少地“压制”冷色调颜色，使冷色调的颜色无法正确显现。

(2) 背景（如墙、顶棚和大面积物体）的最佳颜色不是白色就是饱和度非常低的淡色，这种颜色可以成为“安全”的背景颜色。当希望产生对比时，非常暗的背景颜色是可以接受的。

(3) 人们普遍喜欢的颜色是蓝色、蓝绿色和绿色，其次是红色、橙色和黄色，这与光源的色表和背景的颜色无关。另外，大多数女性通常喜欢红色、橙色、黄色，而男性则喜欢米色和绿色。

(4) 通常认为食品的颜色在暖色光之下比在冷色光之下好。

(5) 色彩只有在创造既生动又富于变化的环境时才是令人满意的，虽然某种色彩本身是令人愉快的，但大量地重复这种颜色设计就会导致不愉快和单调，产生与愿望相反的效果。

7. 光源的显色性

物体表面色的显示除了决定于物体表面的特性外，还取决于光源的光谱能量分布。当照射物体的光源具有不同的光谱能量分布时，物体表面显示的颜色也会出现差异。光源的显色性就是指在该光源的照射下物体表面显示的颜色与在标准光源（通常用日光进行比较）照射下显示的颜色相符合的程度。

用“显色指数 R_a”表示光源的显色性。光源的显色指数用被测光源下物体的颜色与标准光源下物体颜色相等程度来衡量，标准光源显色指数定为100，常用照明电光源的显色指数 $R_a \leqslant 100$。显色指数越高，显色性越好，一般认为 $R_a = 100 \sim 80$，显色性优良；$R_a = 79 \sim 50$，显色性一般；$R_a < 50$，显色性差。

8. 照度的稳定性

照明变化引起忽亮忽暗的不稳定照明，给人的视觉带来不舒适感，从而影响工作。照度的变化主要是由于光源的光通量的变化，而光通量的变化主要是由于电源电压的波动，因此必须采取措施保证供电电压的质量。此外，也可能由于气流等形成照明器的摆动，这也是不允许的。

在频闪效应对视觉工作条件有影响的场所，必须降低气体放电灯频闪效应，可将单相供电的 2 根灯管采用移相接法或三相电源分相接 3 根灯管，也可以在转动的物体旁加装白炽灯为光源的局部照明来弥补。

9.3 照　度　标　准

照明的目的就是要满足人们的视觉功效特性，同时考虑视觉疲劳、现场主观感觉和照明经济性等因素。为了满足这种视觉要求，各国均制定有符合本国国情的照明标准，或以推荐照度的形式作为照明设计或评价的依据。

随着我国国民经济的发展，对照明的质量越来越重视，制定了众多的照度标准。除了在所有的建筑设计规范中设有照度标准，例如《中小学建筑设计规范》、《商店建筑设计规范》等，在建筑电气设计规范中也设有照度标准，例如《民用建筑电气设计规范》JGJ 16—2008。从1956年至今我国先后颁发了以下照度标准。

1956年国家建委批准并颁发了我国第一部《工业企业人工照明暂行标准》GB 106—56；

1979年国家建委批准并颁发了《工业企业照明设计标准》TJ 34—79；

1990年建设部批准并颁发了《民用建筑照明设计标准》GB 133—90；

1992年建设部批准并颁发了《工业企业照明设计标准》GB 50034—92；

2004年建设部和国家质量监督检验检疫总局联合发布了《建筑照明设计标准》GB 50034—2004。

按我国《建筑照明设计标准》GB 50034—2004，常见建筑的照明标准见表9-1～表9-10。

居住建筑照明标准值 **表9-1**

<table>
<tr><th colspan="2">房间或场所</th><th>参考平面及其高度</th><th>照度标准值（lx）</th><th>R_a</th></tr>
<tr><td rowspan="2">起居室</td><td>一般活动</td><td rowspan="2">0.75m水平面</td><td>100</td><td rowspan="2">80</td></tr>
<tr><td>书写、阅读</td><td>300*</td></tr>
<tr><td rowspan="2">卧室</td><td>一般活动</td><td rowspan="2">0.75m水平面</td><td>75</td><td rowspan="2">80</td></tr>
<tr><td>床头、阅读</td><td>150*</td></tr>
<tr><td colspan="2">餐厅</td><td>0.75m餐桌面</td><td>150</td><td>80</td></tr>
<tr><td rowspan="2">厨房</td><td>一般活动</td><td>0.75m水平面</td><td>100</td><td rowspan="2">80</td></tr>
<tr><td>操作台</td><td>台面</td><td>150*</td></tr>
<tr><td colspan="2">卫生间</td><td>0.75m水平面</td><td>100</td><td>80</td></tr>
</table>

注：*宜用混合照明

图书馆建筑照明标准值 **表9-2**

房间或场所	参考平面及其高度	照度标准值（lx）	UGR	R_a
一般阅览室	0.75m水平面	300	19	80
国家、省市及其他重要图书馆的阅览室	0.75m水平面	500	19	80
老年阅览室	0.75m水平面	500	19	80
珍善本、舆图阅览室	0.75m水平面	500	19	80
陈列室、目录厅（室）、出纳厅	0.75m水平面	300	19	80
书库	0.25m垂直面	50	—	80
工作间	0.75m水平面	300	19	80

办公建筑照明标准值 **表 9-3**

房间或场所	参考平面及其高度	照度标准值（lx）	UGR	R_a
普通办公室	0.75m 水平面	300	19	80
高档办公室	0.75m 水平面	500	19	80
会议室	0.75m 水平面	300	19	80
接待室、前台	0.75m 水平面	300	—	80
营业厅	0.75m 水平面	300	22	80
设计室	实际工作面	500	19	80
文件整理、复印、发行室	0.75m 水平面	300	—	80
资料、档案室	0.75m 水平面	200	—	80

商业建筑照明标准值 **表 9-4**

房间或场所	参考平面及其高度	照度标准值（lx）	UGR	R_a
一般商店营业厅	0.75m 水平面	300	22	80
高档商店营业厅	0.75m 水平面	500	22	80
一般超市营业厅	0.75m 水平面	300	22	80
高档超市营业厅	0.75m 水平面	500	22	80
收款台	台面	500	—	80

影剧院建筑照明标准值 **表 9-5**

房间或场所		参考平面及其高度	照度标准值（lx）	UGR	R_a
门厅		地面	200	—	80
观众厅	影院	0.75m 水平面	100	22	80
	剧场	0.75m 水平面	200	22	80
观众休息厅	影院	地面	150	22	80
	剧场	地面	200	22	80
排演厅		地面	300	22	80
化妆室	一般活动区	0.75m 水平面	150	22	80
	化妆台	1.1m 高处垂直面	500	—	80

旅馆建筑照明标准值 **表 9-6**

房间或场所		参考平面及其高度	照度标准值（lx）	UGR	R_a
客房	一般活动区	0.75m 水平面	75	—	80
	床头	0.75m 水平面	150	—	80
	写字台	台面	300	—	80
	卫生间	0.75m 水平面	150	—	80
中餐厅		0.75m 水平面	200	22	80
西餐厅、酒吧间、咖啡厅		0.75m 水平面	100	—	80
多功能厅		0.75m 水平面	300	22	80
门厅、总服务台		地面	300	—	80
休息厅		地面	200	22	80
客房层走廊		地面	50	—	80
厨房		台面	200	—	80
洗衣房		0.75m 水平面	200	—	80

医院建筑照明标准值 表 9-7

房间或场所	参考平面及其高度	照度标准值（lx）	UGR	R_a
治疗室	0.75m 水平面	300	19	80
化验室	0.75m 水平面	500	19	80
手术室	0.75m 水平面	750	19	90
诊室	0.75m 水平面	300	19	80
候诊室、挂号厅	0.75m 水平面	200	22	80
病房	地面	100	19	80
护士站	0.75m 水平面	300	—	80
药房	0.75m 水平面	500	19	80
重症监护室	0.75m 水平面	300	19	80

学校建筑照明标准值 表 9-8

房间或场所	参考平面及其高度	照度标准值（lx）	UGR	R_a
教室	课桌面	300	19	80
实验室	实验桌面	300	19	80
美术教室	桌面	500	19	90
多媒体教室	0.75m 水平面	300	19	80
教室黑板	黑板面	500	—	80

展览馆展厅照明标准值 表 9-9

房间或场所	参考平面及其高度	照度标准值（lx）	UGR	R_a
一般展厅	地面	200	22	80
高档展厅	地面	300	22	80

注：高于 6m 的展厅的 R_a 可降低到 60。

公用场所照明标准值 表 9-10

房间或场所		参考平面及其高度	照度标准值（lx）	UGR	R_a
门厅	普通	地面	100	—	60
	高档	地面	200	—	80
走廊、流动区域	普通	地面	50	—	60
	高档	地面	100	—	80
楼梯、平台	普通	地面	30	—	60
	高档	地面	75	—	80
自动扶梯		地面	150	—	60
厕所、盥洗室、浴室	普通	地面	75	—	60
	高档	地面	150	—	80
电梯前室	普通	地面	75	—	60
	高档	地面	150	—	80
休息室		地面	100	22	80
储藏室、仓库		地面	100	—	60
车库	停车间	地面	75	28	60
	检修间	地面	200	25	60

本　章　小　结

1. 照明方式有一般照明、分区一般照明、局部照明及混合照明等。

2. 照明有正常照明、应急照明、值班照明、警卫照明、障碍照明、装饰照明、艺术照明、泛光照明、景观照明、水下照明及定向照明、适应照明、过渡照明、造型照明、立体照明等类型。

3. 衡量照明质量好坏的指标有工作面上的照度、亮度及其分布、照度均匀度、阴影、眩光、光的颜色、光源的显色性、照度的稳定性等。

4. 我国现行《建筑照明设计标准》GB 50034—2004。

习 题 与 思 考 题

1. 常见的照明方式有哪些?
2. 常见的照明类型有哪些?
3. 衡量照明质量好坏的指标有哪些?
4. 我国现行的建筑照明设计标准是什么?

第10章 照 明 计 算

【本章重点】 评价照明的最重要指标就是照度，因此各国都制定有符合本国国情的照度标准。照度标准中规定的不同场所参考面上的照度推荐值大多是指平均照度。本章将主要讨论平均照度的计算方法，包括利用系数法，以及简便计算方法，即灯数概算法和单位容量法。

10.1 反 射 比 的 计 算

大多数房间是一个长方体的空间，上面是顶棚，下面是地面，四周则是墙。在照明计算中最受关注的是参考面（又常称为工作面），在大多数情况下它是离地有一定高度的假想水平面。例如我国《建筑照明设计标准》GB 50034—2004 中的参考面绝大多数是离地0.75m的水平面，另外也有地面、离地0.25m或1.1m的水平面等。

为了简化计算，我们把房间分为3个空间，或称为空腔。把照明器所在的平面称为照明器平面，它是通过照明器光中心的一个水平面。房间顶棚与照明器平面之间的空间是顶棚空间，参考面与房间地面之间的空间是地面空间，照明器平面与参考面之间的空间是室空间。

对照明计算而言，三个空间中最关键的是室空间。室空间的上方是照明器平面，并称之为有效顶棚或等效顶棚；下方是工作面，称为有效地面或等效地面；四周是墙，这里指的仅是室空间部分的墙。

10.1.1 室形指数和室空间比

工作面上的平均照度除了与照明器的配光特性及照明器的布置有关外，还与房间的尺寸、形状有很大的关系。例如大而矮的房间，工作面从照明器获得的直射光通量比例就大一些，光的利用率就会高一些。反之，小而高的房间照明器直射到工作面上的光通量比例就小一些，光的利用率就会低一些。

房间的尺寸和形状可以用室形指数来表征，其定义式是

$$室形指数 = \frac{等效地面面积 + 等效顶棚面积}{室空间部分的墙面面积}$$

设房间为长方体，长度是l，宽度是w，室空间的高度，也即照明器平面与工作面的距离是h_{RC}，即计算高度。若室形指数记作K_r，则

$$K_r = \frac{2lw}{2(l+w)h_{RC}} = \frac{lw}{h_{RC}(l+w)} \tag{10-1}$$

室形指数越大，表示房间越大，而高度相对来说则较矮。反之，室形指数越小，表示房间越小，高度则相对较高。

我国有关标准和CIE推荐采用的都是用室形指数来表征房间的尺寸和形状。但目前

平均照度的计算方法中用得较多的还有美国IES的带域空间法，该法中用来表征房间尺寸和形状的是空间比RCR。

室空间比的定义式是

$$RCR = \frac{5h_{RC}(l + w)}{lw} \tag{10-2}$$

显然，它与室形指数的关系是

$$RCR = \frac{5}{K_r} \tag{10-3}$$

室空间比因为与室形指数成反比，对大部分房间而言，其室形指数约在0.6～5.0范围内，相应的室空间比约在1～10范围内。

同理，顶棚空间比为$CCR = \frac{5h_{CC}(l + w)}{lw}$，地面空间比为$FCR = \frac{5h_{FC}(l + w)}{lw}$。其中$h_{CC}$为顶棚空间高度，即照明器下悬长度，$h_{FC}$为地面空间高度，即工作面离地高度。

10.1.2　平均反射比

当一个面或多个面内各部分的实际反射比各不相同时，其平均反射比的计算式是

$$\rho_{av} = \frac{\Sigma(\rho_i A_i)}{\Sigma A_i} \tag{10-4}$$

式中，A_i是第i块表面的面积，ρ_i是该表面的实际反射比。

室空间部分的墙面，一般都开有门和窗，尤其是窗户，它的反射比往往不大于0.1，对墙面的平均反射比影响较大。如果忽略门的影响，且除了窗以外，其他部分的墙面均有相同的反射比ρ_w，则墙面的平均反射比

$$\rho_{wa} = \frac{\rho_w(A_w - A_g) + \rho_g A_g}{A_w} \tag{10-5}$$

式中　A_w——室空间部分包括门窗在内的总面积（m^2）；

A_g——玻璃窗的面积（m^2）；

ρ_g——玻璃窗的反射比，常近似地取为0.1。

10.1.3　等效反射比

1. 等效顶棚反射比

顶棚空间由两部分表面组成，一是实际顶棚表面，其表面积$A_c = lw$，实际反射比是ρ_c；二是顶棚空间部分的墙面，面积是$A_{wc} = 2h_{CC}(l + w)$，实际反射比用ρ_{wc}表示。

顶棚空间内表面的平均反射比

$$\rho_{ca} = \frac{\rho_c A_c + \rho_{wc} A_{wc}}{A_c + A_{wc}} = \frac{\rho_c + \frac{A_{wc}}{A_c}\rho_{wc}}{1 + \frac{A_{wc}}{A_c}}$$

因为

$$\frac{A_{wc}}{A_c} = \frac{2h_{CC}(l + w)}{lw} = \frac{CCR}{2.5}$$

所以

$$\rho_{ca} = \frac{2.5\rho_c + \rho_{wc} CCR}{2.5 + CCR} \tag{10-6}$$

设顶棚空间内表面具有相同的反射比（即平均反射比 ρ_{ca}），且属于均匀漫反射性质。后者虽是近似的假设，但与实际情况不会相差很大。因为为了避免发生耀眼的反射，一般墙面和顶棚都采用无光泽的饰面材料，近似具有均匀漫反射特性。

对于长方体房间，顶棚空间的敞口面积等于顶棚面积 A_c，而空间的内表面面积 A_{sc} 应是顶棚面积和顶棚空间中的墙面面积 A_{wc} 之和，即 $A_{sc}=A_c+A_{wc}$，通过分析可以得出等效顶棚反射比 ρ_{cc} 为：

$$\rho_{cc}=\frac{\rho_{ca}A_c}{A_{sc}-\rho_{ca}A_{sc}+\rho_{ca}A_c} \tag{10-7}$$

或

$$\rho_{cc}=\frac{2.5\rho_{ca}}{2.5+(1-\rho_{ca})CCR} \tag{10-8}$$

或

$$\rho_{cc}=\frac{2.5\rho_{ca}}{2.5+\frac{h_{CC}}{h_{RC}}(1-\rho_{ca})RCR} \tag{10-9}$$

2. 等效地面反射比

地面空间内往往放置了一些家具、机器或其他物件，因此它对光的反射将受到这些物件的影响。而且，地面常采用有光材料铺设，这将与均匀漫反射的假设相矛盾。但因为地面上物件较多，引起不规则的反射，效果与均匀漫反射相似，且导致有效反射比的下降，对房间照度的影响较小。因此，在照明计算中一般仍用顶棚空间的方法来表征地面空间。

地面空间内表面的平均反射比

$$\rho_{fa}=\frac{2.5\rho_f+\rho_{wf}FCR}{2.5+FCR} \tag{10-10}$$

式中　ρ_f ——实际地面的反射比；

ρ_{wf} ——地面空间内的墙面实际反射比。

地面空间的有效反射比，或称等效地面反射比：

$$\rho_{fc}=\frac{\rho_{fa}A_f}{A_{sf}-\rho_{fa}A_{sf}+\rho_{fa}A_f} \tag{10-11}$$

或

$$\rho_{fc}=\frac{2.5\rho_{fa}}{2.5+(1-\rho_{fa})FCR} \tag{10-12}$$

或

$$\rho_{fc}=\frac{2.5\rho_{fa}}{2.5+\frac{h_{FC}}{h_{RC}}(1-\rho_{fa}RCR)} \tag{10-13}$$

式中　A_f ——实际地面面积（m^2）；

A_{sf} ——地面空间内表面的总面积（m^2）。

10.2　应用利用系数法计算平均照度

根据照度的定义，一个平面的平均照度就是最终落在该平面上的光通量 Φ 与平面面

积之比，即

$$E_{av}=\frac{\Phi}{A} \tag{10-14}$$

我们将最终落在该平面上的光通量Φ与照明器中所有光源的光通量$n\Phi_s$之比称为利用系数U，即

$$U=\frac{\Phi}{n\Phi_s} \tag{10-15}$$

式中，Φ_s是一个照明器内光源的光通量，n是室内的照明器数。

照明器中所有光源的光通量$n\Phi_s$是指新装时的光通量，但是光源的光通量是随使用时间增长而衰减的，且由于灯具、房间表面的积尘，也会导致落在被照平面上的光通量减少，我们将以上因素导致的光通量减少用一个系数来表示，即维护系数MF。按照《建筑照明设计标准》GB 50034—2004 的定义，维护系数是照明装置在使用一定周期后，在规定表面上的平均照度或平均亮度与该装置在相同条件下新装时在同一表面上所得到的平均照度或平均亮度之比。

综上所述，应用利用系数法计算平均照度的公式为：

$$E_{av}=\frac{n\Phi_s UMF}{A} \tag{10-16}$$

按照《民用建筑电气设计规范》JGJ 16—2008，照度维护系数见表 10-1。

照度维护系数表 **表 10-1**

环境维护特征	工作房间或场所	灯具最少擦洗次数（次/年）	维护系数（MF）	
			白炽灯、荧光灯、金属卤化物灯	卤钨灯
清洁	住宅卧室、办公室、餐厅、阅览室、绘图室	2	0.80	0.80
一般	商店营业厅、候车室、影剧院观众厅	2	0.70	0.75
污染严重	厨房	3	0.60	0.65

附录中诸表给出的不同照明器的利用系数和亮度系数均是在等效地面反射比为 20%的条件下得到的，对于等效地面反射比为 30%、10%和 0 等条件时，应按附录 5 利用系数的修正系数加以修正。

【例 10-1】 某大进深办公室，长 20m、宽 10m、高 2.75m，工作面高度 $h_{FC}=0.75$m，顶棚反射比 0.7、墙面反射比 0.65、地面反射比 0.275，窗总宽 19m、高 1.7m，采用嵌入顶棚式 YG701-3 型 3 管荧光灯照明器照明，每支灯管额定光通量是 2000lm，要求满足国家标准的照度，求所需的灯数。

【解】

(1) 室形指数和空间比

室空间等效地面高度，室空间高度

$$h_{RC}=h-h_{FC}=2.75-0.75=2\text{m}$$

室空间比 $$RCR = \frac{5h_{RC}(l+w)}{lw} = \frac{5\times2\times(20+10)}{20\times10} = 1.5$$

室形指数 $$K_r = \frac{5}{RCR} = \frac{5}{1.5} = 3.33$$

地面空间比 $$FCR = \frac{5h_{FC}(l+w)}{lw} = \frac{5\times0.75\times(20+10)}{20\times10} = 0.5625$$

顶棚空间比 $$CCR = \frac{5h_{CC}(l+w)}{lw} = \frac{5\times0\times(20+10)}{20\times10} = 0$$

（2）平均反射比和等效反射比

顶棚空间平均反射比 $$\rho_{ca} = \frac{2.5\rho_c + \rho_{wc}CCR}{2.5+CCR} = \frac{2.5\times0.7+0.65\times0}{2.5+0} = 0.7$$

等效顶棚反射比 $$\rho_{cc} = \frac{2.5\rho_{ca}}{2.5+(1-\rho_{ca})CCR} = \frac{2.5\rho_{ca}}{2.5+(1-\rho_{ca})\times0} = \rho_{ca} = 0.7$$

窗户面积 $A_g = w_g h_g = 19\times1.7 = 32.3\text{m}^2$

室空间的墙面积 $A_w = 2h_{RC}(l+w) = 2\times2\times(20+10) = 120\text{m}^2$

墙面平均反射比

$$\rho_{wa} = \frac{\rho_w(A_w - A_g)+\rho_g A_g}{A_w} = \frac{0.65\times(120-32.3)+0.1\times32.3}{120} = 0.502$$

地面空间平均反射比

$$\rho_{fa} = \frac{2.5\rho_f + \rho_{wf}FCR}{2.5+FCR} = \frac{2.5\times0.275+0.65\times0.5625}{2.5+0.5625} = 0.344$$

等效地面反射比 $$\rho_{fc} = \frac{2.5\rho_{fa}}{2.5+(1-\rho_{fa})FCR} = \frac{2.5\times0.344}{2.5+(1-0.344)\times0.5625} = 0.3$$

（3）利用系数

由附录2查得，在 $RCR = 1.5$、$\rho_{cc} = 0.7$、$\rho_{wa} = 0.5$、$\rho_{fc} = 0.2$ 时的利用系数 $U' = 0.455$。由附录5查得 $\rho_{fc} = 0.3$ 时的修正系数 $C = 1.064$，所以实际利用系数 $U = U'C = 0.455\times1.064 = 0.484$。

（4）需要照度

按照《建筑照明设计标准》GB 50034—2004，高档办公室照度标准值为500lx。

（5）照明器数

环境特征是清洁，灯具类型为直接型，由表10-1可得维护系数 MF=0.8。因此所需照明器数

$$n = \frac{AE_{av}}{\Phi_s UMF} = \frac{20\times10\times500}{3\times2000\times0.484\times0.8} = 43.04$$

取5行10列共50个照明器，实际平均照度

$$E_{av} = \frac{n\Phi_s UMF}{A} = \frac{50\times3\times2000\times0.484\times0.73}{20\times10} = 530\text{lx}$$

（6）验算距高比

行距 $S_{\perp} = \frac{w}{5} = \frac{10}{5} = 2\text{m}$

列距　$S_{//} = \frac{l}{10} = \frac{20}{10} = 2\text{m}$

距高比　$\lambda_{\perp} = \frac{S_{\perp}}{h_{RC}} = \frac{2}{2} = 1, \lambda_{//} = \frac{S_{//}}{h_{RC}} = \frac{2}{2} = 1$

由附录 2 查得最大允许距高比：$\lambda_{\perp} = 1.12, \lambda_{//} = 1.05$

均小于实际距高比，能满足照度均匀度的要求。

10.3　应用灯数概算曲线计算平均照度

灯数概算曲线是根据照明器利用系数，经一定计算后绘成的，它实际上是利用系数法的另一种表示方法，可以使设计人员的计算工作量大为减少。这种方法的精度将低于通常的利用系数法，常作为照明初步设计时近似计算用。

10.3.1　灯数概算曲线的绘制

灯数概算曲线是在给定照明器型号与规格（包括灯具和光源的型号与规格）和工作面平均照度值的条件下，求出灯数与房间面积的关系而绘制成的，它适用于照明器均匀布置的一般照明的照度计算。

假设工作面平均照度是 100lx，维护系数通常规定为 0.70，房间的长是宽的两倍。于是可得室空间比

$$RCR = \frac{5h_{RC}(2w + w)}{2w \times w} = \frac{7.5h_{RC}}{w}$$

房间面积　$A = 2w \times w = 2w^2$

房间宽度　$w = \sqrt{\frac{A}{2}}$

代入室空间比式可得　$RCR = \frac{15h_{RC}}{\sqrt{2A}}$，或 $A = \frac{(15h_{RC})^2}{2RCR^2} = \frac{112.5h_{RC}^2}{RCR^2}$

由利用系数法，并考虑到 $E_{av} = 100\text{lx}$

$$n = \frac{E_{av}A}{\Phi_s UMF} = \frac{100A}{\Phi_s U \times 0.7} = \frac{143A}{\Phi_s U}$$

现以 YJK-2 型简易控照式荧光灯照明器为例，说明灯数概算曲线的绘制。

设房间内等效顶棚反射比为 0.7，墙面平均反射比为 0.5，等效地面反射比为 0.2，室空间高度为 3m，照明器为 YJK-2 型双管荧光灯照明器，每个照明器内装有两支 40W 荧光灯，光通量为 2×2200lm。

由上两式得

$$A = \frac{112.5h_{RC}^2}{RCR^2} = \frac{112.5 \times 3^2}{RCR^2} = \frac{1012.5}{RCR^2}$$

$$n = \frac{143A}{\Phi_s U} = \frac{143A}{2 \times 2200 \times U} = \frac{A}{30.8U}$$

列表计算如下：

灯数概算曲线的计算　　表 10-2

RCR	U	A(m²)	n
1	0.69	1012.5	47.6
2	0.61	253.1	13.5
3	0.55	112.5	6.6
4	0.49	63.3	4.2
5	0.44	40.5	3.0
6	0.40	28.1	2.3
7	0.36	20.7	1.9
8	0.32	15.8	1.6
9	0.30	12.5	1.4
10	0.27	10.1	1.2

表中利用系数是根据照明器型号和各面反射比，从有关手册查得的。根据表 10-2 计算结果，可画出曲线，其中纵坐标和横坐标均采用对数坐标，如图 10-1 所示。

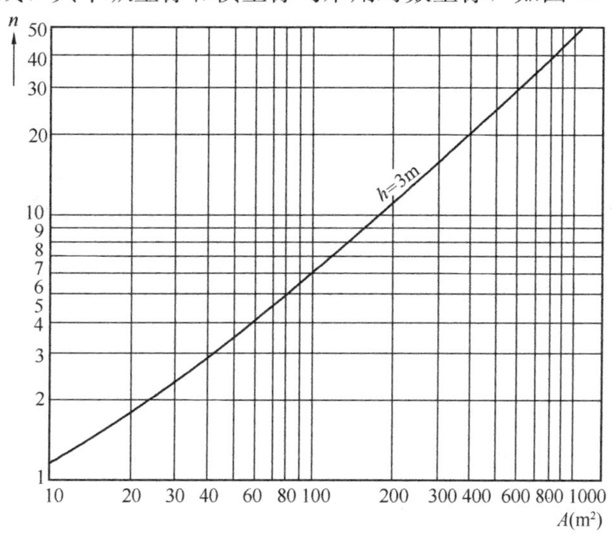

图 10-1　YJK-2 型照明器灯数概算曲线的绘制

10.3.2　灯数概算曲线的应用

附录中列出了多种照明器的灯数概算曲线，在应用时应注意以下几点。

1. 每一张灯数概算图表对应的是一种照明器，因此一旦确定了选用的照明器型号和规格后，就应从有关手册或产品样本中查阅相应照明器的概算图表，不同型号的照明器，其概算图表各不相同，不应任意混用。若没有完全相符的照明器概算图表时应优先选用具有相近配光特性的照明器图表，否则会带来很大的误差。

2. 在灯数概算图表上都标有使用条件，当实际情况与使用条件完全相符时，结果的精确程度就会高一些。当实际情况与使用条件不完全相符时，应灵活调整计算结果。例如顶棚、墙面和地面的反射比可能与灯数概算曲线的绘制条件不完全相符，可选用较为接近绘制条件的曲线，并根据反射比对照度的影响适当增减计算结果。

3. 因为灯数概算法本身就是一种近似计算，所以不必过分追求计算精度。实际应用时一般不必计算房间各面的等效反射比，而是根据各面的实际反射比进行计算。当维护系数、工作面平均照度和光源光通量与曲线绘制条件不符时可根据下式进行换算：

$$n' = \frac{MFE'_{av}\Phi_s}{MF'E_{av}\Phi'_s}n \tag{10-17}$$

式中 MF、E_{av}、Φ_s ——绘制曲线时假设的维护系数、平均照度（lx）和光源光通量；

MF'、E'_{av}、Φ'_s ——实际情况下的维护系数、平均照度（lx）和光源光通量；

n ——按绘制曲线的条件求得的灯数；

n' ——按实际情况换算得到的灯数。

【例 10-2】 长 14m、宽 7m 的房间，若计算高度 3m，反射比组合为 $\rho_{cc}=0.7$、$\rho_{wa}=0.5$、$\rho_{fc}=0.2$，采用 YJK-2 型简易控照式双管荧光灯照明器照明时，维护系数为 0.73，要求工作面平均照度达 150lx，求所需照明器数。

【解】 房间面积 $A = wl = 14\times 7 = 98\text{m}^2$

因实际条件与图 10-1 概算曲线使用条件基本相符，由图中可查得 $n=6$。根据实际的照度和维护系数换算

$$n' = \frac{MFE'_{av}\Phi_s}{MF'E_{av}\Phi'_s}n = \frac{MFE'_{av}}{MF'E_{av}}n = \frac{0.7\times 150}{0.73\times 100}\times 6 = 8.6$$

取所需照明器数为 9。

10.4 应用单位容量法计算平均照度

单位容量法的依据也是利用系数法，只是进一步被简化了。

10.4.1 基本公式

单位容量法的基本公式为

$$P = P_0AE_{av} \tag{10-18}$$

式中 P_0 ——单位容量（W/m^2），即房间每一平方米应装光源的电功率，当采用热辐射光源时以 100W 普通白炽灯为基准，当采用气体放电灯时以 40W 荧光灯为基准；

A ——房间面积（m^2）；

E_{av} ——应达到的工作面平均照度（lx）；

P ——应安装的光源最小功率数（W）。

10.4.2 单位容量计算表的编制条件

表 10-3 的单位容量首先是在室内顶棚反射比 $\rho_c=0.7$、墙面平均反射比 $\rho_w=0.5$、地面反射比 $\rho_f=0.2$ 条件下编制的。因为是近似估算，一般不必详细计算各面的等效反射比，而是用实际反射比进行计算。当房间的实际反射比与编制条件不符时应适当修正，修正系数用 c_1 表示，见表 10-4。

表 10-3 规定的维护系数为 $\frac{1}{1.4MF}$，若实际维护系数与之不同时，应作修正。修正系数用 c_2 表示，$c_2=\frac{1}{1.4MF}$。

表10-3中第一个数字是以100W白炽灯为基准，其光效为12.5lm/W，第二个数字是以40W荧光灯为基准，它的光效为60lm/W。当选用不同的热辐射灯时，用第一个数值，但因光效不同，应进行修正，修正系数 $c_3=\frac{12.5}{\eta}$。

若选用的是气体放电灯，则用第二个数值，由于光效的不同，修正系数 $c_3=\frac{60}{\eta}$。

上两式中 η 是指实际光源的发光效率（lm/W）。

单位容量计算表规定的灯具效率一般应不小于0.7，当采用格栅式灯具时，灯具效率应不小于0.55。若实际选用的灯具其灯具效率小于上述规定时也将作修正，修正系数用 c_4 表示。当一般灯具的灯具效率为0.6左右，或格栅式灯具的灯具效率约为0.47时，$c_4=1.22$；若上述灯具效率分别降至0.5和0.39左右时，修正系数 $c_4=1.47$。

最后，单位容量计算表是在照度为1lx情况下求得的，因此 $P=P_0AE_{av}$ 中包含有实际要求的照度 E_{av}。

综合以上因素，实际的单位容量法计算公式为

$$P=c_1c_2c_3c_4P_0AE_{av} \tag{10-19}$$

单位容量法计算用表　　表10-3

室形指数	直接型配光灯具		半直接型配光灯具	均匀漫射型配光灯具	半间接型配光灯具	间接型配光灯具
	$s\leqslant0.9h_{RC}$	$s\leqslant1.3h_{RC}$				
0.6	0.4308	0.4000	0.4308	0.4308	0.6225	0.7001
	0.0897	0.0833	0.0897	0.0897	0.1292	0.1454
0.8	0.3500	0.3111	0.3500	0.3394	0.5094	0.5600
	0.0729	0.0648	0.0729	0.0707	0.1055	0.1163
1.0	0.3111	0.2732	0.2947	0.2872	0.4308	0.4868
	0.0648	0.0569	0.0614	0.0598	0.0894	0.1012
1.25	0.2732	0.2383	0.2667	0.2489	0.3694	0.3996
	0.0569	0.0496	0.0556	0.0579	0.0808	0.0829
1.5	0.2489	0.2196	0.2435	0.2286	0.3500	0.3694
	0.0519	0.0458	0.0507	0.0476	0.0732	0.0808
2.0	0.2240	0.1965	0.2154	0.2000	0.3199	0.3500
	0.0467	0.0409	0.0449	0.0417	0.0668	0.0732
2.5	0.2113	0.1836	0.2000	0.1836	0.2876	0.3113
	0.0440	0.0383	0.0417	0.0383	0.0603	0.0646
3.0	0.2036	0.1750	0.1898	0.1750	0.2671	0.2951
	0.0424	0.0365	0.0395	0.0365	0.0560	0.0614
3.5	0.1967	0.1698	0.1838	0.1687	0.2542	0.2800
	0.0410	0.0354	0.0383	0.0351	0.0528	0.0582
4.0	0.1898	0.1647	0.1778	0.1632	0.2434	0.2671
	0.0395	0.0343	0.0370	0.0338	0.0506	0.0560
4.5	0.1883	0.1612	0.1738	0.1590	0.2386	0.2606
	0.0392	0.0336	0.0362	0.0331	0.0495	0.0544
5.0	0.1867	0.1577	0.1697	0.1556	0.2337	0.2542
	0.0389	0.0329	0.0354	0.0324	0.0485	0.0528

修 正 系 数 c_1 **表 10-4**

反射比	顶棚反射比	0.70	0.60	0.40
	墙面反射比	0.50	0.40	0.30
	地面反射比	0.20	0.20	0.20
修正系数 c_1		1	1.08	1.27

【例 10-3】 用单位容量法估算例 10-2 条件下所需的照明器数。

【解】 YJK-2 型简易控照式双管荧光灯照明器属半直接型照明器。它的室形指数为

$$K_r = \frac{lw}{h_{RC}(l+w)} = \frac{14\times7}{3\times(14+7)} = 1.56$$

由表 10-3 查得 $P_0 = 0.0507\text{W/m}^2$

根据表 10-4，修正系数 $c_1 = 1$，修正系数 $c_2 = \dfrac{1}{1.4MF} = \dfrac{1}{1.4\times0.73} = 0.98$

因采用的是 40W 荧光灯，故修正系数 $c_3 = 1$。这种灯具的灯具效率高于 0.8，故修正系数 $c_4 = 1$。

$$P = c_1c_2c_3c_4P_0AE_{av} = 1\times0.98\times1\times1\times0.0507\times14\times7\times150 = 730\text{W}$$

灯数 $n = \dfrac{P}{P'} = \dfrac{730}{80} = 9.1$

取 9 个照明器。

本 章 小 结

1. 室形指数 $K_r = \dfrac{lw}{h_{RC}(l+w)}$。

2. 室空间比 $RCR = \dfrac{5h_{RC}(l+w)}{lw}$，顶棚空间比 $CCR = \dfrac{5h_{CC}(l+w)}{lw}$，地面空间比 $FCR = \dfrac{5h_{FC}(l+w)}{lw}$。

3. 当一个面或多个面内各部分的实际反射比各不相同时，其平均反射比的计算式是

$$\rho_{av} = \frac{\Sigma(\rho_iA_i)}{\Sigma A_i}$$

4. 顶棚空间内表面的平均反射比 $\rho_{ca} = \dfrac{2.5\rho_c + \rho_{wc}CCR}{2.5+CCR}$

5. 等效顶棚反射比 $\rho_{cc} = \dfrac{2.5\rho_{ca}}{2.5+(1-\rho_{ca})CCR}$

6. 地面空间内表面的平均反射比 $\rho_{fa} = \dfrac{2.5\rho_f + \rho_{wf}FCR}{2.5+FCR}$

7. 等效地面反射比 $\rho_{fc} = \dfrac{2.5\rho_{fa}}{2.5+(1-\rho_{fa})FCR}$

习 题 与 思 考 题

1. 房间在一般照明时通常可以分成哪几个空间？

2. 室空间有哪几个面？

3. 房间的特征可以用什么来表示？当房间小而高时其值是大还是小？若房间大而不高呢？

4. 长 30m，宽 15m，高 5m 的车间，灯的安装高度为 4.15m，工作面高 0.75m，求其室形指数和各空间比。

5. 题 4 中的车间（尺寸见题 4），两侧共开有 4 组窗，每组窗宽 10m，高 2m，下沿离地 1.5m。两侧还开有两扇门，每扇宽 4m，高 4m。顶棚和 1.5m 以上墙面涂白色乳胶漆，裙墙（1.5m 高）和门涂中黄调和漆，窗的反射比取 0.1，求墙面的平均反射比和等效顶棚、等效地面的反射比。

6. 长 11.3m，宽 6.4m，高 3.6m 的教室，照明器平面高 3m，课桌高 0.75m，室内顶棚、墙面均为大白粉刷，地面为深灰混凝土。纵向外墙开窗面积占该墙面积的 60%；黑板面积为 $6.1m^2$，窗和黑板的反射比均为 0.1。若采用 YG2-1 型单管荧光灯照明器，要求课桌桌面平均照度达 150lx，求所需照明器数和布灯方法。（提示：其余数据见附录）

7. 长 30m，宽 12m，高 5.25m 的车间，顶棚、地面和墙的反射比分别为 0.5、0.2 和 0.3，工作面高 0.75m。采用 GC1-A-2 型工矿灯照明，灯吊离顶棚 0.5m。若照明器内装有 200W 白炽灯，环境污染严重，要求工作面平均照度达 80lx，求应装的灯数。

8. 某车间尺寸同题 8，顶棚、墙和地面的反射比分别为 0.4、0.3、0.2，用 GC1-A-2 型工厂灯照明，光源为 200W 白炽灯，环境污染严重，要求 0.75m 高度的工作面平均照度达 80lx，用单位容量法求所需灯数（距高比不大于 1.3）。

第11章 应 急 照 明

【本章重点】 理解应急照明的分类；掌握应急照明对光源、供电电源、照度、转换时间、转换方式、持续时间的要求；熟悉疏散照明、安全照明、备用照明等应急照明的装设场所与要求；掌握兼作正常照明的应急照明的分散就地控制、集中控制及总线控制等控制方式。

11.1 应急照明基础知识

11.1.1 应急照明的分类

按照《建筑照明设计标准》GB 50034—2004，应急照明是因正常照明的电源失效而启用的照明，包括疏散照明、安全照明、备用照明。

1. 疏散照明：作为应急照明的一部分，用于确保疏散通道被有效辨认和使用的照明。

2. 安全照明：作为应急照明的一部分，用于确保处于潜在危险之中的人员安全的照明。

3. 备用照明：作为应急照明的一部分，用于确保正常活动继续进行的照明。

11.1.2 应急照明的光源

应急照明光源一般使用白炽灯、荧光灯、卤钨灯，不应使用高强气体放电灯。

对于持续运行的应急照明，从节能考虑宜采用荧光灯。

对于非持续运行的疏散照明和备用照明，宜用荧光灯，但必须选用可靠的产品；对于非持续运行的安全照明，应采用白炽灯、卤钨灯或低压卤钨灯。

11.1.3 应急照明的供电电源

1. 按照《建筑照明设计标准》GB 50034—2004，应急照明的电源应根据应急照明类别、场所使用要求和该建筑电源条件，采用下列方式之一：

（1）接自电力网有效独立于正常照明电源的线路；

（2）蓄电池组，包括灯内自带蓄电池、集中设置或分区集中设置蓄电池装置；

（3）应急发电机组；

（4）以上任意两种方式的组合。

疏散照明的出口标志灯和指向标志灯宜用蓄电池电源。安全照明的电源应和该场所的电力线路分别接自不同变压器或不同馈电干线。备用照明电源宜采用（1）或（3）所列的方式。

2. 高层建筑的应急照明、疏散指示标志等消防用电，应按现行的国家标准《供配电系统设计规范》GB 50052的规定进行设计。一类高层建筑应按一级负荷要求供电，二类高层建筑应按二级负荷要求供电，具体可参照《民用建筑电气设计规范》JGJ 16—2008中负荷分级。

3.《高层民用建筑设计防火规范》GB 50045—1995（2005年版）规定：应急照明和疏散指示标志，可采用蓄电池作备用电源。

4. 特、甲等剧场的火灾应急照明、疏散指示标志等消防用电应为一级负荷，乙、丙等剧场应为二级负荷。

5. 特级体育场馆的应急照明为一级负荷中的特别重要负荷，甲级体育场馆的应急照明应为一级负荷。

11.1.4 各种供电电源的特点和选用原则

1. 独立的馈电线路，特点是容量大、转换快、持续工作时间长，但重大灾害时，有可能同时遭受损害。这种方式通常由工厂或该建筑物的电力负荷或消防的需要而决定的。工厂的应急照明电源多采用这种方式，重要的公共建筑也常用这种方式，或该方式与其他方式共同使用。

2. 应急发电机组，特点是容量比较大、持续工作时间比较长，但转换慢，需要常维护。一般根据电力负荷、消防及应急照明三者的需要综合考虑，单独为应急照明而设置往往是不经济的。对于难以从电网取得第二电源又需要应急电源的工厂及其他建筑，通常采用这种方式，高层或超高层建筑通常是和消防要求一起设置这种电源。

3. 蓄电池组，特点是可靠性高、灵活、方便，但容量较小，持续工作时间短。选用原则如下：

（1）特别重要的公共建筑，除有独立的馈电线路作应急电源外，还可设置或部分设置蓄电池作疏散照明电源。

（2）重要的公共建筑或金融建筑、商业建筑中的安全照明或要求快速点亮的备用照明，当来自电网的馈电线作电源可靠性不够时，可增设蓄电池电源。

（3）中小型公共建筑、电力负荷和消防没有应急电源要求，而自电网取得备用电源有困难或不经济时，应急照明电源宜用蓄电池。

（4）对于已有来自电网的独立馈线作应急电源的建筑，其备用照明应接自电力负荷的应急电源线路，通常不采用蓄电池，如消防泵房。

（5）工厂的备用照明电源，除有特殊要求者外，一般不采用蓄电池。

11.1.5 应急照明的照度要求

1. 按《建筑设计防火规范》GB 50016—2006，建筑内消防应急照明灯具的照度应符合下列规定：

（1）疏散走道的地面最低水平照度不应低于0.5lx；

（2）人员密集场所内的地面最低水平照度不应低于1.0lx；

（3）楼梯间内的地面最低水平照度不应低于5.0lx；

（4）消防控制室、消防水泵房、自备发电机房、配电室、防烟与排烟机房以及发生火灾时仍需正常工作的其他房间的消防应急照明，仍应保证正常照明的照度。

2.《高层民用建筑设计防火规范》GB 50045—1995（2005年版）规定：疏散用的应急照明，其地面最低照度不应低于0.5lx。

3. 消防控制室、消防水泵房、防烟排烟机房、配电室和自备发电机房、电话总机房以及发生火灾时仍需坚持工作的其他房间的应急照明，仍应保证正常照明的照度。

按《民用建筑电气设计规范》JGJ 16—2008，备用照明及疏散照明的最低照度应符合

表11-1的规定。

火灾应急照明最少持续供电时间及最低照度　　表11-1

区域类别	场所举例	最少持续供电时间（min）		最低照度（lx）	
		备用照明	疏散照明	备用照明	疏散照明
一般平面疏散区域	第13.8.3条1款所述场所	—	≥30	—	≥0.5
竖向疏散区域	疏散楼梯	—	≥30	—	≥5
人员密集流动疏散区域及地下疏散区域	第13.8.3条2款所述场所	—	≥30	—	≥5
航空疏散场所	屋顶消防救护用直升机停机坪	≥60	—	不低于正常照度	—
避难疏散区域	避难层	≥60	—	不低于正常照度	—
消防工作区域	消防控制室、电话总机房	≥180	—	不低于正常照度	—
	配电室、发电站	≥180	—	不低于正常照度	—
	水泵房、风机房	≥180	—	不低于正常照度	—

11.1.6　应急照明的持续工作时间

1. 按《建筑设计防火规范》GB 50016—2006，消防应急照明灯具和灯光疏散指示标志的备用电源的连续供电时间不应少于30min。

2. 按《高层民用建筑设计防火规范》GB 50045—1995（2005年版），应急照明和疏散指示标志，连续供电时间不应少于20min；高度超过100m的高层建筑连续供电时间不应少于30min。

3. 安全照明和备用照明：其持续工作时间应根据该场所的工作或生产操作的具体需要确定。如生产车间某些部位的安全照明，一般不小于20min可满足要求；而医院手术室的备用照明，持续时间往往要求达到3～8h；生产车间的备用照明，作为停电后进行必要的操作和处理设备停运的，可持续20～60min，按操作复杂程度而定，作为持续生产的，应持续到正常电源恢复；对于通信中心、重要的交通枢纽、重要的宾馆等，要求持续到正常电源恢复。

按《民用建筑电气设计规范》JGJ 16—2008，备用照明及疏散照明的最少持续供电时间应符合表11-1的规定。

11.1.7　应急照明的转换时间和转换方式

1. 应急照明的转换时间

按《民用建筑电气设计规范》JGJ 16—2008的规定，应急照明在正常供电电源停止供电后，其应急电源供电转换时间应满足：备用照明不应大于5s，金融商业交易场所不应大于1.5s；疏散照明不应大于5s；按CIE的规定，安全照明不大于0.5s。

2. 应急照明的转换方式

采用独立的馈电线路或蓄电池作应急照明电源时，正常照明电源故障时，对于安全照明，必须自动转换；对于疏散照明和备用照明，通常也应自动转换。

采用应急发电机组时，机组应处于备用状态，并有自动启动装置。正常电源故障时，能自动启动并自动转换到应急系统。

疏散照明平时应处于点亮状态，但在假日、夜间定期无人工作而仅由值班或警卫人员负责管理时可例外。当采用蓄电池作为其照明灯具的备用电源时，在非点亮状态下，应保证不能中断蓄电池的充电电源，以使蓄电池经常处于充电状态。

11.2 应急照明的设置与安装

11.2.1 疏散照明的装设场所与要求

按《建筑设计防火规范》GB 50016—2006，正常照明因故熄灭后，需确保人员安全疏散的出口和通道，应设置疏散照明。

1. 按《建筑设计防火规范》GB 50016—2006，除住宅外的民用建筑、厂房和丙类仓库的下列部位，应设置消防应急照明灯具：

（1）封闭楼梯间、防烟楼梯间及其前室、消防电梯间的前室或合用前室；

（2）消防控制室、消防水泵房、自备发电机房、配电室、防烟与排烟机房以及发生火灾时仍需正常工作的其他房间；

（3）观众厅，建筑面积超过 400m^2 的展览厅、营业厅、多功能厅、餐厅，建筑面积超过 200m^2 的演播室；

（4）建筑面积超过 300m^2 的地下、半地下建筑或地下室、半地下室中的公共活动房间；

（5）公共建筑中的疏散走道。

2. 按《高层民用建筑设计防火规范》GB 50045—1995（2005 年版），高层建筑的下列部位应设置应急照明：

（1）楼梯间、防烟楼梯间前室、消防电梯间及其前室、合用前室和避难层（间）；

（2）配电室、消防控制室、消防水泵房、防烟排烟机房、供消防用电的蓄电池室、自备发电机房、电话总机房以及发生火灾时仍需坚持工作的其他房间；

（3）观众厅、展览厅、多功能厅、餐厅和商业营业厅等人员密集的场所；

（4）公共建筑内的疏散走道和居住建筑内走道长度超过 20m 的内走道。

3. 按照《民用建筑电气设计规范》JGJ 16—2008，公共建筑、居住建筑的下列部位，应设置疏散照明：

（1）公共建筑的疏散楼梯间、防烟楼梯间前室、疏散通道、消防电梯间及其前室、合用前室；

（2）高层公共建筑中的观众厅、展览厅、多功能厅、餐厅、宴会厅、会议厅、候车（机）厅、营业厅、办公大厅和避难层（间）等场所；

（3）建筑面积超过 1500m^2 的展厅、营业厅及歌舞娱乐、放映游艺厅等场所；

（4）人员密集且面积超过 300m^2 的地下建筑和面积超过 200m^2 的演播厅等；

（5）高层居住建筑疏散楼梯间、长度超过 20m 的内走道、消防电梯间及其前室、合用前室；

(6) 对于 (1) ～ (5) 所述场所，除应设置疏散走道照明外，并应在各安全出口处和疏散走道，分别设置安全出口标志和疏散走道指示标志，但二类高层居住建筑的疏散楼梯间可不设疏散指示标志。

4. 灯光疏散指示标志的设置

(1) 公共建筑、高层厂房（仓库）及甲、乙、丙类厂房应沿疏散走道和在安全出口、人员密集场所的疏散门的正上方设置灯光疏散指示标志，并应符合下列规定：

1) 安全出口和疏散门的正上方应采用“安全出口”作为指示标识；

2) 沿疏散走道设置的灯光疏散指示标志，应设置在疏散走道及其转角处距地面高度1.0m 以下的墙面上，且灯光疏散指示标志间距不应大于 20.0m；对于袋形走道，不应大于 10.0m；在走道转角区，不应大于 1.0m，其指示标识应符合现行国家标准《消防安全标志》(GB 13495) 的有关规定。

(2) 下列建筑或场所应在其内疏散走道和主要疏散路线的地面上增设能保持视觉连续的灯光疏散指示标志或蓄光疏散指示标志：

1) 总建筑面积超过 $8000m^2$ 的展览建筑；

2) 总建筑面积超过 $5000m^2$ 的地上商店；

3) 总建筑面积超过 $500m^2$ 的地下、半地下商店；

4) 歌舞娱乐放映游艺场所；

5) 座位数超过 1500 个的电影院、剧院，座位数超过 3000 个的体育馆、会堂或礼堂。

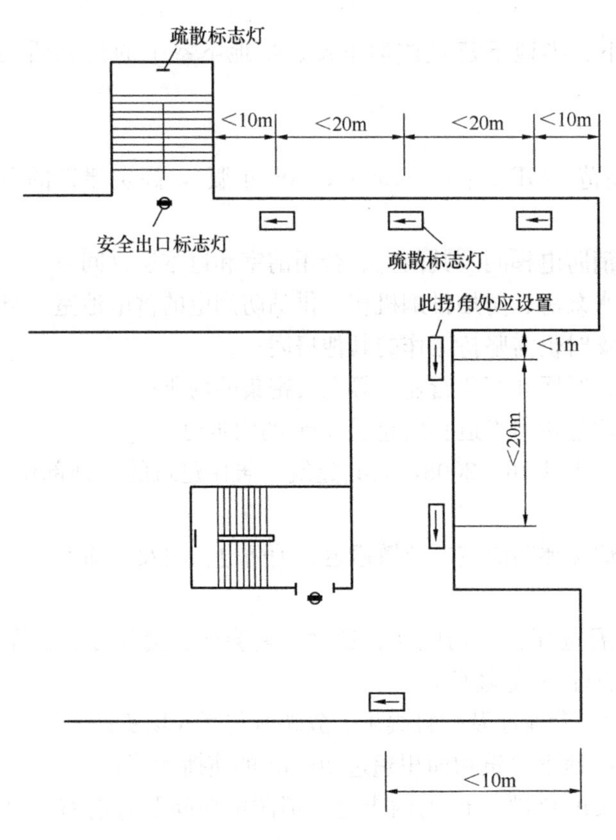

图 11-1 疏散指示标志灯设置位置

(3) 按《高层民用建筑设计防火规范》GB 50045—1995 (2005 年版)，除二类居住建筑外，高层建筑的疏散走道和安全出口处应设灯光疏散指示标志。

(4) 按《高层民用建筑设计防火规范》GB 50045—1995 (2005 年版) 和《民用建筑电气设计规范》JGJ 16—2008，疏散应急照明灯宜设在墙面上或顶棚上。安全出口标志宜设在出口的顶部，底边距地不宜低于 2.0m，首层疏散楼梯的安全出口标志灯，应安装在楼梯口的内侧上方。疏散走道的疏散指示标志灯具，宜设置在疏散走道及转角处离地面 1.0m 以下的墙面上、柱上或地面上，且间距不应大于 20m。当厅室面积较大，必须装设在顶棚上时，灯具应明装，且距地不宜大于 2.5m。如图 11-1 所示。当有无障碍设计要求时，宜同时设有音响指示信号。

(5) 装设在地面上的疏散标志灯，应防止被重物或外力损坏。

(6) 疏散照明灯的设置，不应影响正常通行，不得在其周围存放容易混同以及遮挡疏散标志灯的其他标志牌等。

5. 疏散照明灯的装设要求

(1) 疏散通道的疏散照明灯通常安装在顶棚下，需要时也可安装在墙上。

(2) 应与通道的正常照明结合，一般是从正常照明分出一部分以至全部作为疏散照明。

(3) 灯的离地安装高度不宜小于 2.3m，但也不应太高。

(4) 疏散照明在通道上的照度应有一定的均匀度，通常要求沿通道中心线的最大照度不超过最小照度的 40 倍。为此，应选用较小功率灯泡（管）和纵向宽配光的灯具，适当减小灯具的间距。

(5) 疏散楼梯，消防电梯的疏散照明灯应安装在顶棚下，并保持楼梯各部位的最小照度。

(6) 灯的装设位置要注意能使人们看到疏散通道侧的火警呼叫按钮和消防设施。

6. 安全出口标志灯的装设部位与要求

(1) 装设部位

1) 建筑物通向室外的出口和应急出口处。

2) 多层、高层建筑的各楼层通向楼梯间、消防电梯的前室的出口处。

3) 公共建筑中人员聚集的观众厅、会堂、比赛馆、展览厅等通向疏散通道或前厅、侧厅、休息厅的出门口。

(2) 装设要求

1) 出口标志灯应装在上述出门口的内侧，标志面应朝向疏散通道，而不应朝向室外、楼梯间那一侧。

2) 通常装设在出口门的上方，当门上方太高时，宜装设门侧边。

3) 安装离地面高度 2.2～2.5m 为宜。

4) 出口标志灯的标示面的法线应与沿疏散通道行进的人员的视线平行。

5) 出口标志灯一般在墙上明装，如标志面与出口门所在墙面平行（或重合），建筑装饰有需要时，宜嵌墙暗装。

7. 疏散指向标志灯的装设部位与要求

(1) 装设部位

凡在疏散通道的各个部位，如不能直接看到出口标志者，或距离太远难以辨认出口标志者，应在疏散通道的适当位置装设指向标志灯，以指明疏散方向；当人员疏散到指向标志处时，应能看清出口标志，否则要再增加指向标志灯。因此，指向标志灯通常安装在疏散通道的拐弯处或交叉处；当疏散通道太长时，中间应增加指向标志，指向标志的间距不宜超过 20m。

高层建筑的楼梯间，还应在各层设指示楼层数的标志。

指向标志灯尽量和疏散照明灯结合考虑，可兼作疏散照明灯。

(2) 装设要求

指向标志灯通常安装在疏散通道的侧面墙上、通道拐弯处、外侧墙上。安装高度离地面1m以下，亦可装在2.2～2.5m高处。

11.2.2 安全照明的装设场所与要求

正常照明因故熄灭后，需确保处于潜在危险之中的人员安全的场所，应设置安全照明。

1. 设置场所举例

(1) 照明熄灭，可能危及操作人员或其他人员安全的生产场地或设备，如裸露的圆盘锯、放置炽热金属而没有防护的场地等；

(2) 医院的手术室、抢救危重病人的急救室；

(3) 高层公共建筑的电梯内。

2. 装设要求

安全照明往往是为某个工作区域某个设备需要而设置。一般不要求整个房间或场所具有均匀照明，而是重点照亮某个或几个设备，或工作区域。根据情况，可利用正常照明的一部分或专为某个设备单独装设。

11.2.3 备用照明的装设场所与要求

正常照明因故熄灭后，需确保正常工作或活动继续进行的场所，应设置备用照明。

1. 需要装设的场所

(1) 由于照明熄灭而不能进行正常生产操作，或生产用电同时中断，不能立即进行必要的处置，可能导致火灾、爆炸或中毒等事故的生产场所；

(2) 由于照明熄灭不能进行正常操作，或生产用电同时中断，不能进行必要的操作、处置，可能造成生产流程混乱，或使生产设备损坏，或使正在加工、处理的贵重材料、零部件损坏的生产场所；

(3) 照明熄灭后影响正常视看和操作，将造成重大影响、经济损失的场所，如重要的指挥中心、通信中心、广播电台、电视台，区域电力调度中心、发电与中心变配电站，供水、供热、供气中心，铁路、航空、航运等交通枢纽；

(4) 照明熄灭影响活动的正常进行，将造成重大影响、经济损失的场所，如国家级大会堂、国宾馆、国际会议中心、展览中心、国际和国内比赛的体育场馆、高级宾馆、重要的剧场和文化中心等；

(5) 照明熄灭将影响消防工作进行的场所，如消防控制室、自备电源室、配电室、消防水泵房、防排烟机房、电话总机房以及在火灾时仍需要坚持工作的其他房间等；

(6) 照明熄灭将无法进行营运、工作和生产的较重要的地下建筑和无天然采光建筑，如人防地下室、地铁车站、大中型地下商场、重要的无窗厂房、观众厅、宴会厅、歌舞娱乐放映游艺场所及每层建筑面积超过1500m^{2}的展览厅、营业厅等；

(7) 照明熄灭可能造成较大量的现金、贵重物品被窃的场所，如银行、储蓄所的收款处，重要商场的收款台、贵重商品柜等；

(8) 疏散楼梯（包括防烟楼梯间前室）、消防电梯及其前室、合用前室、高层建筑避难层（间）等；

(9) 通信机房、大中型电子计算机房、BAS中央控制站、安全防范控制中心等重要技术用房；

(10) 建筑面积超过 200m^2 的演播室、人员较密集的地下室、每层人员密集的公共活动场所等；

(11) 公共建筑内的疏散走道和居住建筑内长度超过 20m 的内走道；

(12) 需要继续进行和暂时进行生产或工作的其他重要场所。

按照《民用建筑电气设计规范》JGJ 16—2008，公共建筑的下列部位应设置备用照明：

消防控制室、自备电源室、配电室、消防水泵房、防烟及排烟机房、电话总机房以及在火灾时仍需要坚持工作的其他场所；通信机房、大中型电子计算机房、BAS 中央控制站、安全防范控制中心等重要技术用房；建筑高度超过 100m 的高层民用建筑的避难层及屋顶直升机停机坪。

2. 装设要求

(1) 利用正常照明的一部分以至全部作为备用照明，尽量减少另外装设过多的灯具；

(2) 对于特别重要的场所，如大会堂、国宾馆、国际会议中心、国际体育比赛场馆、高级饭店，备用照明要求较高照度或接近于正常照明的照度，应利用全部正常照明灯具作备用照明，正常电源故障时能自动转换到应急电源供电；

(3) 对于某些重要部位，某个生产或操作地点需要备用照明的，如操纵台、控制屏、接线台、收款处、生产设备等，常常不要求全室均匀照明，只要求照亮这些需要备用照明的部位，则宜从正常照明中分出一部分灯具，由应急电源供电，或电源故障时转换到应急电源上。

11.2.4 按《高层民用建筑设计防火规范》GB 50045—1995（2005 年版），灯具及配电线路的敷设应符合下列规定

1. 消防用电设备的配电线路应满足火灾时连续供电的需要，其敷设应符合下列规定：

(1) 暗敷设时，应穿管并应敷设在不燃烧体结构内且保护层厚度不应小于 30mm；明敷设时，应穿有防火保护的金属管或有防火保护的封闭式金属线槽；

(2) 当采用阻燃或耐火电缆时，敷设在电缆井、电缆沟内可不采取防火保护措施；

(3) 当采用矿物绝缘类不燃性电缆时，可直接敷设；

(4) 宜与其他配电线路分开敷设；当敷设在同一井沟内时，宜分别布置在井沟的两侧。

2. 应急照明灯和灯光疏散指示标志，应设玻璃或其他不燃烧材料制作的保护罩。

11.3 应急照明的控制方式

11.3.1 应急照明的控制原理

《火灾自动报警系统设计规范》GB 50116—98 第 6.3.1.8 条规定：“消防控制室在确认火灾后，应能切断有关部位的非消防电源，并接通警报装置及火灾应急照明灯和疏散标志灯”。由此可以得出：当设有火灾自动报警系统时，应急照明中的疏散照明在火灾情况下应能强制点亮。

在实际工程应用中，常常采用正常照明的一部分兼作应急照明，其分散的就地灯具开关状态是处在不确定的状况下。事故停电时处于常亮状态的疏散指示灯和点亮状态的应急照明灯不存在自动点亮的问题。而处于熄灭状态的疏散标志灯和应急照明，就必须使其强制点亮。

图11-2为应急照明控制原理图，首先在应急照明配电箱中引入火灾自动报警联动触头K，并根据需要控制回路的数量确定交流接触器的数量。

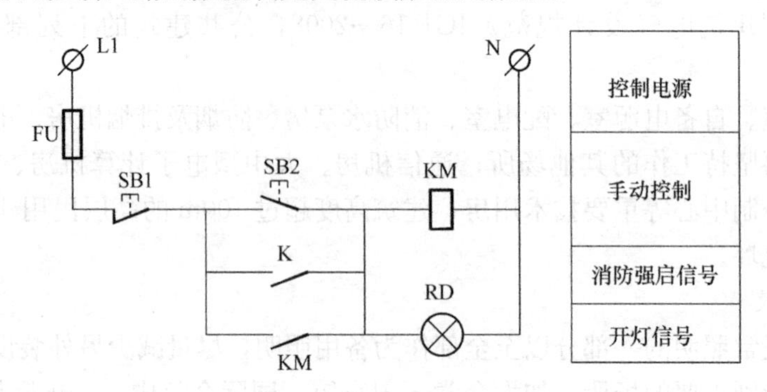

图11-2 应急照明控制原理图

11.3.2 应急照明的分散就地控制方式

走道、楼梯间等处的应急照明灯需要分散就地控制，其应急照明配电接线见图11-3。首先在各出线回路上增加一根控制线，并串入交流接触器KM主触点。其次将分散在各处的应急照明开关由通常的单控开关改为双控开关。这样，平时交流接触器KM主触点处于打开状态，控制线不带电。双控开关能正常控制应急照明灯。当发生火灾时，由于火灾报警联动触头K闭合。相应联动用的交流接触器KM主触点闭合。电源线及控制线均带电，双控开关不论处于何种位置，应急照明灯都能被强制点亮。

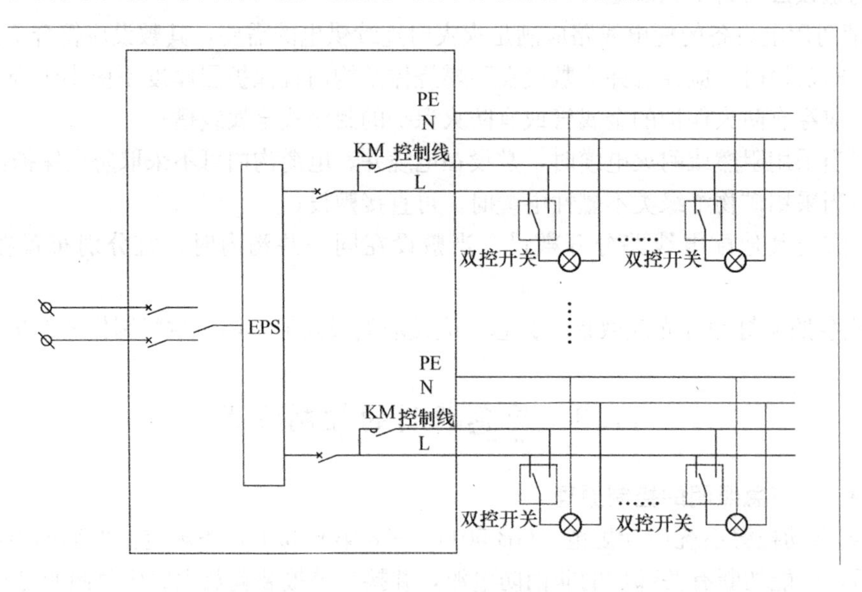

图11-3 应急照明的分散就地控制接线图

11.3.3 应急照明的集中控制方式

在一些公共建筑中，如商场、停车库等公共场所的应急照明常常需要集中控制管理。其应急照明配电接线见图11-4。此类设计中往往在值班室或每层的配电间内设一个应急照明配电箱，配出若干回路控制各场所的应急照明及疏散指示灯。这时在控制原理不变的情况下，把分散设置的单控开关集中设置于配电箱箱面，每只单控开关控制一个回路的应急照明灯，既满足火灾时强制点亮要求，又方便管理。

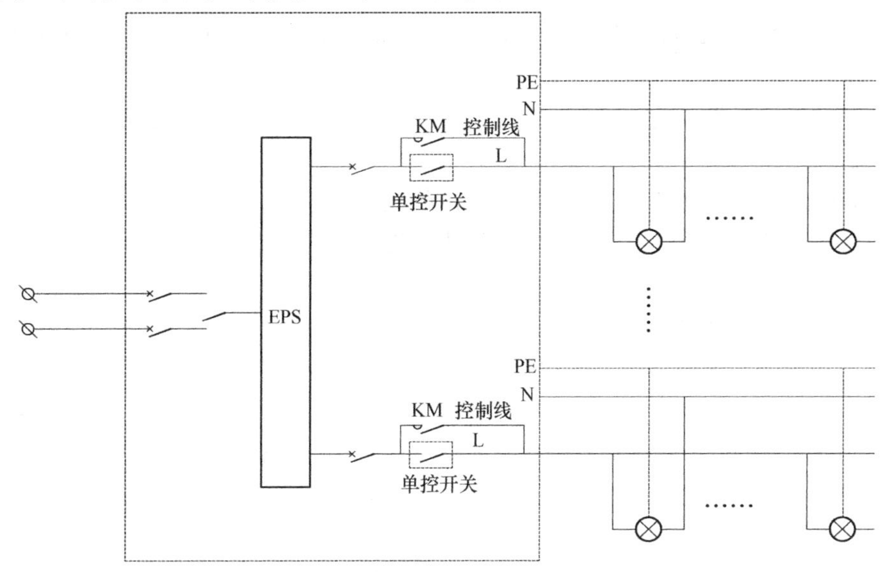

图 11-4 应急照明的集中控制接线图

11.3.4 应急照明的总线集中控制方式

随着现代大型建筑的不断涌现。照明控制系统出现了总线制集中照明控制系统，把整栋建筑的照明包括应急照明都纳入了总线制控制系统，应急照明的控制又加入了新的制约因素。其应急照明配电接线见图 11-5。利用同一控制原理，把交流接触器 KM 辅助触点跨接在总线控制器两端，取消设于就地或配电箱面的控制开关，正常情况下由总线集中控制系统实现对应急照明灯的控制，火灾时交流接触器 KM 辅助触点闭合强制点亮应急照明。

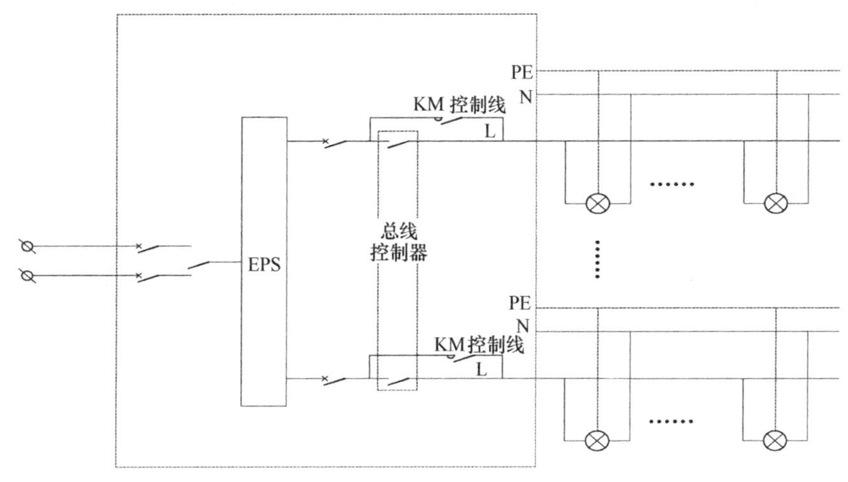

图 11-5 应急照明的总线控制接线图

本 章 小 结

1. 应急照明包括疏散照明、安全照明、备用照明。应急照明光源一般使用白炽灯、荧光灯、卤钨灯，不应使用高强气体放电灯。

2. 应急照明的电源，应根据应急照明类别、场所使用要求和该建筑电源条件，采用下列方式之一：

（1）接自电力网有效独立于正常照明电源的线路；

（2）蓄电池组，包括灯内自带蓄电池、集中设置或分区集中设置蓄电池装置；

（3）应急发电机组；

（4）以上任意两种方式的组合。

3. 建筑内消防应急照明灯具的照度应符合下列规定：

（1）疏散走道的地面最低水平照度不应低于0.5lx；

（2）人员密集场所内的地面最低水平照度不应低于1.0lx；

（3）楼梯间内的地面最低水平照度不应低于5.0lx；

（4）消防控制室、消防水泵房、自备发电机房、配电室、防烟与排烟机房以及发生火灾时仍需正常工作的其他房间的消防应急照明，仍应保证正常照明的照度。

4. 备用照明及疏散照明的最少持续供电时间及最低照度应符合表11-1的规定。

5. 应急照明的转换时间

（1）备用照明不应大于5s，金融商业交易场所不应大于1.5s；

（2）疏散照明不应大于5s；

（3）安全照明不大于0.5s。

6. 应急照明的转换方式

采用独立的馈电线路或蓄电池作应急照明电源时，正常照明电源故障时，对于安全照明，必须自动转换；对于疏散照明和备用照明，通常也应自动转换。

采用应急发电机组时，机组应处于备用状态，并有自动启动装置。正常电源故障时，能自动启动并自动转换到应急系统。

7. 疏散照明的装设场所与要求包括疏散照明灯、安全出口标志灯、疏散指向标志灯的装设场所与要求。

8. 安全照明的装设场所与要求。

9. 备用照明的装设场所与要求。

10. 采用正常照明的一部分兼作应急照明，其分散的就地灯具开关状态是处在不确定的状况下，而在火灾情况下应能强制点亮。其控制方式有分散就地控制、集中控制及总线集中控制等方式。

习 题 与 思 考 题

1. 应急照明分为哪些类型？
2. 应急照明对光源有什么要求？
3. 应急照明对供电电源有什么要求？

4. 应急照明要求照度是多少?
5. 应急照明对转换时间、转换方式的要求是什么?
6. 应急照明要求持续时间是多少?
7. 疏散照明的装设场所与要求有哪些?
8. 安全照明的装设场所与要求有哪些?
9. 备用照明的装设场所与要求有哪些?
10. 兼作正常照明的应急照明的控制方式有哪些? 接线方式是怎样的?
11. 有哪些现行国家规范、标准对应急照明作了规定?

附　　录

附录1　平圆吸顶灯的配光特性、利用系数及概算曲线

1. 灯具基本参数

型号	规格（mm）			功率	保护角	灯具效率	上射光通量输出比	下射光通量输出比	最大允许距高比	灯头形式
	d	D	H							
JXD5-2	236	296	110	100W/60W	—	57%	22%	35%	1.32	2B22

2. 平圆吸顶灯的配光特性

平圆吸顶灯的配光特性（1000lm）

θ（°）	0	5	10	15	20	25	30	35	40	45	50	55
I_θ（cd）	84	84	83	82	81	80	77	74	71	67	64	61
θ（°）	60	65	70	75	80	85	90	95	100	105	110	115
I_θ（cd）	57	52	46	41	36	33	31	32	34	36	38	38
θ（°）	120	125	130	135	140	145	150	155	160	165	170	175
I_θ（cd）	39	39	38	38	37	35	34	34	31	30	29	30

3. 平圆吸顶灯的利用系数

平圆吸顶灯的利用系数表（等效地面反射比20%、距高比$S/h_{RC}=1.0$）

等效顶棚反射比（%）	墙面平均反射比（%）	室空间比									
		1	2	3	4	5	6	7	8	9	10
80	70	0.56	0.50	0.46	0.42	0.38	0.35	0.32	0.30	0.28	0.25
	50	0.53	0.45	0.40	0.35	0.31	0.27	0.25	0.22	0.20	0.18
	30	0.50	0.41	0.35	0.30	0.26	0.22	0.20	0.17	0.15	0.13
	10	0.47	0.38	0.31	0.26	0.22	0.19	0.16	0.14	0.12	0.10
70	70	0.52	0.47	0.42	0.39	0.35	0.32	0.30	0.28	0.26	0.23
	50	0.49	0.42	0.37	0.32	0.29	0.26	0.23	0.21	0.19	0.17
	30	0.47	0.39	0.33	0.28	0.24	0.21	0.18	0.16	0.14	0.13
	10	0.44	0.36	0.29	0.24	0.21	0.18	0.15	0.13	0.12	0.10

续表

平圆吸顶灯的利用系数表（等效地面反射比20%、距高比S/h_{RC}=1.0）

等效顶棚反射比（%）	墙面平均反射比（%）	室空间比									
		1	2	3	4	5	6	7	8	9	10
50	70	0.45	0.40	0.36	0.33	0.30	0.28	0.26	0.24	0.22	0.20
	50	0.42	0.37	0.32	0.28	0.25	0.22	0.20	0.18	0.16	0.15
	30	0.41	0.34	0.29	0.25	0.21	0.19	0.16	0.14	0.13	0.11
	10	0.39	0.31	0.26	0.22	0.18	0.16	0.14	0.12	0.10	0.09
30	70	0.38	0.34	0.31	0.28	0.25	0.24	0.22	0.20	0.19	0.17
	50	0.36	0.31	0.28	0.24	0.22	0.19	0.17	0.16	0.14	0.13
	30	0.35	0.29	0.25	0.21	0.19	0.16	0.14	0.13	0.11	0.10
	10	0.34	0.27	0.23	0.19	0.16	0.14	0.12	0.10	0.09	0.08
0	0	0.26	0.21	0.17	0.14	0.12	0.10	0.09	0.08	0.07	0.05

4. 平圆吸顶灯的概算曲线

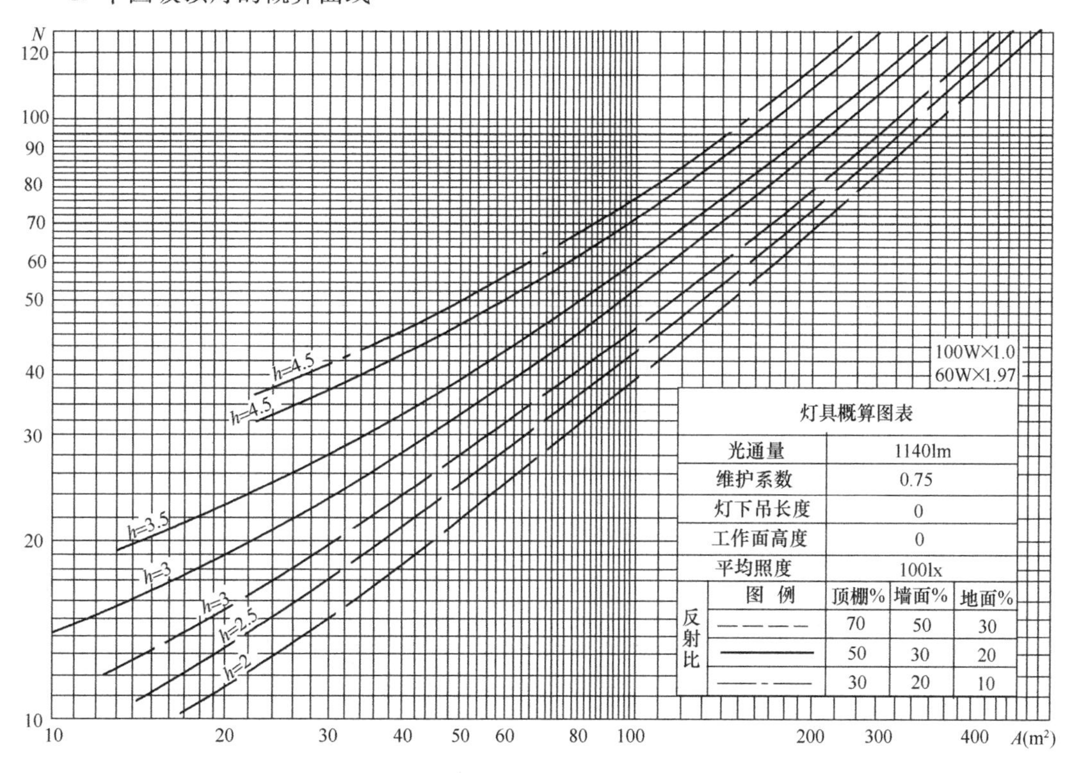

附录2 嵌入式格栅荧光灯的配光特性、利用系数及概算曲线

1. 灯具基本参数

型号	规格（mm）			功率	保护角	灯具效率	上射光通量输出比	下射光通量输出比	最大允许距高比	
	L	b	h						A-A	B-B
YG701-3	1320	300	215	3×40W	32.5°	46%	0	46%	1.12	1.05

2. 嵌入式格栅荧光灯的配光特性

嵌入式格栅荧光灯的配光特性（1000lm）

A-A	θ（°）	0	5	10	15	20	25	30	35	40	45
	I_θ（cd）	238	236	230	224	209	191	176	159	130	108
	θ（°）	50	55	60	65	70	75	80	85	90	—
	I_θ（cd）	85	62	48	37	28	19	11	4.9	0.6	—
B-B	θ（°）	0	5	10	15	20	25	30	35	40	45
	I_θ（cd）	228	224	217	205	192	177	159	145	127	107
	θ（°）	50	55	60	65	70	75	80	85	90	—
	I_θ（cd）	88	67	51	39	29	20	12	5.6	0.4	—

3. 嵌入式格栅荧光灯的利用系数

嵌入式格栅荧光灯的利用系数表（等效地面反射比20%、距高比$S/h_{RC}=0.7$）

等效顶棚反射比（%）	墙面平均反射比（%）	室空间比									
		1	2	3	4	5	6	7	8	9	10
80	70	0.51	0.47	0.44	0.41	0.38	0.35	0.32	0.30	0.28	0.26
	50	0.49	0.44	0.40	0.36	0.33	0.28	0.27	0.25	0.22	0.20
	30	0.48	0.42	0.37	0.33	0.29	0.26	0.23	0.21	0.19	0.17
	10	0.46	0.40	0.34	0.30	0.26	0.23	0.21	0.18	0.16	0.15
70	70	0.50	0.46	0.43	0.40	0.37	0.34	0.32	0.30	0.28	0.26
	50	0.48	0.43	0.39	0.36	0.32	0.29	0.26	0.24	0.22	0.20
	30	0.47	0.41	0.36	0.32	0.29	0.26	0.23	0.21	0.19	0.17
	10	0.45	0.39	0.34	0.30	0.26	0.23	0.20	0.18	0.16	0.15
50	70	0.48	0.44	0.41	0.38	0.35	0.33	0.30	0.28	0.26	0.25
	50	0.46	0.42	0.38	0.34	0.31	0.28	0.26	0.24	0.22	0.20
	30	0.45	0.40	0.35	0.32	0.28	0.25	0.23	0.20	0.18	0.17
	10	0.44	0.38	0.33	0.29	0.26	0.23	0.20	0.18	0.16	0.15

续表

嵌入式格栅荧光灯的利用系数表（等效地面反射比 20%、距高比 $S/h_{RC}=0.7$）											
等效顶棚反射比（%）	墙面平均反射比（%）	室空间比									
		1	2	3	4	5	6	7	8	9	10
30	70	0.46	0.42	0.39	0.36	0.34	0.31	0.29	0.27	0.25	0.24
	50	0.44	0.40	0.37	0.33	0.30	0.28	0.25	0.23	0.21	0.19
	30	0.43	0.39	0.34	0.31	0.28	0.25	0.22	0.20	0.18	0.17
	10	0.43	0.37	0.33	0.29	0.26	0.23	0.20	0.18	0.16	0.15
0	0	0.40	0.36	0.31	0.28	0.25	0.22	0.19	0.17	0.15	0.14

4. 嵌入式格栅荧光灯的概算曲线

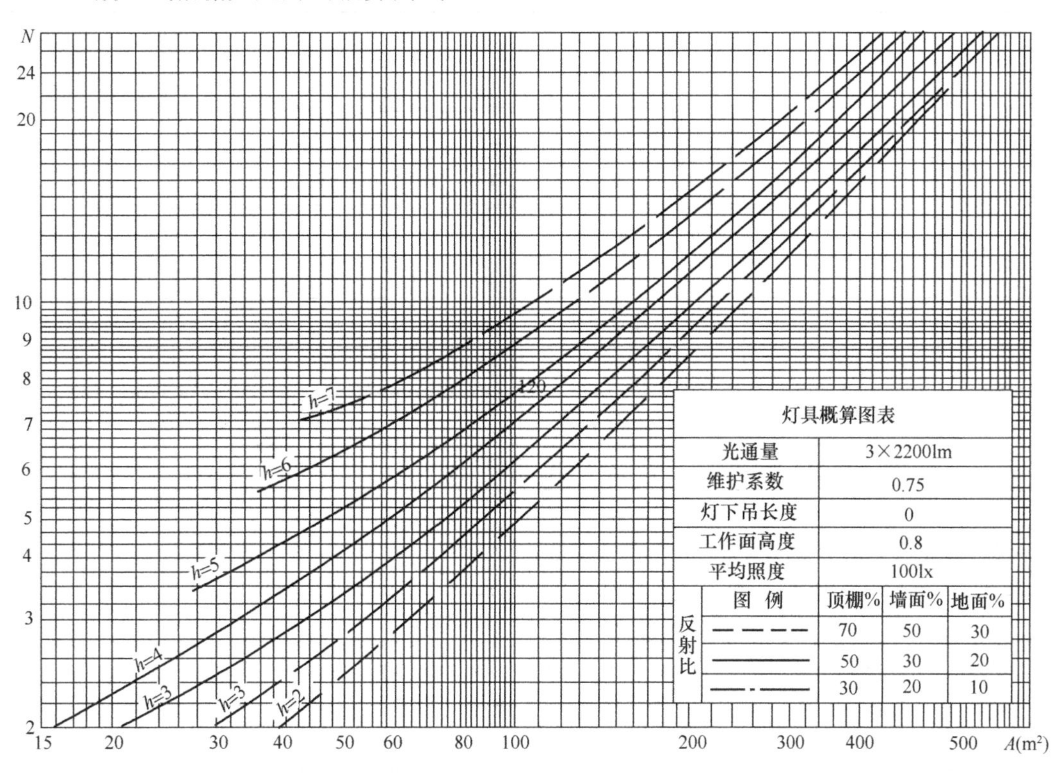

附录3 筒式荧光灯(无反射罩)的配光特性、利用系数及概算曲线

1. 灯具基本参数

型号	规格(mm)			功率	保护角	灯具效率	上射光通量输出比	下射光通量输出比	最大允许距高比	
	L	b	h						A-A	B-B
YG1-1	1280	70	45	1×40W	—	81%	21%	59%	1.62	1.22

2. 筒式荧光灯(无反射罩)的配光特性

简式荧光灯(无反射罩)的配光特性(1000lm)

A-A	θ(°)	0	5	10	15	20	25	30	35	40	45	50
	I_θ(cd)	140	140	141	142	142	144	146	149	150	151	152
	θ(°)	55	60	65	70	75	80	85	90	95	100	105
	I_θ(cd)	151	149	145	141	136	129	124	121	121	122	122
	θ(°)	110	115	120	125	130	135	140	145	150	155	160
	I_θ(cd)	116	103	88	75	60	45	18	19	6.4	0.8	0
B-B	θ(°)	0	5	10	15	20	25	30	35	40	45	50
	I_θ(cd)	124	122	120	116	112	107	101	94	85	77	68
	θ(°)	55	60	65	70	75	80	85	90	—	—	—
	I_θ(cd)	58	47	37	27	17	9	2.8	0	—	—	—

3. 筒式荧光灯(无反射罩)的利用系数

简式荧光灯(无反射罩)的利用系数表(等效地面反射比20%、距高比S/h_{RC}=1.0)

等效顶棚反射比(%)	墙面平均反射比(%)	室空间比									
		1	2	3	4	5	6	7	8	9	10
70	70	0.75	0.68	0.61	0.56	0.51	0.47	0.43	0.40	0.37	0.34
	50	0.71	0.61	0.53	0.46	0.41	0.37	0.33	0.29	0.27	0.24
	30	0.67	0.55	0.46	0.39	0.34	0.30	0.26	0.23	0.20	0.17
	10	0.63	0.50	0.41	0.34	0.29	0.25	0.21	0.18	0.16	0.12
50	70	0.67	0.60	0.54	0.49	0.45	0.41	0.38	0.35	0.33	0.30
	50	0.63	0.54	0.47	0.41	0.37	0.33	0.30	0.27	0.24	0.21
	30	0.60	0.50	0.42	0.36	0.31	0.27	0.24	0.21	0.19	0.16
	10	0.57	0.46	0.38	0.31	0.26	0.23	0.20	0.17	0.15	0.12

续表

简式荧光灯（无反射罩）的利用系数表（等效地面反射比20%、距高比 $S/h_{RC}=1.0$）

等效顶棚反射比（%）	墙面平均反射比（%）	室空间比									
		1	2	3	4	5	6	7	8	9	10
30	70	0.59	0.53	0.47	0.43	0.39	0.36	0.33	0.31	0.29	0.26
	50	0.56	0.48	0.42	0.37	0.33	0.29	0.26	0.24	0.22	0.19
	30	0.54	0.45	0.38	0.32	0.28	0.25	0.22	0.19	0.17	0.15
	10	0.52	0.41	0.34	0.28	0.24	0.21	0.18	0.16	0.14	0.11
10	70	0.52	0.46	0.41	0.37	0.34	0.32	0.29	0.27	0.25	0.23
	50	0.50	0.43	0.37	0.33	0.29	0.26	0.24	0.21	0.19	0.17
	30	0.48	0.40	0.34	0.29	0.25	0.22	0.20	0.17	0.15	0.13
	10	0.46	0.37	0.31	0.26	0.22	0.19	0.16	0.14	0.12	0.10
0	0	0.43	0.34	0.28	0.23	0.20	0.17	0.14	0.12	0.11	0.10

4. 简式荧光灯（无反射罩）的概算曲线

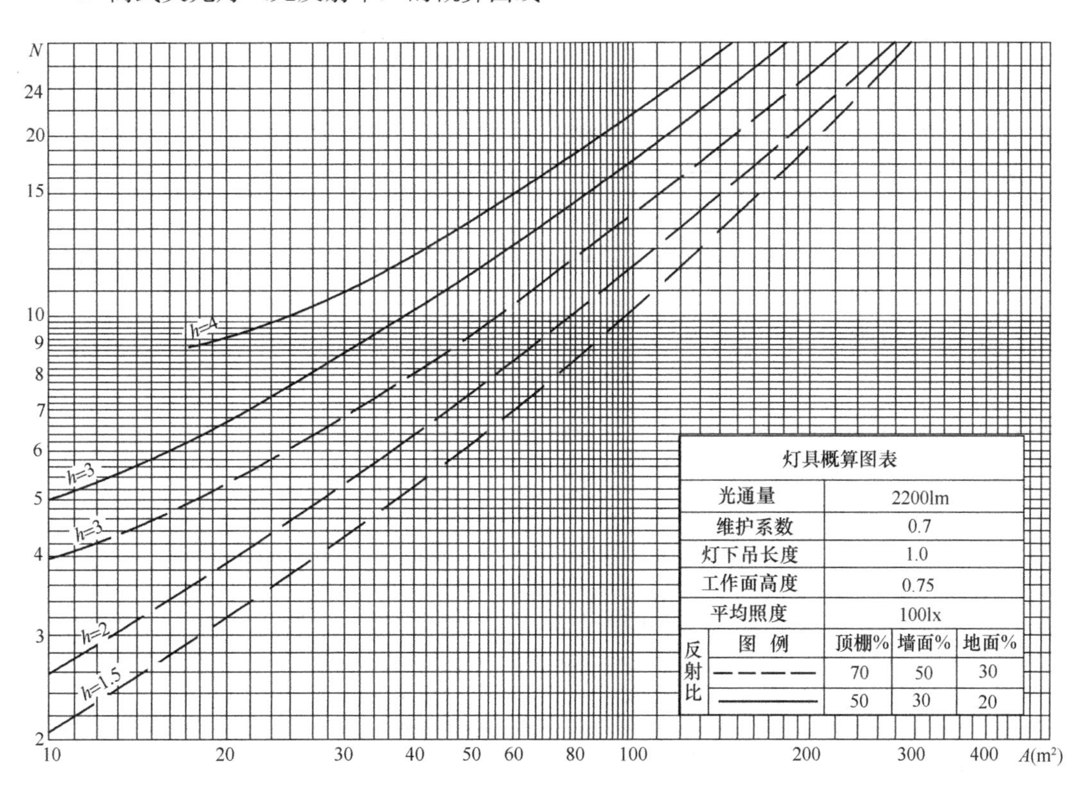

附录4　简式荧光灯（带反射罩）的配光特性、利用系数及概算曲线

1. 灯具基本参数

型号	规格（mm）			功率	保护角	灯具效率	上射光通量输出比	下射光通量输出比	最大允许距高比	
	L	b	h						A-A	B-B
YG2-1	1280	168	90	1×40W	4.6°	88%	0	88%	1.46	1.28

2. 简式荧光灯（带反射罩）的配光特性

简式荧光灯（带反射罩）的配光特性（1000lm）

A-A	θ（°）	0	5	10	15	20	25	30	35	40	45
	I_θ（cd）	269	268	267	267	266	264	260	254	247	234
	θ（°）	50	55	60	65	70	75	80	85	90	—
	I_θ（cd）	214	196	173	139	102	65	31	6.7	0	—
B-B	θ（°）	0	5	10	15	20	25	30	35	40	45
	I_θ（cd）	260	258	255	250	243	233	224	208	194	176
	θ（°）	50	55	60	65	70	75	80	85	90	—
	I_θ（cd）	156	141	120	99	77	54	31	8.8	0	—

3. 简式荧光灯（带反射罩）的利用系数

简式荧光灯（带反射罩）的利用系数表（等效地面反射比20%、距高比 $S/h_{RC}=1.0$）

等效顶棚反射比（%）	墙面平均反射比（%）	室空间比									
		1	2	3	4	5	6	7	8	9	10
70	70	0.93	0.85	0.78	0.71	0.65	0.60	0.55	0.51	0.47	0.43
	50	0.89	0.79	0.70	0.61	0.55	0.49	0.44	0.40	0.36	0.32
	30	0.86	0.73	0.63	0.54	0.47	0.42	0.37	0.33	0.29	0.25
	10	0.83	0.69	0.58	0.49	0.42	0.36	0.32	0.27	0.24	0.20
50	70	0.89	0.81	0.74	0.67	0.62	0.57	0.52	0.48	0.45	0.41
	50	0.85	0.75	0.67	0.59	0.53	0.48	0.43	0.39	0.35	0.31
	30	0.83	0.71	0.61	0.53	0.46	0.41	0.36	0.32	0.29	0.24
	10	0.80	0.67	0.57	0.48	0.41	0.36	0.31	0.27	0.24	0.20
30	70	0.85	0.77	0.70	0.64	0.59	0.54	0.50	0.46	0.43	0.39
	50	0.82	0.73	0.65	0.57	0.51	0.46	0.42	0.37	0.34	0.30
	30	0.80	0.69	0.60	0.52	0.45	0.40	0.36	0.32	0.28	0.24
	10	0.78	0.65	0.56	0.47	0.41	0.36	0.31	0.27	0.24	0.20

续表

简式荧光灯(带反射罩)的利用系数表(等效地面反射比 20%、距高比 $S/h_{RC}=1.0$)											
等效顶棚反射比(%)	墙面平均反射比(%)	室空间比									
		1	2	3	4	5	6	7	8	9	10
10	70	0.81	0.73	0.67	0.61	0.56	0.52	0.48	0.44	0.41	0.37
	50	0.79	0.70	0.62	0.55	0.49	0.45	0.40	0.36	0.33	0.29
	30	0.77	0.67	0.58	0.51	0.44	0.40	0.35	0.31	0.28	0.24
	10	0.75	0.64	0.55	0.47	0.40	0.35	0.31	0.27	0.24	0.20
0	0	0.73	0.62	0.53	0.45	0.39	0.34	0.29	0.25	0.22	0.18

4. 简式荧光灯(带反射罩)的概算曲线

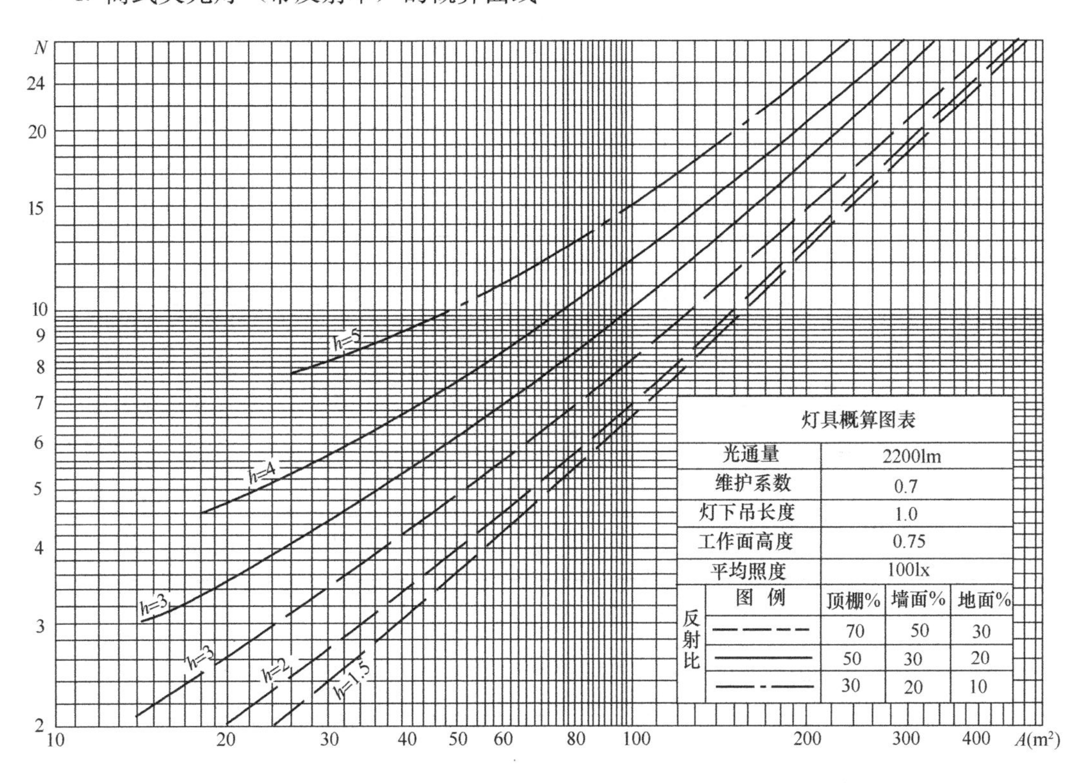

附录5　关于等效地面反射比不等于20%时对利用系数的修正表

等效地面反射比30%

等效顶棚反射比（%）	墙面平均反射比（%）	室空间比									
		1	2	3	4	5	6	7	8	9	10
80	70	1.092	1.079	1.070	1.062	1.056	1.052	1.047	1.044	1.040	1.037
	50	1.082	1.066	1.054	1.045	1.038	1.033	1.029	1.026	1.024	1.022
	30	1.075	1.055	1.042	1.033	1.026	1.021	1.018	1.015	1.014	1.012
	10	1.068	1.047	1.033	1.024	1.018	1.014	1.011	1.009	1.007	1.006
70	70	1.077	1.068	1.061	1.055	1.050	1.047	1.043	1.040	1.037	1.034
	50	1.070	1.057	1.048	1.040	1.034	1.030	1.026	1.024	1.022	1.020
	30	1.064	1.048	1.037	1.029	1.024	1.020	1.017	1.015	1.014	1.012
	10	1.059	1.039	1.028	1.021	1.015	1.012	1.009	1.007	1.006	1.005
50	50	1.049	1.041	1.034	1.030	1.027	1.024	1.022	1.020	1.019	1.017
	30	1.044	1.033	1.027	1.022	1.018	1.015	1.013	1.012	1.011	1.010
	10	1.040	1.027	1.020	1.015	1.012	1.009	1.007	1.006	1.005	1.004
30	50	1.028	1.026	1.024	1.022	1.020	1.019	1.018	1.017	1.016	1.015
	30	1.026	1.021	1.017	1.015	1.013	1.012	1.011	1.009	1.009	1.009
	10	1.023	1.017	1.012	1.010	1.008	1.006	1.005	1.004	1.004	1.003
10	50	1.016	1.015	1.014	1.014	1.014	1.014	1.014	1.013	1.013	1.013
	30	1.010	1.010	1.009	1.009	1.009	1.008	1.008	1.007	1.007	1.007
	10	1.008	1.006	1.005	1.004	1.004	1.003	1.003	1.003	1.002	1.002

等效地面反射比10%

等效顶棚反射比（%）	墙面平均反射比（%）	室空间比									
		1	2	3	4	5	6	7	8	9	10
80	70	0.928	0.931	0.939	0.944	0.949	0.953	0.957	0.960	0.963	0.965
	50	0.929	0.942	0.951	0.958	0.964	0.969	0.973	0.976	0.978	0.980
	30	0.935	0.950	0.961	0.969	0.976	0.980	0.983	0.986	0.987	0.989
	10	0.940	0.958	0.969	0.978	0.983	0.986	0.991	0.993	0.994	0.995
70	70	0.933	0.940	0.945	0.950	0.954	0.958	0.961	0.963	0.965	0.967
	50	0.939	0.949	0.957	0.963	0.968	0.972	0.975	0.977	0.979	0.981
	30	0.943	0.957	0.966	0.973	0.978	0.982	0.985	0.987	0.989	0.990
	10	0.948	0.963	0.973	0.980	0.985	0.989	0.991	0.993	0.994	0.995
50	50	0.956	0.962	0.967	0.972	0.975	0.979	0.979	0.981	0.983	0.984
	30	0.960	0.968	0.975	0.980	0.983	0.985	0.987	0.988	0.990	0.991
	10	0.963	0.974	0.981	0.986	0.989	0.992	0.994	0.994	0.996	0.997
30	50	0.973	0.976	0.978	0.980	0.981	0.982	0.983	0.984	0.985	0.986
	30	0.976	0.980	0.983	0.986	0.988	0.989	0.990	0.991	0.992	0.993
	10	0.979	0.985	0.988	0.991	0.993	0.995	0.996	0.997	0.998	0.998
10	50	0.989	0.988	0.988	0.987	0.987	0.987	0.987	0.987	0.988	0.988
	30	0.991	0.991	0.992	0.992	0.992	0.993	0.993	0.994	0.994	0.994
	10	0.993	0.995	0.996	0.996	0.997	0.997	0.998	0.998	0.999	0.999

续表

等效地面反射比0%											
等效顶棚反射比(%)	墙面平均反射比(%)	室空间比									
		1	2	3	4	5	6	7	8	9	10
80	70	0.859	0.871	0.882	0.893	0.903	0.911	0.917	0.922	0.928	0.933
	50	0.870	0.887	0.904	0.919	0.931	0.940	0.947	0.953	0.958	0.962
	30	0.879	0.903	0.915	0.941	0.953	0.961	0.967	0.971	0.975	0.979
	10	0.886	0.919	0.942	0.958	0.969	0.976	0.981	0.985	0.998	0.991
70	70	0.837	0.886	0.898	0.908	0.914	0.920	0.924	0.929	0.933	0.937
	50	0.884	0.902	0.918	0.930	0.939	0.945	0.950	0.955	0.959	0.963
	30	0.893	0.916	0.934	0.948	0.958	0.965	0.970	0.975	0.980	0.983
	10	0.901	0.928	0.947	0.961	0.970	0.977	0.982	0.986	0.989	0.992
50	50	0.916	0.926	0.936	0.945	0.951	0.955	0.959	0.963	0.966	0.969
	30	0.923	0.938	0.950	0.961	0.967	0.972	0.975	0.978	0.980	0.982
	10	0.929	0.949	0.964	0.974	0.980	0.985	0.988	0.991	0.993	0.995
30	50	0.948	0.954	0.958	0.961	0.964	0.966	0.968	0.970	0.971	0.973
	30	0.954	0.963	0.969	0.974	0.977	0.979	0.981	0.983	0.985	0.987
	10	0.960	0.971	0.979	0.984	0.988	0.991	0.993	0.995	0.996	0.997
10	50	0.979	0.978	0.976	0.975	0.975	0.975	0.975	0.976	0.976	0.977
	30	0.983	0.983	0.981	0.985	0.985	0.986	0.987	0.988	0.988	0.989
	10	0.987	0.991	0.993	0.994	0.995	0.996	0.997	0.998	0.998	0.999

附录6　民用建筑中各类建筑物的主要用电负荷分级

序号	建筑物名称	用电负荷名称	负荷级别
1	国家级会堂、国宾馆、国家级国际会议中心	主会场、接见厅、宴会厅照明、电声、录像、计算机系统用电	一级*
		客梯、总值班室、会议室、主要办公室、档案室用电	一级
2	国家及省部级政府办公建筑	客梯、主要办公室、会议室、总值班室、档案室及主要通道照明用电	一级
3	国家及省部级计算中心	计算机系统用电	一级*
4	国家及省部级防灾中心、电力调度中心、交通指挥中心	防灾、电力调度及交通指挥计算机系统用电	一级*
5	地、市级办公建筑	主要办公室、会议室、总值班室、档案室及主要通道照明用电	二级
6	地、市级及以上气象台	气象业务计算机系统用电	一级*
		气象雷达、电报及传真收发设备、卫星云图接收机及语言广播设备、气象绘图及预报照明用电	一级
7	电信枢纽、卫星地面站	保证通信不中断的主要设备用电	一级*
8	电视台、广播电台	国家及省、市、自治区电视台、广播电台的计算机系统用电，直接播出的电视演播厅、中心机房、录像室、微波设备及发射机房用电	一级*
		语音播音室、控制室的电力和照明用电	一级
		洗印室、电视电影室、审听室、楼梯照明用电	二级
9	剧场	特、甲等剧场的调光用计算机系统用电	一级*
		特、甲等剧场的舞台照明、贵宾室、演员化妆室、舞台机械设备、电声设备、电视转播用电	一级
		甲等剧场的观众厅照明、空调机房及锅炉房电力和照明用电	二级
10	电影院	甲等电影院的照明与放映用电	二级
11	博物馆、展览馆	大型博物馆及展览馆安防系统用电，珍贵展品展室照明用电	一级*
		展览用电	二级
12	图书馆	藏书量超过100万册及重要图书馆的安防系统、图书检索用计算机系统用电	一级*
		其他用电	二级

续表

序号	建筑物名称	用电负荷名称	负荷级别
13	体育建筑	特级体育场（馆）及游泳馆的比赛场（厅）、主席台、贵宾室、接待室、新闻发布厅、广场及主要通道照明、计时记分装置、计算机房、电话机房、广播机房、电台和电视转播及新闻摄影用电	一级 *
		甲级体育场（馆）及游泳馆的比赛场（厅）、主席台、贵宾室、接待室、新闻发布厅、广场及主要通道照明、计时记分装置、计算机房、电话机房、广播机房、电台和电视转播及新闻摄影用电	一级
		特级及甲级体育场（馆）及游泳馆中非比赛用电、乙级及以下体育建筑比赛用电	二级
14	商场、超市	大型商场及超市的经营管理用计算机系统用电	一级 *
		大型商场及超市营业厅的备用照明用电	一级
		大型商场及超市的自动扶梯、空调用电	二级
		中型商场及超市营业厅的备用照明用电	二级
15	银行、金融中心、证交中心	重要的计算机系统和安防系统用电	一级 *
		大型银行营业厅及门厅照明、安全照明用电	一级
		小型银行营业厅及门厅照明用电	二级
16	民用航空港	航空管制、导航、通信、气象、助航灯光系统设施和台站用电，边防、海关的安全检查设备用电，航班预报设备用电，三级以上油库用电	一级 *
		候机楼、外航驻机场办事处、机场宾馆及旅客过夜用房、站坪照明、站坪机务用电	一级
		其他用电	二级
17	铁路旅客站	大型站和国境站的旅客站房、站台、天桥、地道用电	一级
18	水运客运站	通信、导航设施用电	一级
		港口重要作业区、一级客运站用电	二级
19	汽车客运站	一、二级客运站用电	二级
20	汽车库（修车库）、停车场	Ⅰ类汽车库、机械停车设备及采用升降梯作车辆疏散出口的升降梯用电	一级
		Ⅱ、Ⅲ类汽车库和Ⅰ类修车库、机械停车设备及采用升降梯作车辆疏散出口的升降梯用电	二级
21	旅游饭店	四星级及以上旅游饭店的经营及设备管理用计算机系统用电	一级
		四星级及以上旅游饭店的宴会厅、餐厅、厨房、康乐设施、门厅及高级客房、主要通道等场所的照明用电，厨房、排污泵、生活水泵、主要客梯用电，计算机、电话、电声和录像设备、新闻摄影用电	一级
		三星级旅游饭店的宴会厅、餐厅、厨房、康乐设施、门厅及高级客房、主要通道等场所的照明用电，厨房、排污泵、生活水泵、主要客梯用电，计算机、电话、电声和录像设备、新闻摄影用电，除上栏所述之外的四星级及以上旅游饭店的其他用电	二级

续表

序号	建筑物名称	用电负荷名称	负荷级别
22	科研院所、高等院校	四级生物安全实验室等对供电连续性要求极高的国家重点实验室用电	一级 *
		除上栏所述之外的其他重要实验室用电	一级
		主要通道照明用电	二级
23	二级以上医院	重要手术室、重症监护等涉及患者生命安全的设备（如呼吸机等）及照明用电	一级 *
		急诊部、监护病房、手术部、分娩室、婴儿室、血液病房的净化室、血液透析室、病理切片分析、核磁共振、介入治疗用CT及X光机扫描室、血库、高压氧舱、加速器机房、治疗室及配血室的电力照明用电，培养箱、冰箱、恒温箱用电，走道照明用电，百级洁净度手术室空调系统用电、重症呼吸道感染区的通风系统用电	一级
		除上栏所述之外的其他手术室空调系统用电，电子显微镜、一般诊断用CT及X光机用电，客梯用电，高级病房、肢体伤残康复病房照明用电	二级
24	一类高层建筑	走道照明、值班照明、警卫照明、障碍照明用电，主要业务和计算机系统用电，安防系统用电，电子信息设备机房用电，客梯用电，排污泵、生活水泵用电	一级
25	二类高层建筑	主要通道及楼梯间照明用电，客梯用电，排污泵、生活水泵用电	二级

注：1. 负荷分级表中“一级 *”为一级负荷中特别重要负荷；
2. 各类建筑物的分级见现行的有关设计规范；
3. 本表未包含消防负荷分级，消防负荷分级见《民用建筑电气设计规范》JGJ16 及相关的国家标准、规范；
4. 当序号 1～23 各类建筑物与一类或二类高层建筑的用电负荷级别不相同时，负荷级别应按其中高者确定。

附录7　建筑电气工程施工图实例

附录7.1　设计说明

电气设计说明（一）

一、工程概况

1. 本项目名称为某住宅楼工程。

2. 本工程为砖混结构，总建筑面积：5302.2m^2。

3. 本工程室内外高差为0.65m，建筑总高20.55m，层高均为3.0m，主体部分层数为六层，均为住宅，住宅户型D6户型共1个单元〈共14户，其中跃层4户〉。

4. 本建筑物相对标高±0.000与所对应的绝对标高为505.548。

5. 本工程耐火等级为二级，屋面防水等级三级，抗震设防烈度为7度，主体结构合理使用年限50年。

二、主要设计依据

1. 甲方提供的项目设计任务委托书以及相关设计要求。

2. 经甲方认可的本工程建筑设计方案，建筑专业提供的建筑图及要求。

3. 主要设计规范

工程建设标准强制性条文〈房屋建筑部分——电气专业〉

《民用建筑电气设计规范》(JGJ 16—2008)

《住宅设计规范》GB 50096—1999〈2003年版〉

《供配电系统设计规范》GB 50052—2009

《有线电视系统工程技术规范》GB 50200—94

《建筑照明设计标准》GB 50034—2004

《建筑物防雷设计规范》(GB 50057—94)(2000年版)

《低压配电设计规范》GB 50054—95

《综合布线系统工程设计规范》GB 50311—2007

三、设计范围

本设计包括照明及供电系统、防雷及接地系统、电视、电话、网络及门禁对讲系统等。

四、照明及供电系统

1. 本工程属于三类民用建筑，负荷按三级设计。

2. 供电电源

本工程从室外配电箱引来一路220V/380V电源，YJLV-0.6/1kV-4×70-SC100-FC到楼梯间总配电箱AL0，见系统图、平面图。楼梯间照明、弱电箱电源等公共用电由单元配电箱供电。

用户配电箱AL1、AL2的总开关选用具有短路、过负荷和过、欠电压保护的断路器。

设计单位		建设单位			
		工程名称			
设　计		图　名		图别	电施
制　图		电气设计说明（一）		版本号	第1版
校　对				图号	1/23
审　核				日期	

电气设计说明（二）

3. 计费

采用集中表箱，即每户电度表集中设在单元配电箱中。

4. 照明设计只确定了光源的功率和光通量，照明器由建设单位自定。在平面图上，导线的默认根数为3，即未标注的为3根。

五、防雷及接地系统

1. 本工程防雷接地、重复接地共用同一接地体，其做法为利用地圈梁等基础钢筋等作接地体，要求沿建筑物四周形成闭合的电气通路，同时整个防雷接地系统也必须焊接成闭合的电气通路。基础施工完毕后作接地电阻测试，要求R≤1欧，如达不到要求，按《接地装置安装》03D501-4增加人工接地体。

2. 在建筑物四角柱内引下线上、离0.5米处设接地电阻测试盒，共2个，做法详03D501-4〈P38页〉。

3. 等电位联结

在进电源处〈一层楼梯间，单元配电箱AL0旁〉设总等电位联结箱MEB，在卫生间设局部等电位联结箱LEB，见平面图。施工按国家标准图集02D501-2。

六、电视、电话、网络及门禁对讲系统

电视、电话、网络及门禁对讲等弱电系统以预埋线管为原则，系统的具体实施由专业公司完成。闭路电视系统，每个单元设两个箱子，一层设放大器箱，三层设分配分支器箱。干线用SYWV-75-9-SC20-FC引入一层设放大器箱，再由一层放大器箱到三层分配分支器箱。每户由三层分配分支箱引两路支线SYWV-75-5-PC16-FC/WC，见单元电视系统图。

网络及电话系统，在一层楼梯间设网络及电话接线箱，电话HYA15×〈2×0.5〉-SC32-FC及2芯网络光纤-SC15-FC均引入此箱，再由此箱分别引一根超五类4对对绞线到每一户，见单元网络、电话系统图。

电视系统放大器箱，网络、电话系统总箱TOP等弱电箱的电源均由单元总配电箱提供，在单元总配电箱系统图中绘出，在平面图中未绘出。

超五类4对对绞线1根穿PC16，2根穿PC20，3、4根穿PC25，5、6根穿PC32，7～10根穿PC40。

SYWV-75-5电视线1根穿PC16，2、3根穿PC25，4、5根穿PC32，6、7、8根穿PC40。

七、其他未尽事宜应严格按照国家现行相关规范、标准及规程进行施工。

<table>
<tr><td rowspan="2">设计单位</td><td>建设单位</td><td colspan="3"></td></tr>
<tr><td>工程名称</td><td colspan="3"></td></tr>
<tr><td>设 计</td><td></td><td>图 名</td><td>图别</td><td>电施</td></tr>
<tr><td>制 图</td><td></td><td rowspan="3">电气设计说明（二）</td><td>版本号</td><td>第1版</td></tr>
<tr><td>校 对</td><td></td><td>图号</td><td>2/23</td></tr>
<tr><td>审 核</td><td></td><td>日期</td><td></td></tr>
</table>

附录 7.2　图纸目录

图　纸　目　录

图号	图　名	图别	图幅
1/23	电气设计说明〈一〉	电施	A2
2/23	电气设计说明〈二〉	电施	A2
3/23	图纸目录	电施	A2
4/23	图例及主要材料表	电施	A2
5/23	单元配电干线系统图	电施	A2
6/23	单元配电箱 AL0 系统图	电施	A2
7/23	用户配电箱 AL2 系统图	电施	A2
8/23	用户配电箱 AL1 系统图	电施	A2
9/23	底层照明平面图	电施	A2
10/23	标准层照明平面图	电施	A2
11/23	六层照明平面图	电施	A2
12/23	跃层照明平面图	电施	A2
13/23	底层插座平面图	电施	A2
14/23	标准层插座平面图	电施	A2
15/23	六层插座平面图	电施	A2
16/23	跃层插座平面图	电施	A2
17/23	屋顶防雷平面图	电施	A2
18/23	单元电视系统图	电施	A2
19/23	单元网络、电话系统图	电施	A2
20/23	底层弱电平面图	电施	A2
21/23	标准层弱电平面图	电施	A2
22/23	六层弱电平面图	电施	A2
23/23	跃层弱电平面图	电施	A2

设计单位		建设单位		
		工程名称		
设计		图名	图别	电施
制图		图纸目录	版本号	第1版
校对			图号	3/23
审核			日期	

附录 7.3 图例及主要材料表

图例及主要材料表

图例符号	名称	规格及型号	安装方式	单位	数量
	单元配电箱	AL0	明设	个	3
	用户配电箱	AL1、AL2	H=1.50米暗设	个	42
	节能灯	1×18W 1×1250lm	吸顶	盏	108
	节能灯	1×36W 1×2975lm	吸顶	盏	90
	节能灯	2×36W 2×2975lm	吸顶	盏	204
	节能灯	3×36W 3×2975lm	吸顶	盏	12
	节能灯	4×36W 4×2975lm	吸顶	盏	42
	节能型防水防尘灯	卫生间1×18W 1×1250lm	吸顶	盏	84
	节能灯	1×18W 1×1250lm	吸顶	盏	21
	壁灯（屋面为防水型）	1×18W 1×1250lm	H=2.00米	盏	18
	暗装单极翘板开关	250V 10A	H=1.30米暗设	个	312
	暗装双极翘板开关（防水型）	250V 10A	H=1.30米暗设	个	96
	暗装三极翘板开关	250V 10A	H=1.30米暗设	个	42
t	声光控延时开关	250V 10A	H=1.30米暗设	个	21
	暗装双控开关	250V 10A	H=1.30米暗设	个	24
	普通五孔插座	250V 10A	H=0.3米暗设	个	456
K	窗式空调插座	250V 10A	H=2.2米暗设	个	144
G	柜式空调插座	250V 15A	H=0.30米暗设	个	42
F	防溅水性厨卫插座（带开关）	250V 10A	H=1.5米暗设	个	162
Y	防溅水性抽油烟机插座	250V 10A	H=2.2米暗设	个	42
X	防溅水性洗衣机插座（带开关）	250V 10A	H=1.5米暗设	个	42
B	电冰箱调插座	250V 10A	H=1.5米暗设	个	42

图例符号	名称	规格及型号	安装方式	单位	数量
LEP	局部等电位联结箱		H=0.3米暗设	个	42
MEB	总等电位联结箱		明设	个	3
	电视放大器箱、分支分配器箱		H=1.50米暗设	个	6
	网络、电话系统总箱	TOP	H=1.50米暗设	个	3
	对讲主机			个	3
	门禁对讲户内分机		H=1.50米明设	个	42
TO	网络插座		H=0.3米暗设	个	42
TP	电话插座		H=0.3米暗设	个	84
TV	电视插座		H=0.3米暗设	个	84
——	电力电缆	YJLV-4×70	穿钢管	米	详图
——	聚氯乙烯绝缘电线	BV-10mm²	穿塑料管	米	详图
——	聚氯乙烯绝缘电线	BV-4mm²	穿塑料管	米	详图
——	聚氯乙烯绝缘电线	BV-2.5mm²	穿塑料管	米	详图
——	电话电缆	HYA15×（2×0.5）	穿钢管	米	详图
——	超五类4对对绞线		穿塑料管	米	详图
——	2芯网络光纤		穿钢管	米	详图
——	同轴电缆	SYWV-75-9	穿钢管	米	详图
——	同轴电缆	SYWV-75-5	穿塑料管	米	详图

设计单位		建设单位		
		工程名称		
设计		图名	图别	电施
制图		图例及主要材料表	版本号	第1版
校对			图号	4/23
审核			日期	

附录 7.4　供电及照明系统

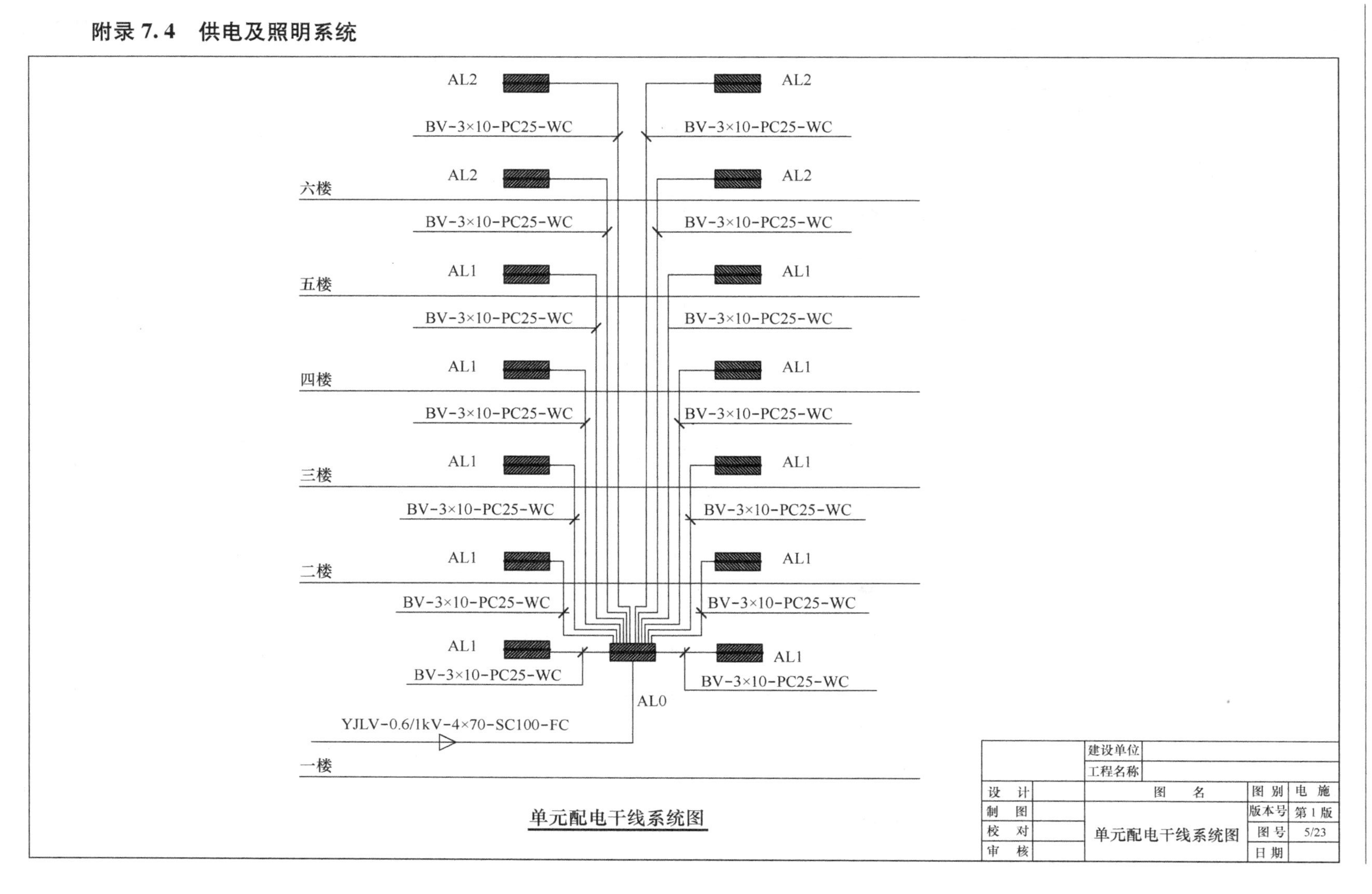

单元配电干线系统图

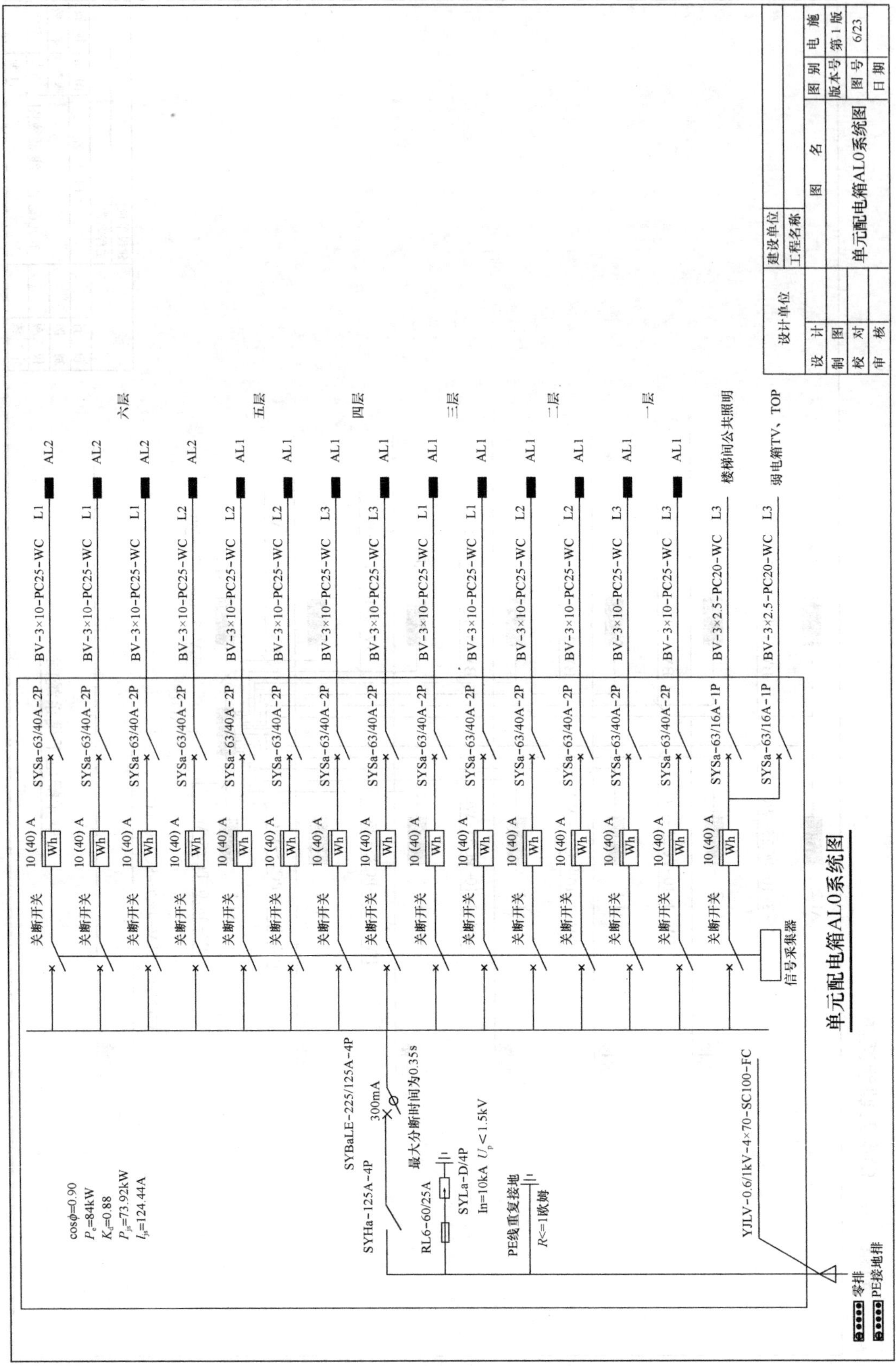

cosφ=0.90
P_e=84kW
K_d=0.88
P_{js}=73.92kW
I_{js}=124.44A

SYHa-125A-4P
SYBaLE-225/125A-4P
300mA
最大分断时间为0.35s
RL6-60/25A
SYLa-D/4P
In=10kA U_p<1.5kV
PE线重复接地
R<=1欧姆
YJLV-0.6/1kV-4×70-SC100-FC

开关	电表	断路器	线路	相	去向	楼层
关断开关	10 (40) A Wh	SYSa-63/40A-2P	BV-3×10-PC25-WC	L1	AL2	六层
关断开关	10 (40) A Wh	SYSa-63/40A-2P	BV-3×10-PC25-WC	L1	AL2	
关断开关	10 (40) A Wh	SYSa-63/40A-2P	BV-3×10-PC25-WC	L1	AL2	
关断开关	10 (40) A Wh	SYSa-63/40A-2P	BV-3×10-PC25-WC	L2	AL2	
关断开关	10 (40) A Wh	SYSa-63/40A-2P	BV-3×10-PC25-WC	L2	AL1	五层
关断开关	10 (40) A Wh	SYSa-63/40A-2P	BV-3×10-PC25-WC	L2	AL1	
关断开关	10 (40) A Wh	SYSa-63/40A-2P	BV-3×10-PC25-WC	L3	AL1	四层
关断开关	10 (40) A Wh	SYSa-63/40A-2P	BV-3×10-PC25-WC	L3	AL1	
关断开关	10 (40) A Wh	SYSa-63/40A-2P	BV-3×10-PC25-WC	L1	AL1	三层
关断开关	10 (40) A Wh	SYSa-63/40A-2P	BV-3×10-PC25-WC	L1	AL1	
关断开关	10 (40) A Wh	SYSa-63/40A-2P	BV-3×10-PC25-WC	L2	AL1	二层
关断开关	10 (40) A Wh	SYSa-63/40A-2P	BV-3×10-PC25-WC	L2	AL1	
关断开关	10 (40) A Wh	SYSa-63/40A-2P	BV-3×10-PC25-WC	L3	AL1	一层
关断开关	10 (40) A Wh	SYSa-63/40A-2P	BV-3×10-PC25-WC	L3	AL1	
关断开关	10 (40) A Wh	SYSa-63/16A-1P	BV-3×2.5-PC20-WC	L3	楼梯间公共照明	
		SYSa-63/16A-1P	BV-3×2.5-PC20-WC	L3	弱电箱TV、TOP	

信号采集器

零排
PE接地排

单元配电箱AL0系统图

设计单位		建设单位			
		工程名称			
设 计		图 名		图 别	电 施
制 图		单元配电箱AL0系统图		版本号	第1版
校 对				图 号	6/23
审 核				日 期	

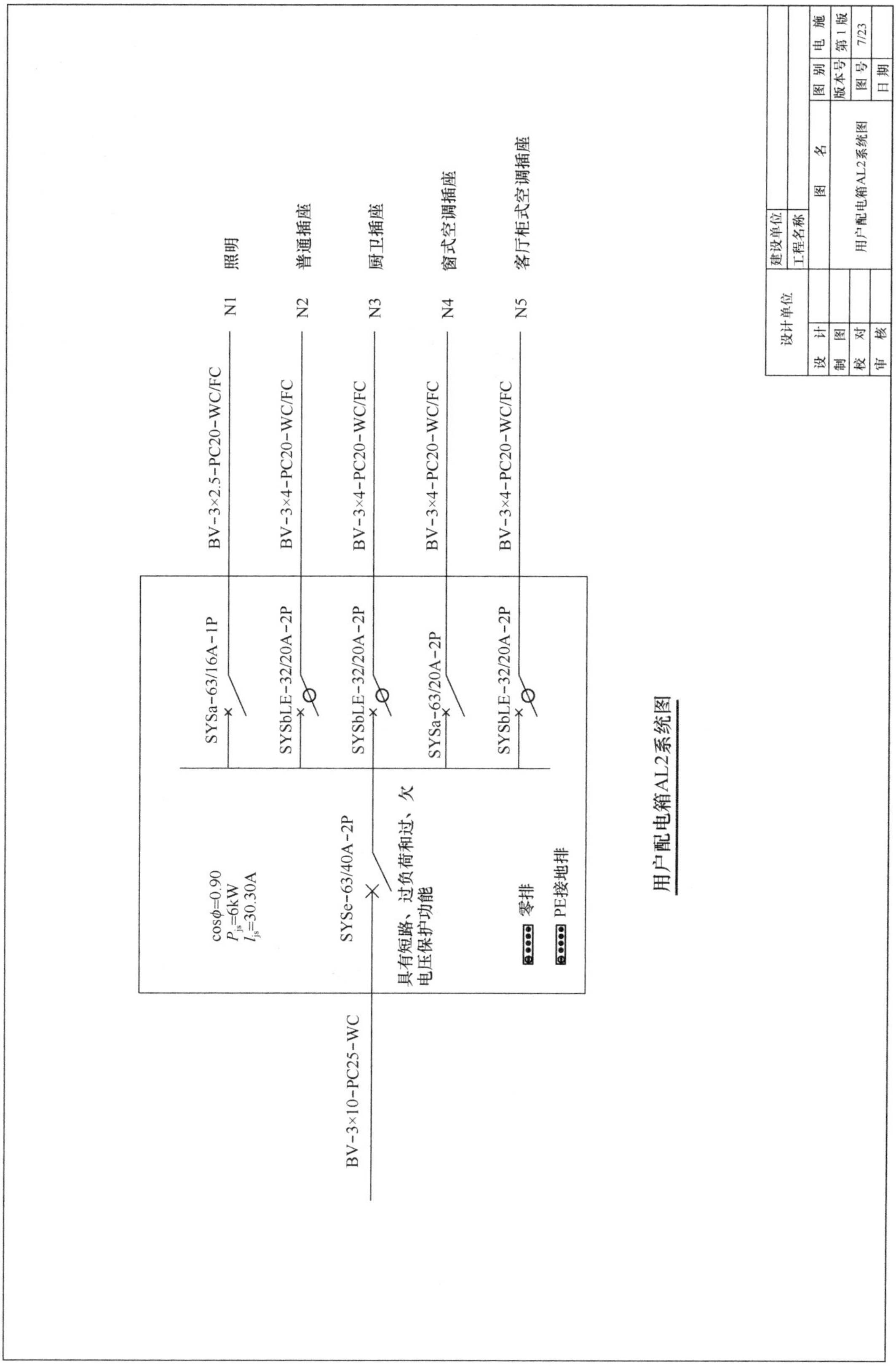

cosφ=0.90
P_{js}=6kW
I_{js}=30.30A

BV-3×10-PC25-WC

SYSe-63/40A-2P

具有短路、过负荷和过、欠电压保护功能

零排

PE接地排

断路器	线路	回路编号	用途
SYSa-63/16A-1P	BV-3×2.5-PC20-WC/FC	N1	照明
SYSbLE-32/20A-2P	BV-3×4-PC20-WC/FC	N2	普通插座
SYSbLE-32/20A-2P	BV-3×4-PC20-WC/FC	N3	厨卫插座
SYSa-63/20A-2P	BV-3×4-PC20-WC/FC	N4	窗式空调插座
SYSbLE-32/20A-2P	BV-3×4-PC20-WC/FC	N5	客厅柜式空调插座

用户配电箱AL2系统图

设计单位		建设单位			
		工程名称			
设　计		图　名		图 别	电 施
制　图		用户配电箱AL2系统图		版本号	第 1 版
校　对				图 号	7/23
审　核				日 期	

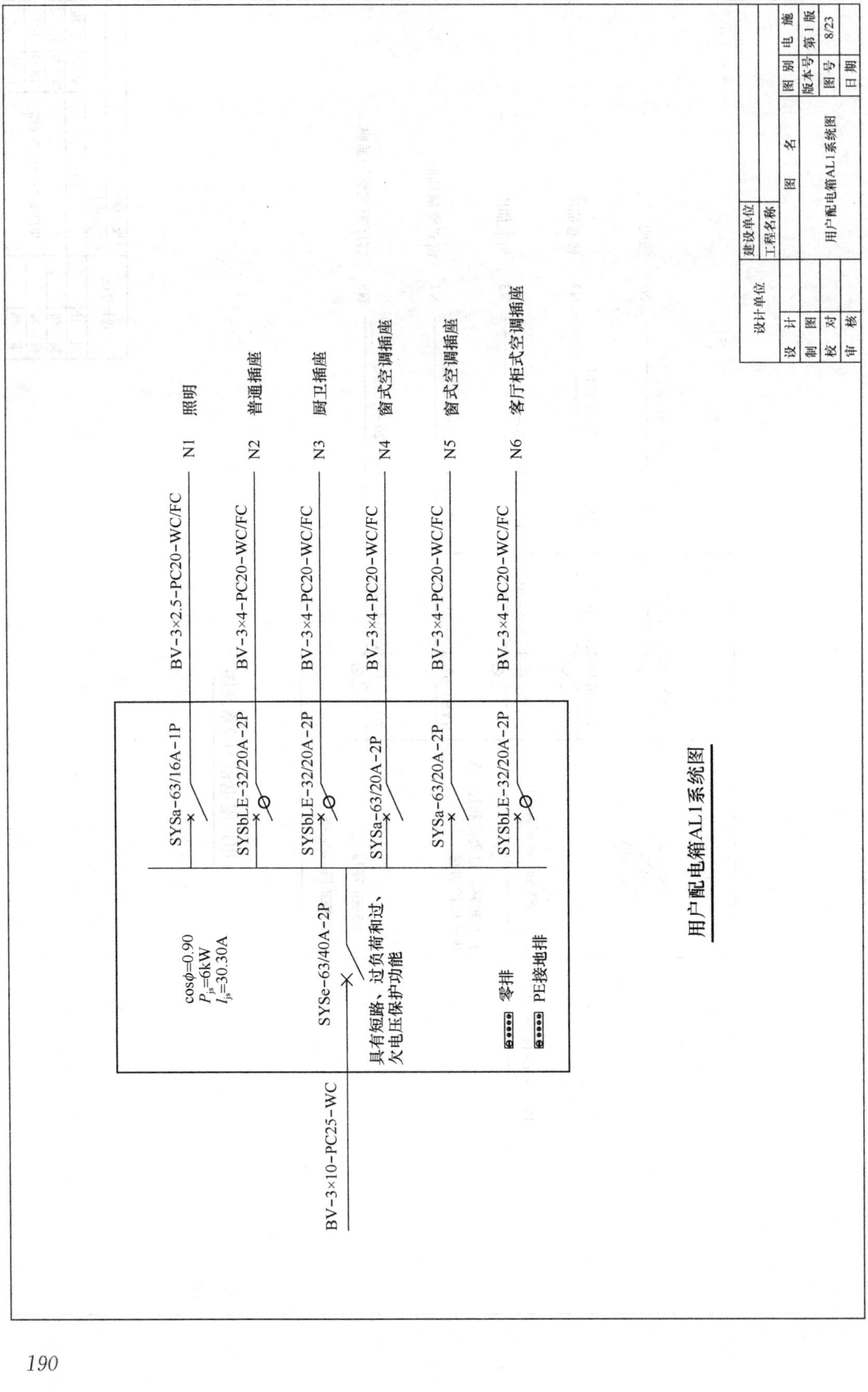

BV-3×10-PC25-WC

SYSe-63/40A-2P

具有短路、过负荷和过、欠电压保护功能

$\cos\phi=0.90$
$P_{js}=6kW$
$I_{js}=30.30A$

零排

PE接地排

开关	线路	回路	用途
SYSa-63/16A-1P	BV-3×2.5-PC20-WC/FC	N1	照明
SYSbLE-32/20A-2P	BV-3×4-PC20-WC/FC	N2	普通插座
SYSbLE-32/20A-2P	BV-3×4-PC20-WC/FC	N3	厨卫插座
SYSa-63/20A-2P	BV-3×4-PC20-WC/FC	N4	窗式空调插座
SYSa-63/20A-2P	BV-3×4-PC20-WC/FC	N5	窗式空调插座
SYSbLE-32/20A-2P	BV-3×4-PC20-WC/FC	N6	客厅柜式空调插座

用户配电箱AL1系统图

设计单位		建设单位			
		工程名称			
设 计		图 名		图 别	电 施
制 图		用户配电箱AL1系统图		版本号	第1版
校 对				图 号	8/23
审 核				日 期	

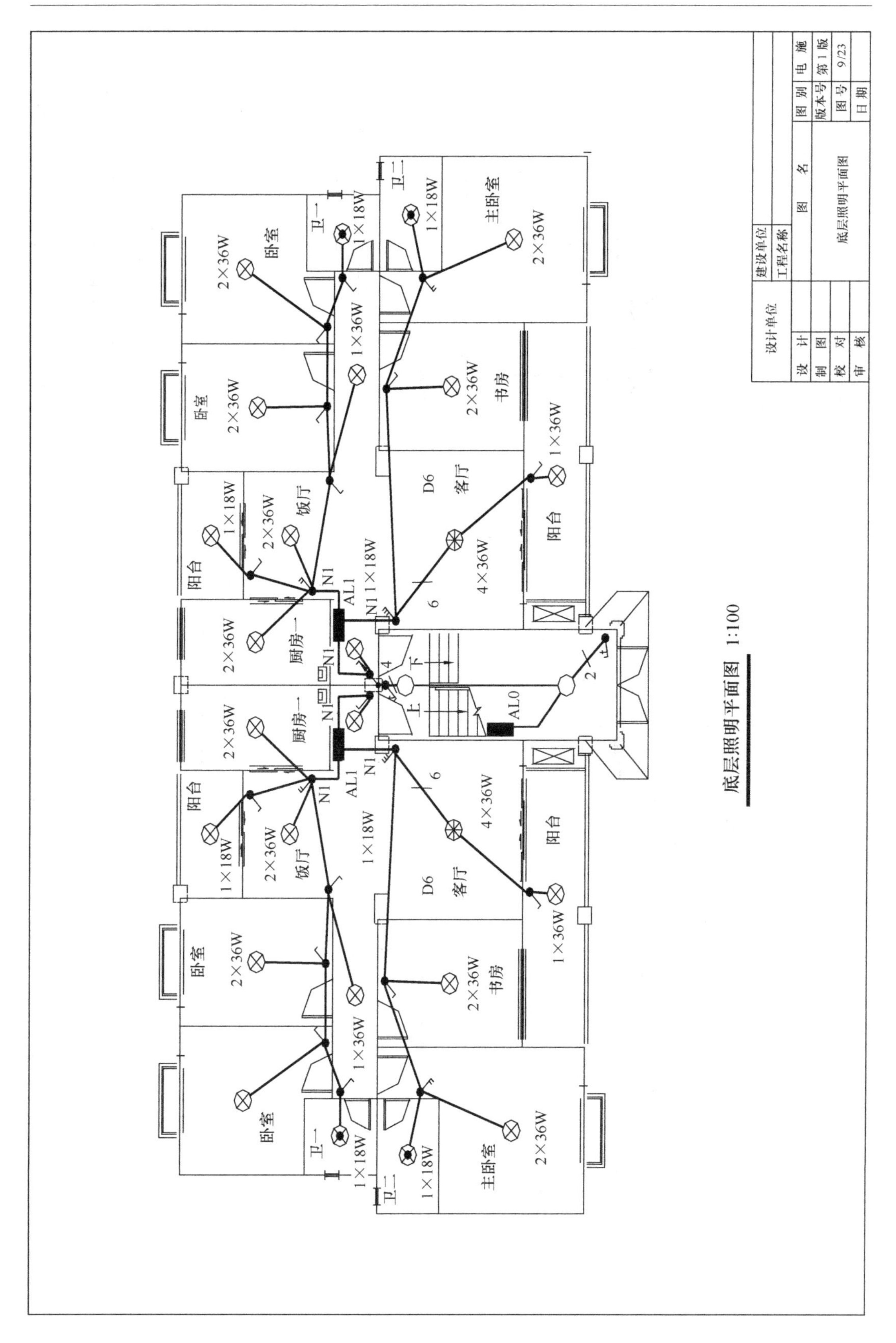

设计单位
建设单位
工程名称
图 名
底层照明平面图
图 别
电 施
版本号
第 1 版
图 号
9/23
日 期
设 计
制 图
校 对
审 核
卧室
主卧室
卫一
卫二
书房
客厅
D6
阳台
饭厅
厨房一
AL1
AL0
N1
2×36W
1×18W
1×36W
4×36W
上
下
底层照明平面图 1:100

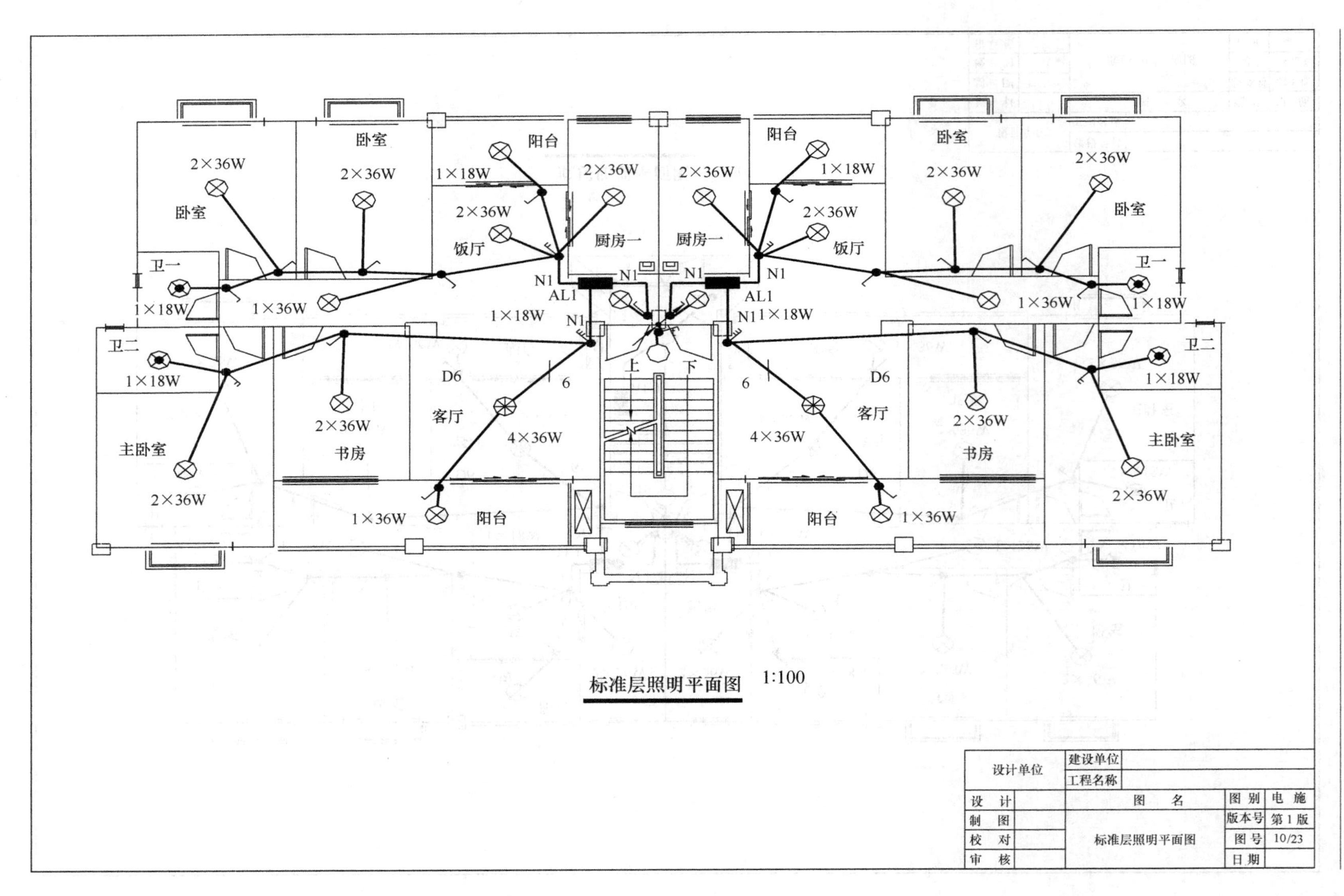

标准层照明平面图 1:100

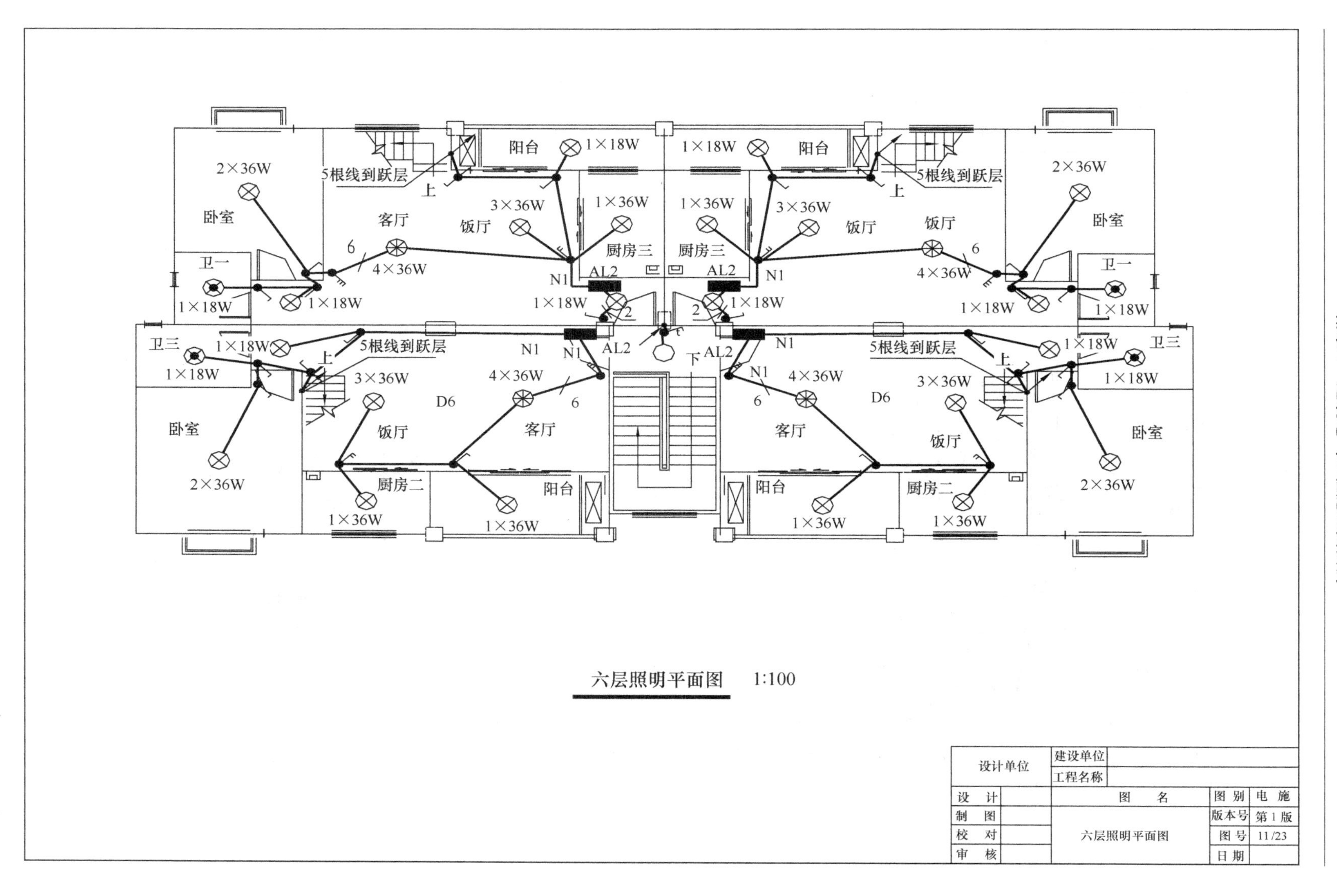
阳台
1×18W
5根线到跃层
上
2×36W
卧室
客厅
饭厅
3×36W
1×36W
厨房三
6
4×36W
卫一
N1
AL2
1×18W
2
卫三
N1
D6
4×36W
下
厨房二
1×36W
六层照明平面图　1:100
设计单位
建设单位
工程名称
设计
制图
校对
审核
图名
六层照明平面图
图别 电施
版本号 第1版
图号 11/23
日期

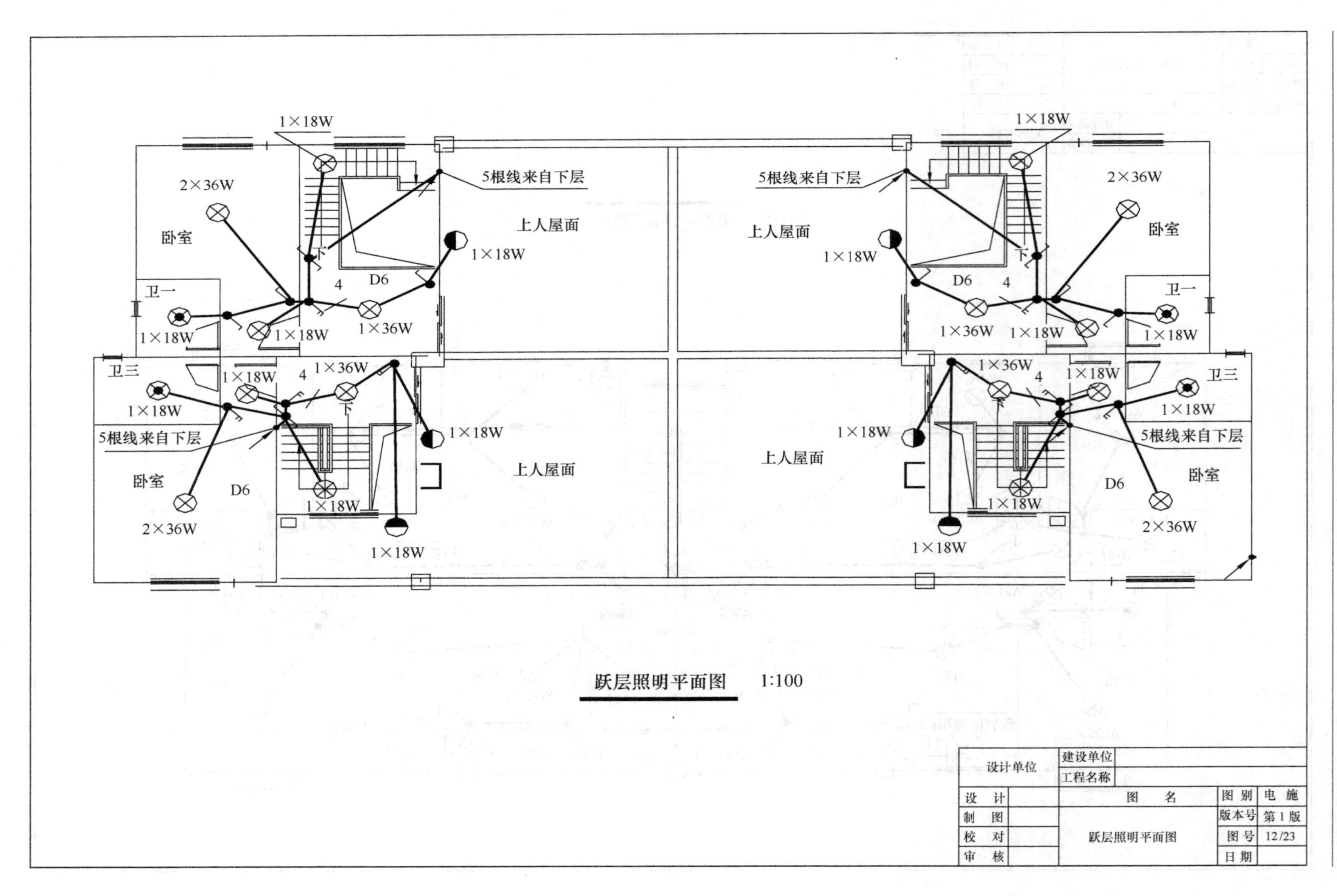

1×18W
5根线来自下层
2×36W
卧室
上人屋面
D6
4
卫一
卫三
1×36W
跃层照明平面图　1:100
设计单位
建设单位
工程名称
设　计
制　图
校　对
审　核
图　名
跃层照明平面图
图别
电　施
版本号
第1版
图号
12/23
日期

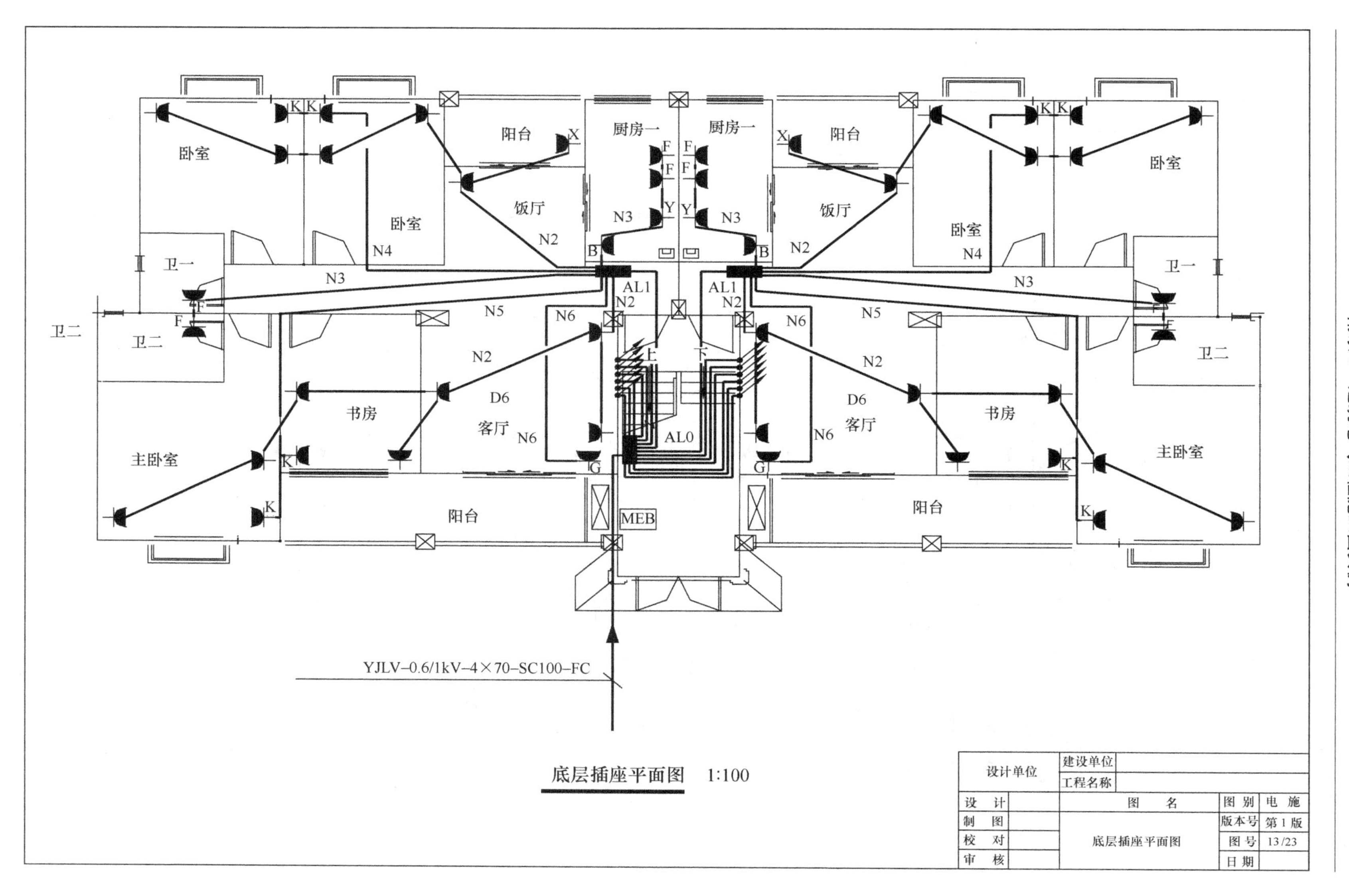

底层插座平面图　1:100

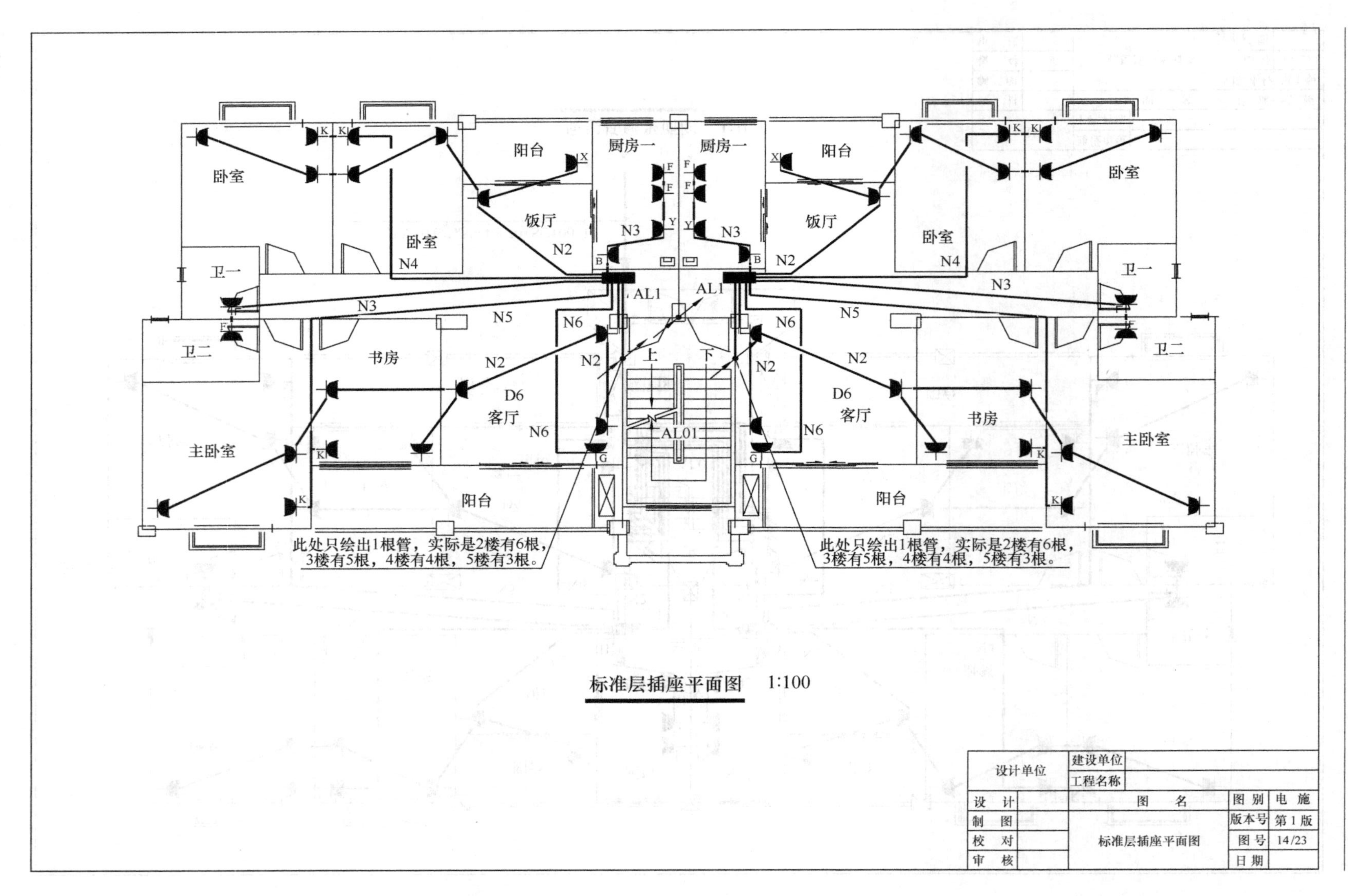

标准层插座平面图　1:100

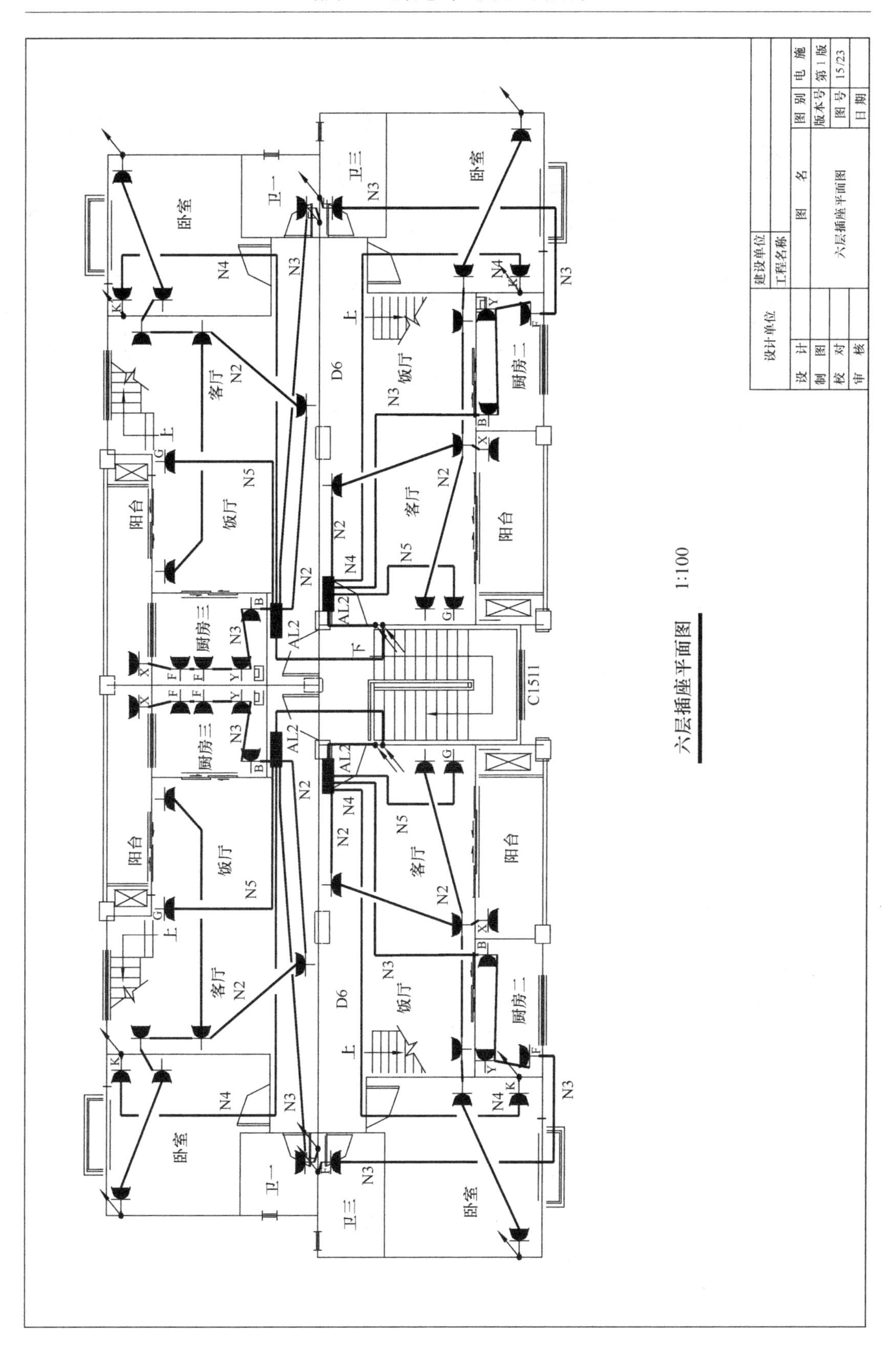

六层插座平面图　1:100
设计单位
建设单位
工程名称
图　名
六层插座平面图
图别　电施
版本号　第1版
图号　15/23
日期
设　计
制　图
校　对
审　核
卧室
卫一
卫三
客厅
饭厅
阳台
厨房二
厨房三
D6
AL2
C1511
N2
N3
N4
N5

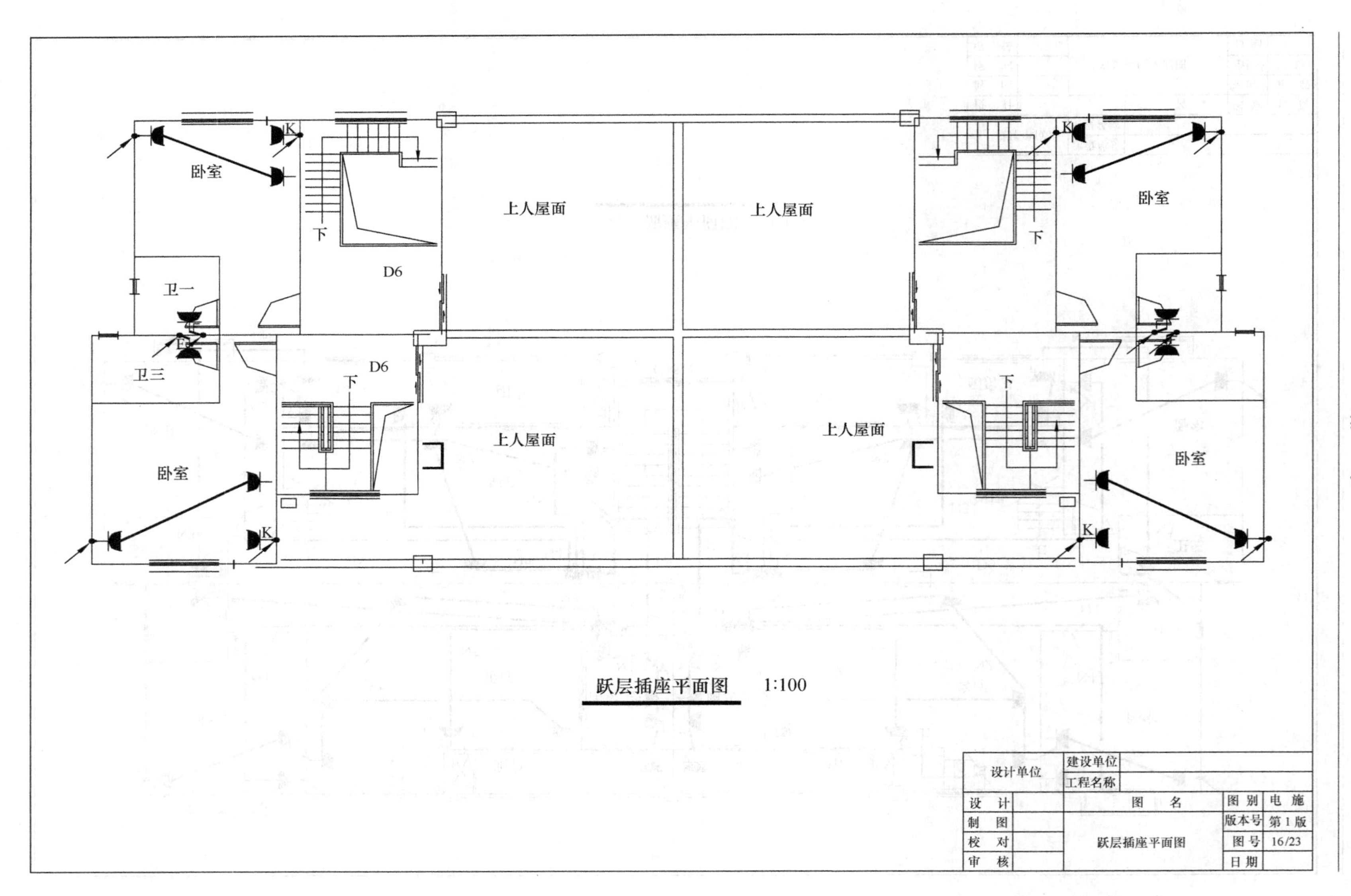

卧室
K
下
D6
卫一
卫三
D6
下
卧室
K
上人屋面
上人屋面
上人屋面
上人屋面
K
卧室
下
下
卧室
K
跃层插座平面图 1:100
设计单位
建设单位
工程名称
设 计
制 图
校 对
审 核
图 名
跃层插座平面图
图 别 电 施
版本号 第1版
图 号 16/23
日 期

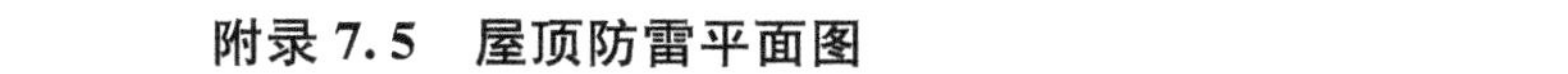

附录7.5　屋顶防雷平面图

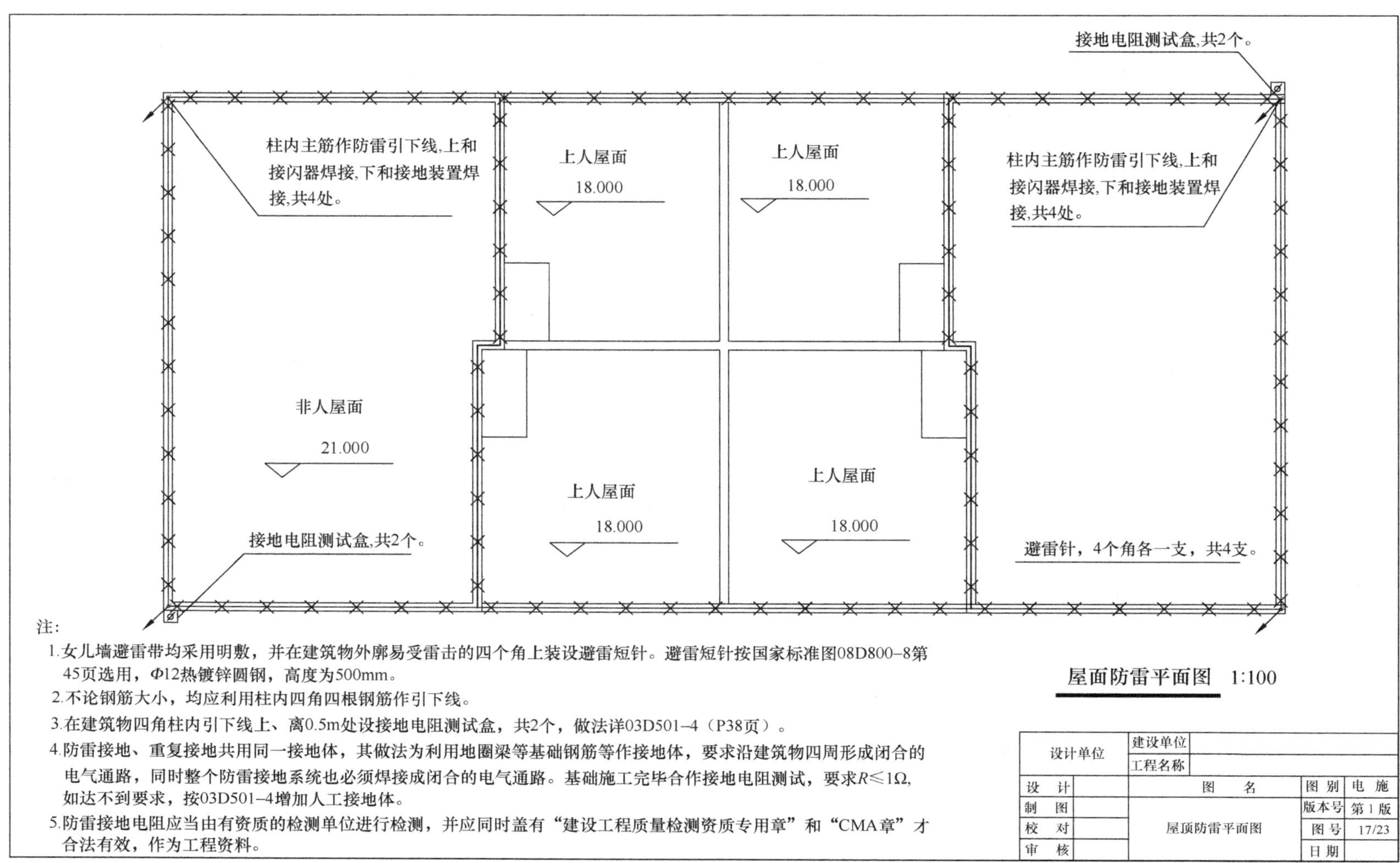

注:

1.女儿墙避雷带均采用明敷，并在建筑物外廓易受雷击的四个角上装设避雷短针。避雷短针按国家标准图08D800–8第45页选用，Φ12热镀锌圆钢，高度为500mm。

2.不论钢筋大小，均应利用柱内四角四根钢筋作引下线。

3.在建筑物四角柱内引下线上、离0.5m处设接地电阻测试盒，共2个，做法详03D501–4（P38页）。

4.防雷接地、重复接地共用同一接地体，其做法为利用地圈梁等基础钢筋等作接地体，要求沿建筑物四周形成闭合的电气通路，同时整个防雷接地系统也必须焊接成闭合的电气通路。基础施工完毕合作接地电阻测试，要求$R\leqslant 1\Omega$,如达不到要求，按03D501–4增加人工接地体。

5.防雷接地电阻应当由有资质的检测单位进行检测，并应同时盖有“建设工程质量检测资质专用章”和“CMA章”才合法有效，作为工程资料。

附录 7.6　弱电系统

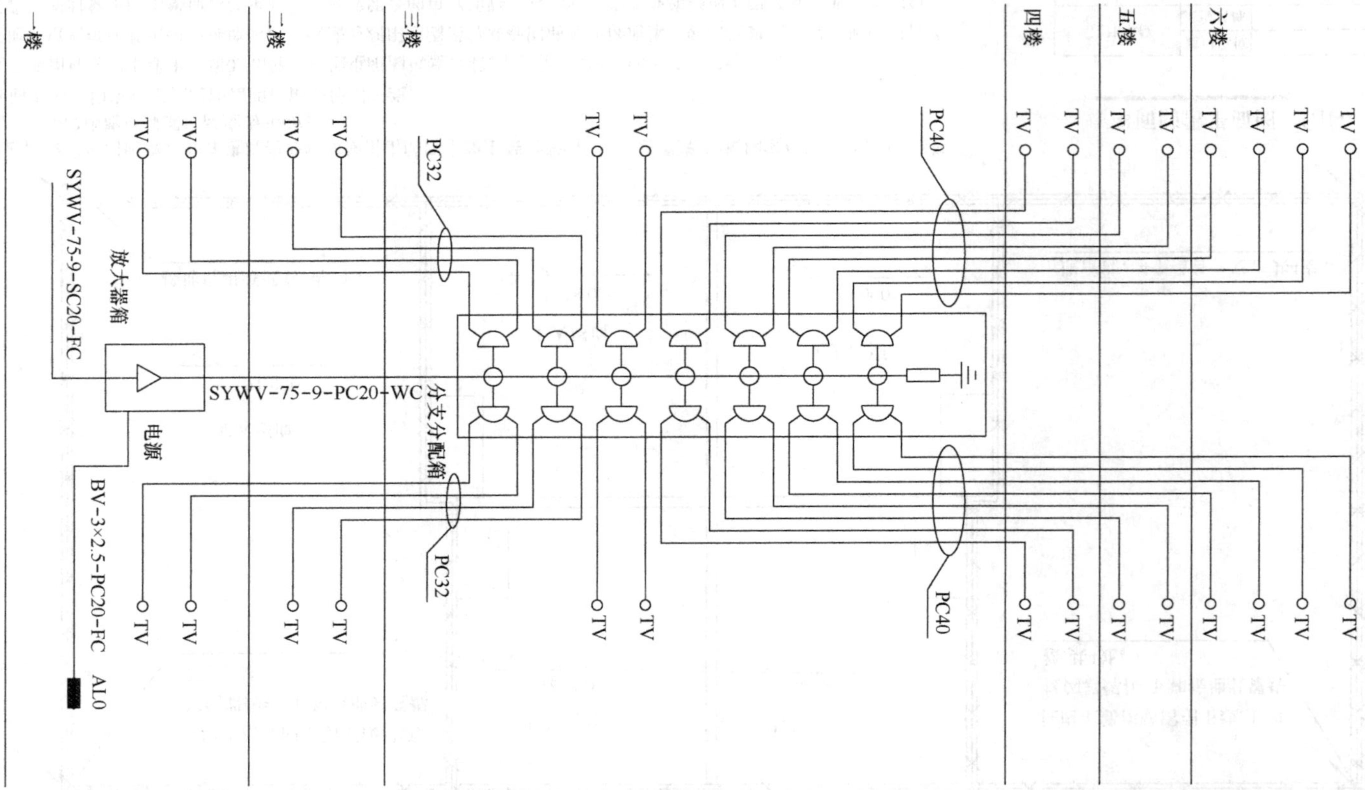

单元电视系统图

设计单位		建设单位			
		工程名称			
设　计		图　名		图别	电　施
制　图		单元电视系统图		版本号	第 1 版
校　对				图号	18/23
审　核				日期	

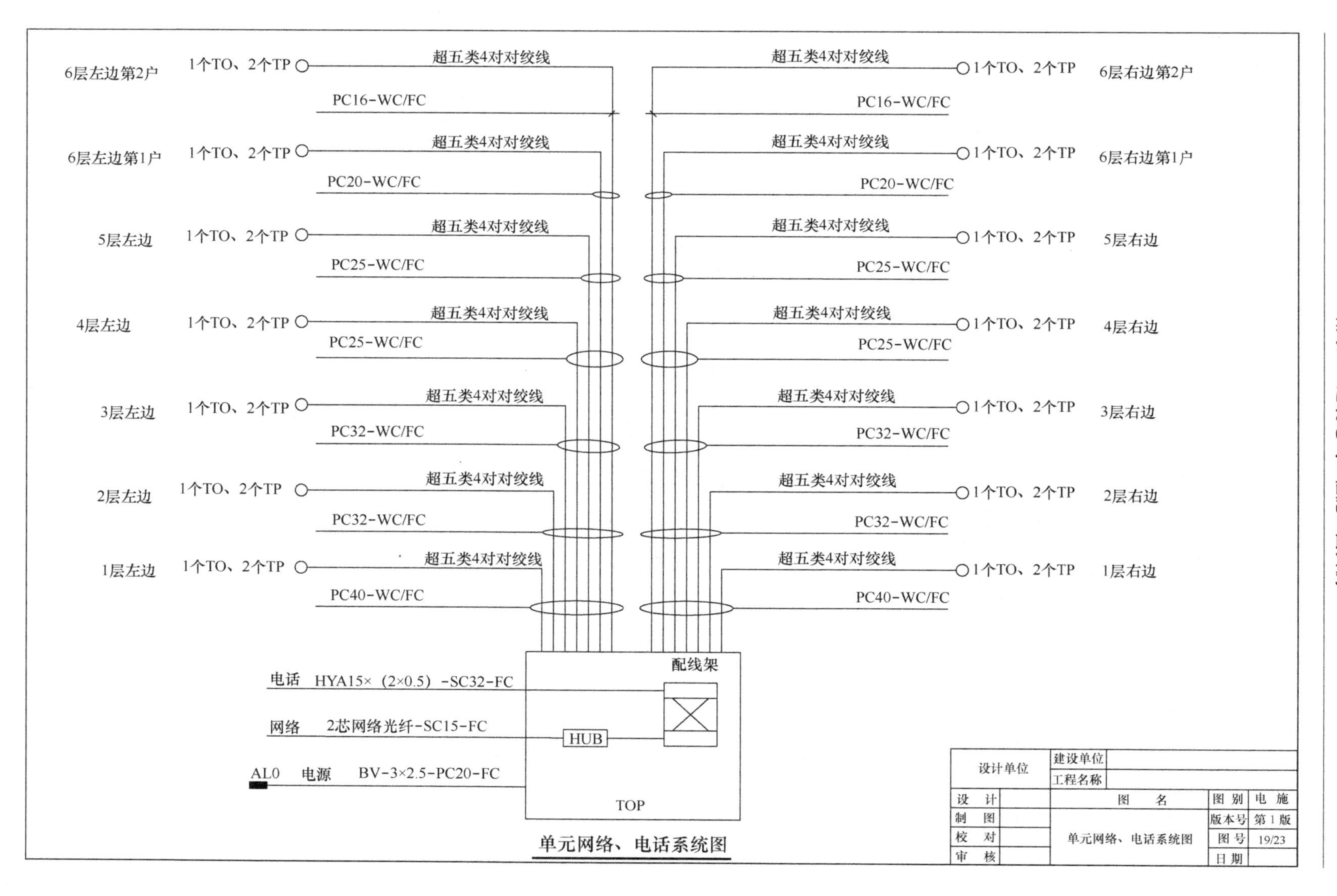

6层左边第2户
1个TO、2个TP
超五类4对对绞线
PC16-WC/FC
6层左边第1户
1个TO、2个TP
超五类4对对绞线
PC20-WC/FC
5层左边
1个TO、2个TP
超五类4对对绞线
PC25-WC/FC
4层左边
1个TO、2个TP
超五类4对对绞线
PC25-WC/FC
3层左边
1个TO、2个TP
超五类4对对绞线
PC32-WC/FC
2层左边
1个TO、2个TP
超五类4对对绞线
PC32-WC/FC
1层左边
1个TO、2个TP
超五类4对对绞线
PC40-WC/FC
6层右边第2户
1个TO、2个TP
超五类4对对绞线
PC16-WC/FC
6层右边第1户
1个TO、2个TP
超五类4对对绞线
PC20-WC/FC
5层右边
1个TO、2个TP
超五类4对对绞线
PC25-WC/FC
4层右边
1个TO、2个TP
超五类4对对绞线
PC25-WC/FC
3层右边
1个TO、2个TP
超五类4对对绞线
PC32-WC/FC
2层右边
1个TO、2个TP
超五类4对对绞线
PC32-WC/FC
1层右边
1个TO、2个TP
超五类4对对绞线
PC40-WC/FC
配线架
电话 HYA15×（2×0.5）-SC32-FC
网络 2芯网络光纤-SC15-FC
HUB
AL0 电源 BV-3×2.5-PC20-FC
TOP
设计单位
建设单位
工程名称
设 计
制 图
校 对
审 核
图 名
单元网络、电话系统图
图 别
电 施
版本号
第 1 版
图 号
19/23
日 期

单元网络、电话系统图

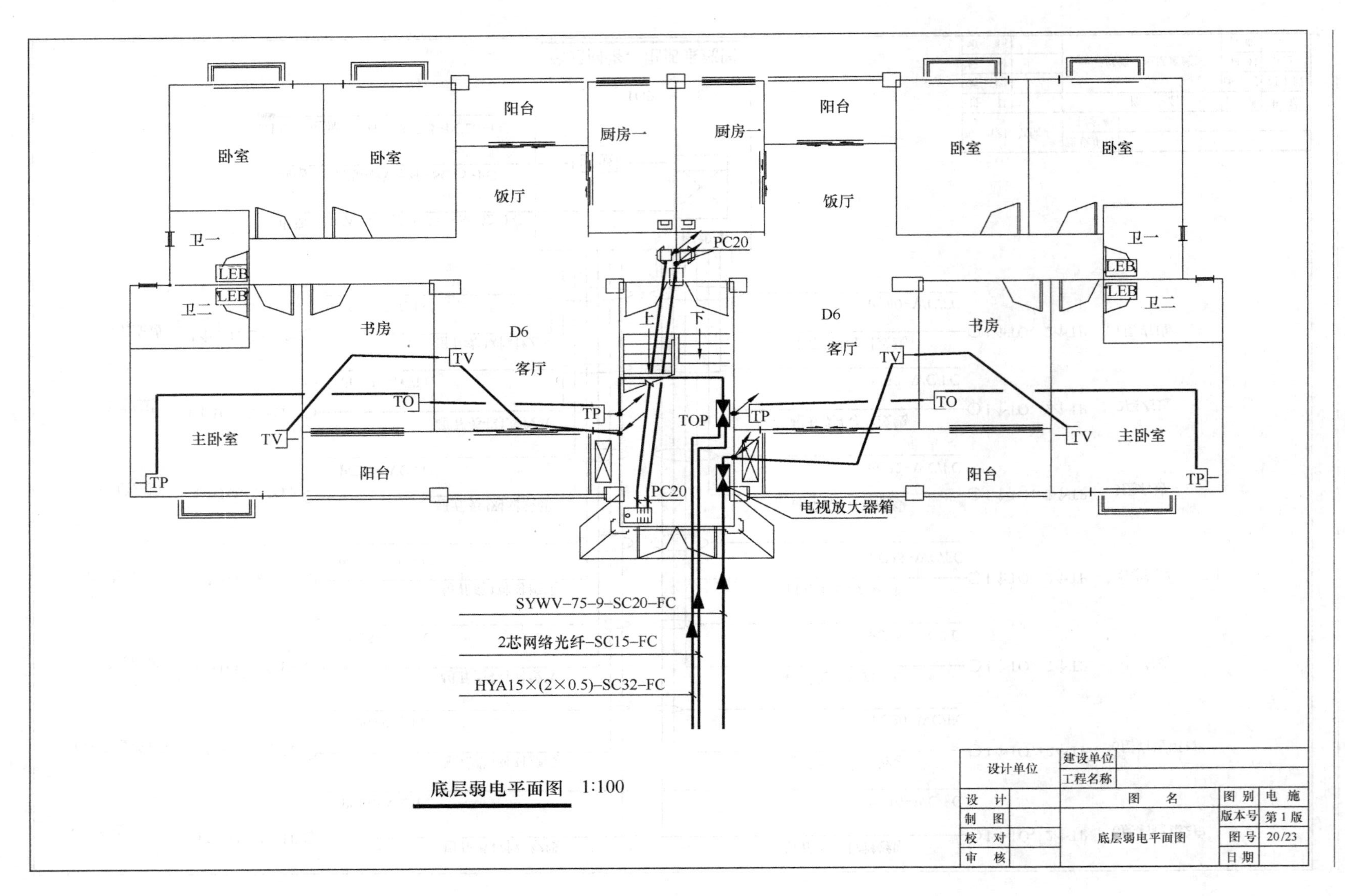

底层弱电平面图　1:100

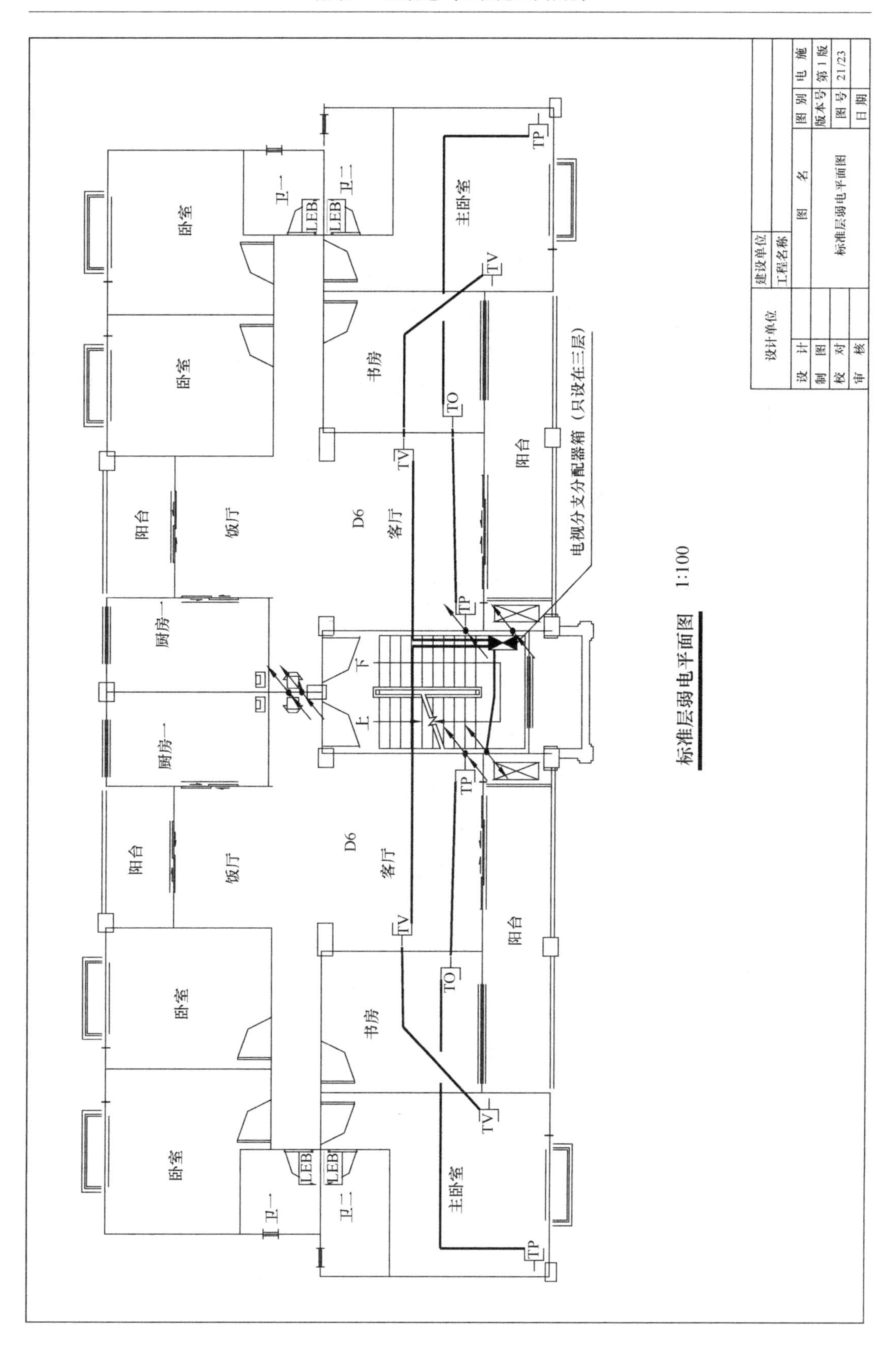
卧室
卫一
卫二
LEB
主卧室
TP
TV
书房
TO
阳台
饭厅
D6
客厅
厨房一
下
上
电视分支分配器箱（只设在三层）
标准层弱电平面图　1:100
建设单位
工程名称
图名
标准层弱电平面图
设计单位
设计
制图
校对
审核
图别　电施
版本号　第1版
图号　21/23
日期

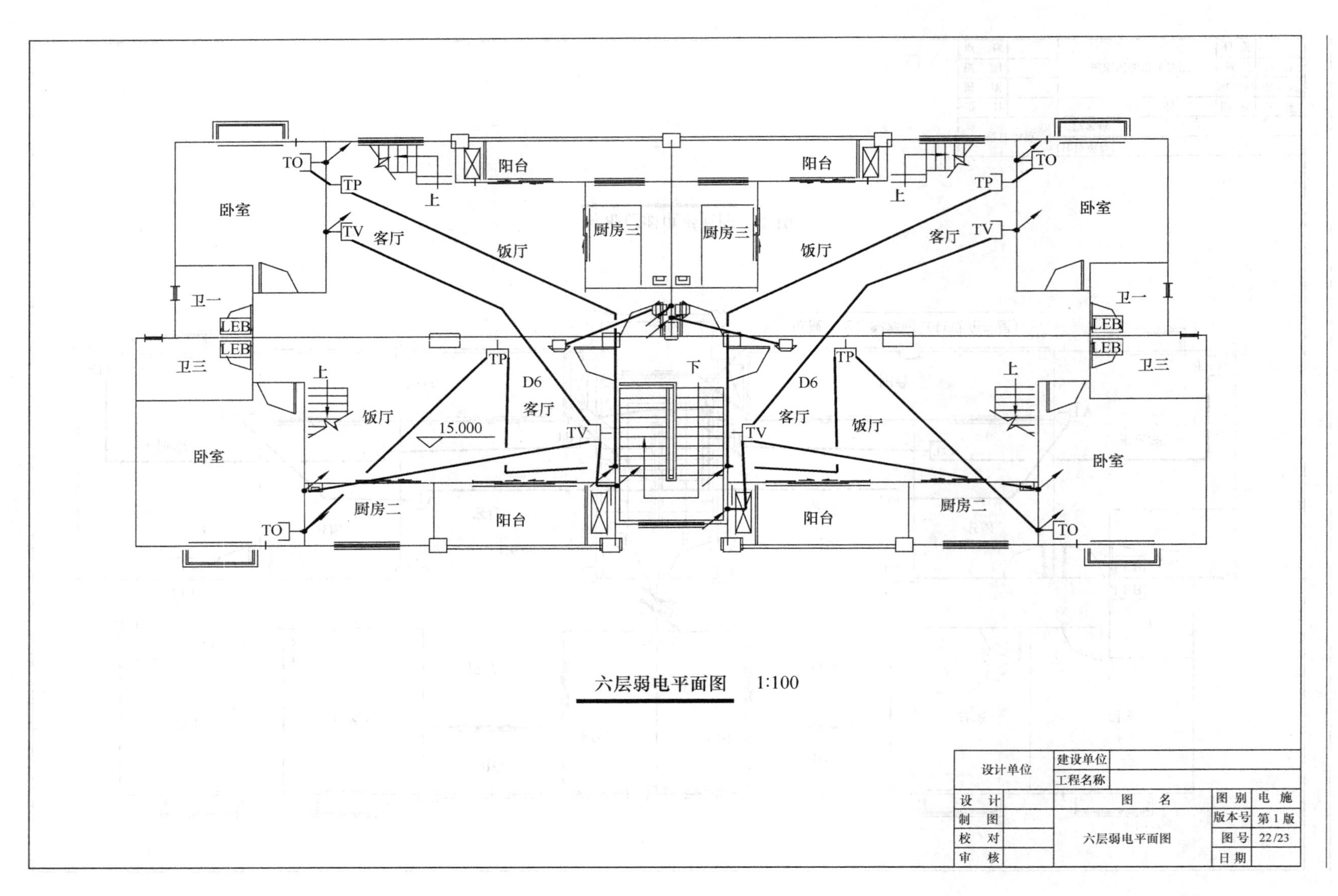
阳台
阳台
卧室
卧室
上
上
客厅
客厅
饭厅
饭厅
厨房三
厨房三
TO
TO
TP
TP
TV
TV
卫一
卫一
LEB
LEB
LEB
LEB
卫三
卫三
下
D6
D6
客厅
客厅
饭厅
饭厅
上
上
15.000
TV
TV
TP
TP
卧室
卧室
厨房二
厨房二
阳台
阳台
TO
TO
六层弱电平面图　1:100
设计单位
建设单位
工程名称
设　计
制　图
校　对
审　核
图　名
六层弱电平面图
图别　电施
版本号　第1版
图号　22/23
日期

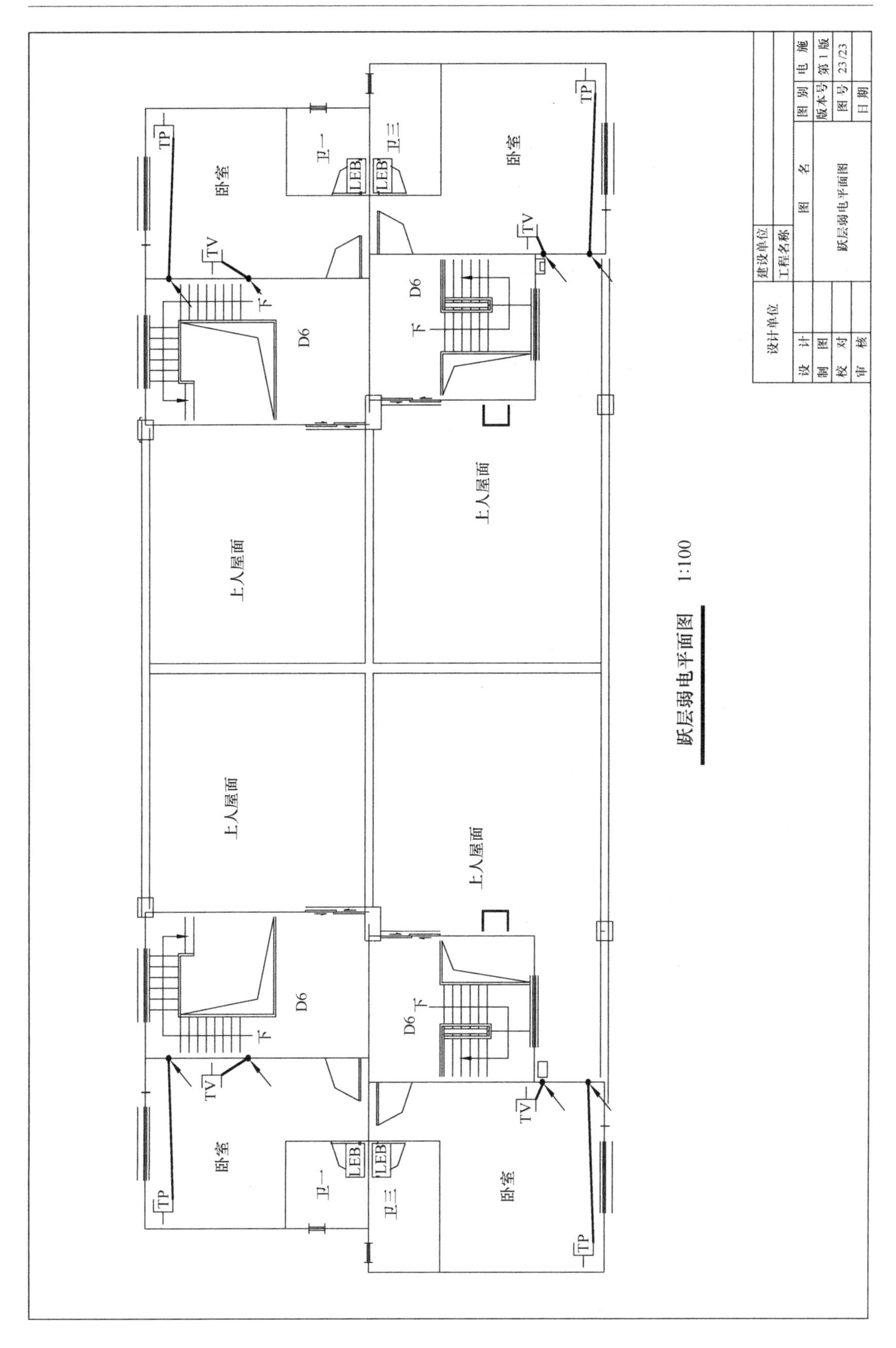

卧室
卫一
卫三
LEB
TP
TV
D6
下
上人屋面
跃层弱电平面图　1:100
设计单位
建设单位
工程名称
图名
跃层弱电平面图
图别　电施
版本号　第1版
图号　23/23
日期
设计
制图
校对
审核

参 考 文 献

[1] 李友文．工厂供电．北京：化学工业出版社，2001.

[2] 丁文华．建筑供配电与照明．武汉：武汉理工大学出版社，2008.

[3] 同济大学电气工程系．工厂供电．北京：中国建筑工业出版社，1981.

[4] 范同顺．建筑配电与照明．北京：高等教育出版社，2006.

[5] 中国建筑电气设备手册．北京：中国建筑工业出版社，2003.

[6] 何伟良．建筑电气工程识图与绘制．北京：机械工业出版社，2009.

[7] 曾令琴．电工电子技术．北京：人民邮电出版社(第3版)，2012.

[8] GB 50034—2004，建筑照明设计标准．

[9] GB 50016—2006，建筑设计防火规范．

[10] GB 50045—1995(2005年版)，高层民用建筑设计防火规范．

[11] JGJ 16—2008，民用建筑电气设计规范(附条文说明[另册]).

[12] 朱海军．火灾应急照明的几种控制方式．建筑电气，2008(3).

[13] 孙建民．电气照明技术．北京：中国建筑工业出版社，1998.

[14] 刘昌明．建筑供配电系统安装．北京：机械工业出版社，2007.

[15] 莫岳平．供配电工程．北京：机械工业出版社，2011.

[16] 张凤江．建筑供配电工程．北京：中国电力出版社，2005.

[17] 曾令琴．供配电技术．北京：人民邮电出版社，2008.

[18] 周孝清. 建筑设备工程. 北京：中国建筑工业出版社，2003.

[19] 任义．实用电气工程安装技术手册. 北京：中国电力工业出版社，2006.

[20] 勒计全，顾仲析，周劲军. 实用电工手册. 郑州：河南科学技术出版社，2002.

[21] 王晋生，叶志琼. 电工作业安装图集. 北京：中国电力工业出版社，2005.

[22] 中国航空工业规划设计研究院等编．工业和民用配电设计手册(第三版). 北京：中国电力出版社，2005.